应用型本科规划教材

建筑构造

（第二版）

主　编　邢双军

副主编　洪　艳　胡敏萍　刘秀宏　刘　江

参　编　齐海元　郭　晶

ZHEJIANG UNIVERSITY PRESS
浙江大学出版社

内容简介

本书是“应用型本科建筑学专业规划教材”之一，针对应用型本科院校的建筑学专业特点和教学要求而编写。编写内容强调“三本”特色，本着“因材施教”的原则，概念清楚，突出应用，追求易教易学的效果。写作形式上力求活泼新颖，引用了许多来自施工现场的照片，趣味生动，吸引学生。

本书以民用建筑构造为核心，包括概论、地基与基础构造、墙体构造、楼层和地面构造、楼梯及其他垂直交通设施、屋顶、门窗、变形缝构造等8部分内容。

与其他同类教材相比，本书注重建筑物实体的结构系统构成和建筑细部的构造处理，淘汰了一些过时的材料及构造做法，增加了新材料、新技术、新工艺以及建筑节能构造措施等。

本书可作为建筑学、城市规划、园林景观等专业建筑构造课程的教材，也可供从事建筑设计与建筑施工的技术人员和土建专业成人高等教育师生参考。

图书在版编目（CIP）数据

建筑构造／邢双军主编．—杭州：浙江大学出版社，2013.8（2020.7重印）
ISBN 978-7-308-12017-3

Ⅰ.①建… Ⅱ.①邢… Ⅲ.①民用建筑—建筑构造 Ⅳ.TU22

中国版本图书馆CIP数据核字（2013）第184449号

建筑构造（第二版）
主　编　邢双军

丛书策划　樊晓燕
责任编辑　王　波
封面设计　刘依群
出版发行　浙江大学出版社
（杭州天目山路148号　邮政编码310007）
（网址：http://www.zjupress.com）
排　　版　杭州好友排版工作室
印　　刷　广东虎彩云印刷有限公司绍兴分公司
开　　本　787mm×1092mm　1/16
印　　张　14.5
字　　数　347千
版 印 次　2013年8月第2版　2020年7月第5次印刷
书　　号　ISBN 978-7-308-12017-3
定　　价　28.00元

应用型本科院校建筑学专业规划教材

编委会

总　序

近年来我国高等教育事业得到了空前的发展，高等院校的招生规模有了很大的扩展，在全国范围内发展了一大批以独立学院为代表的应用型本科院校，这对我国高等教育的持续、健康发展具有重要的意义。

应用型本科院校以培养应用型人才为主要目标，目前，应用型本科院校开设的大多是一些针对性较强、应用特色明确的本科专业，但与此不相适应的是，当前，对于应用型本科院校来说作为知识传承载体的教材建设远远滞后于应用型人才培养的步伐。应用型本科院校所采用的教材大多是直接选用普通高校的那些适用研究型人才培养的教材。这些教材往往过分强调系统性和完整性，偏重基础理论知识，而对应用知识的传授却不足，难以充分体现应用类本科人才的培养特点，无法直接有效地满足应用型本科院校的实际教学需要。对于正在迅速发展的应用型本科院校来说，抓住教材建设这一重要环节，是实现其长期稳步发展的基本保证，也是体现其办学特色的基本措施。

浙江大学出版社认识到，高校教育层次化与多样化的发展趋势对出版社提出了更高的要求，即无论在选题策划，还是在出版模式上都要进一步细化，以满足不同层次的高校的教学需求。应用型本科院校是介于普通本科与高职之间的一个新兴办学群体，它有别于普通的本科教育，但又不能偏离本科生教学的基本要求，因此，教材编写必须围绕本科生所要掌握的基本知识与概念展开。但是，培养应用型与技术型人才又是应用型本科院校的教学宗旨，这就要求教材改革必须淡化学术研究成分，在章节的编排上先易后难，既要低起点，又要有坡度、上水平，更要进一步强化应用能力的培养。

为了满足当今社会对建筑学专业应用型人才的需要，许多应用型本科院校都设置了相关的专业。建筑学专业是以培养注册建筑师为目标，国家建筑学专业教育评估委员会对建筑学专业教育有具体的指导意见。针对这些情况，浙江大学出版社组织了十几所应用型本科院校建筑学类专业的教师共同开展了“应用型本科建筑学专业教材建设”项目的研究，探讨如何编写既能满足注册建筑师知识结构要求、又能真正做到应用型本科院校“因材施教”、适合应用型本科层次建筑学类专业人才培养的系列教材。在此基础上，组建了编委会，确定共同编写“应用型本科院校建筑学专业规划教材”系列。

本套规划教材具有以下特色：

在编写的指导思想上，以“应用型本科”学生为主要授课对象，以培养应用型人才为基本目的，以“实用、适用、够用”为基本原则。“实用”是对本课程涉及的基本原理、基本性质、基本方法要讲全、讲透，概念准确清晰。“适用”是适用于授课对象，即应用型本科层次的学生。“够用”就是以注册建筑师知识结构为导向，以应用型人才为培养目的，达到理论够用，不追求理论深度和内容的广度。

在教材的编写上重在基本概念、基本方法和基本原理的表述。编写内容在保证教材结构体系完整的前提下，追求过程简明、清晰和准确，做到重点突出、叙述简洁、易教易学。

在作者的遴选上强调作者应具有应用型本科教学的丰富教学经验，有较高的学术水平并具有教材编写经验。为了既实现“因材施教”的目的，又保证教材的编写质量，我们组织了两支队伍，一支是了解应用型本科层次的教学特点、就业方向的一线教师队伍，由他们通过研讨决定教材的整体框架、内容选取与案例设计，并完成编写；另一支是由本专业的资深教授组成的专家队伍，负责教材的审稿和把关，以确保教材质量。

相信这套精心策划、认真组织、精心编写和出版的系列教材会得到相关院校的认可，对于应用型本科院校建筑学类专业的教学改革和教材建设起到积极的推动作用。

系列教材编委会主任
浙江大学建筑工程学院常务副院长
教育部长江学者特聘教授
陈云敏
2007年3月

前　言

本教材针对应用型本科院校的建筑学专业特点和教学要求进行编写。教材内容强调“应用型本科”特色，本着“因材施教”的原则，概念清楚，突出应用，追求易教易学的效果。写作形式上力求活泼新颖，增加了许多来自施工现场的照片，趣味生动，吸引学生。本教材与其他同类教材相比，注重建筑物实体的结构系统构成和建筑细部的构造处理，淘汰了一些过时的材料及构造做法，增加新材料、新技术、新工艺以及建筑节能构造措施等。

本书以民用建筑构造为核心，包括概论、地基与基础构造、墙体构造、楼层和地面构造、楼梯及其他垂直交通设施、屋顶、门窗、变形缝构造等8部分内容。

本教材可作为建筑学、城市规划、园林景观等专业建筑构造课程的教材，也可供从事建筑设计与建筑施工的技术人员和土建专业成人高等教育师生参考。

本书由邢双军任主编。编写成员有邢双军、洪艳、胡敏萍、刘秀宏、刘江、齐海元、郭晶。具体编写分工如下。

第1章建筑构造概论，由浙江万里学院邢双军编写；第2章地基与基础构造，由浙江工业大学之江学院刘秀宏编写；第3章墙体构造，由浙江万里学院邢双军、郭晶编写；第4章楼层和地面构造，由浙江工业大学之江学院刘秀宏编写；第5章楼梯及其他垂直交通设施，由浙江理工大学洪艳编写；第6章屋顶，由浙江大学宁波理工学院刘江编写；第7章门和窗，由浙江树人大学胡敏萍编写；第8章变形缝构造，由浙江大学宁波理工学院齐海元编写。本书在第一版使用基础上，进行了部分修订。

全书由浙江大学建工学院施林祥副教授主审，他对全书进行了认真仔细的审阅，并在前期提出了建设性的意见，对本书的编写给予了大力支持，在此表示感谢。

本书在编写过程中参考借鉴了一些国内外著名学者主编的著作，在此，对他们一并表示衷心的感谢。

编　者

2013年7月

目　录

第 1 章　建筑构造概论

学习要点

本章主要学习建筑构造研究对象、建筑构造组成及其作用、建筑的类型和建筑的等级、影响建筑构造的因素、建筑构造设计原则、建筑工业化与建筑模数制、建筑轴线与构件的尺寸、建筑构造(详)图的表示方法等,为以后的学习作铺垫。重点掌握建筑构造组成,建筑构造设计原则、影响建筑构造的因素,建筑轴线与构件的尺寸以及构造图的绘制方法等。

1.1　建筑构造研究对象

建筑构造是研究建筑物的构成、各组成部分的构造原理和构造设计方法的科学,其主要任务是根据建筑物的使用功能、技术经济和艺术造型要求提供合理的构造方案,作为建筑设计的依据,它是建筑设计不可分割的一部分,其任务是根据建筑物的功能、材料性质、受力情况、施工方法和建筑形象等要求选择合理的构造方案,以作为建筑设计中综合解决技术问题以及进行施工图设计的依据。它涉及建筑材料、建筑物理、建筑力学、建筑结构、建筑施工以及建筑经济等有关方面的知识。

在工程建设过程中,设计工作十分重要。在设计过程中,不但要解决空间的划分和组合、外观造型等问题,而且还必须考虑建筑构造上的可行性。因为在建筑设计方案转化为物化的建筑物的过程中,必须面对和解决建筑构造问题。而设计阶段中的施工图设计,就较多地涉及建筑构造的落实问题。建筑构造不是简单的描图,而是一个面向实际工程问题的设计过程,是建筑施工图设计的重要内容,是建筑设计的深入和完善。它根据建筑造型、建筑力学、建筑物理、建筑设备、建筑材料、建筑装饰、建筑工业化以及建筑经济等因素或条件,研究节点或构件的构造形式、构造材料、构造尺寸以及与构造连接等优化问题。所以,建筑构造的技术性很强、涉及面很广、要求很具体、工作很细致,它直接影响到建筑的"实用、经济、美观"。

建筑构造是建筑设计的技术保障之一。现代化的建筑工程如果没有物质技术手段依据,所做的设计就只能是纸上谈兵,没有实用价值可言。建筑构造作为主要的建筑技术之一,自始至终贯穿于建筑设计的全过程。

在方案设计和初步设计阶段,主要根据工程的社会、经济、文化传统、技术条件等环境来选择合宜的结构体系,使所设计的建筑空间和外部造型具有可行性和现实性;在技术设计阶段还要进一步落实设计方案的具体技术问题,协调结构、给水排水、供暖、供电、空调设备等各工程项目之间的矛盾。施工详图设计阶段是技术设计的深化,处理局部与整体之间的关系,并为工程的实施提供制作和安装的具体技术条件。

实际工程中,对建筑构造影响较大的因素主要是建筑结构类型、建筑材料品种以及建筑施工技术条件。

建筑结构类型的不同,导致建筑构造做法也不一样,这是有目共睹的。比如历史上的巨石建筑(埃及金字塔)、梁柱建筑(帕提农神庙)、券拱建筑(万神庙)以及我国的木构架传统建筑(北京故宫太和殿)等,建筑结构类型千姿百态、结构的力学特性也相差较大,从而在建筑构造形式、材料、大小等方面呈现出不同的特性。

建筑材料种类不同,建筑构造也不一样。例如对于承重墙体来说,砖墙和钢筋混凝土墙就明显不同。前者块小质地脆,需要用砂浆砌筑。而灰缝的存在使得砌体的结构整体性降低,施工速度缓慢。钢筋混凝土则不同,它只要采用连续浇筑的方法,就能构成大面积的整体墙体(如剪力墙),施工速度也较快。所以,不同的建筑材料,要求有相应的构造形式、尺寸以及施工方法。

施工条件的不同,也会导致建筑构造的不同。比如采用相同的钢筋混凝土材料,构成相同的结构体系,当施工条件不同时,建筑构造也会有较大差别。以钢筋混凝土楼板为例,如果采用现场浇筑施工,可以按连续梁配筋,做成实心板;如果采用预制装配法施工,则需要按简支板配筋,做成空心楼板,而且可以施加先张预应力。在建筑工程中,正是因为施工方法或施工条件的不同,而出现了不同的建筑构造。我们常说的"大模板建筑",其实是现浇钢筋混凝土结构;所谓"大板建筑",其实是预制装配钢筋混凝土结构。两者的构造差异很大。

需要指出的是,建筑构造没有一成不变的僵化模式,它随着建筑结构技术、建筑材料技术和建筑施工技术的迅速发展而与时俱变,不断得到丰富和创新。特别是现代的高层建筑、大跨度建筑以及各种特殊建筑需要综合解决采光、通风、保温、隔热、防噪声等空间质量问题,与建筑构造密切相关,在构造上不断提出新的研究课题。例如,建筑工业化的发展,对构配件提出既要标准化,又要高度灵活性的要求;为节约能源而出现的太阳能建筑、生土建筑、地下建筑等,提出太阳能利用和深层防水、导光、通风等技术和构造上的问题;核电站建筑提出有关防止核扩散和核污染的建筑技术和构造的问题;为了在室内创造自然环境而出现的"四季厅"、有遮盖的运动场,提出大面积顶部覆盖的技术和构造的有关问题等,都有待于深入研究。

构造设计的合理性和先进性,直接影响到建筑是否具有良好的环境效益、较高的工业化速度、较大的改建可能性以及较长的耐久性。因此,应根据新结构、新材料、新施工技术,以构造原理为基础,在利用原有的标准的、典型的建筑构造做法的基础上,不断地发展或创造新的构造。

1.2 建筑构造组成及其作用

一幢民用或工业建筑,一般是由基础、墙或柱、楼板层、地坪、楼梯、屋顶和门窗等部分所组成,如图 1-1 所示。

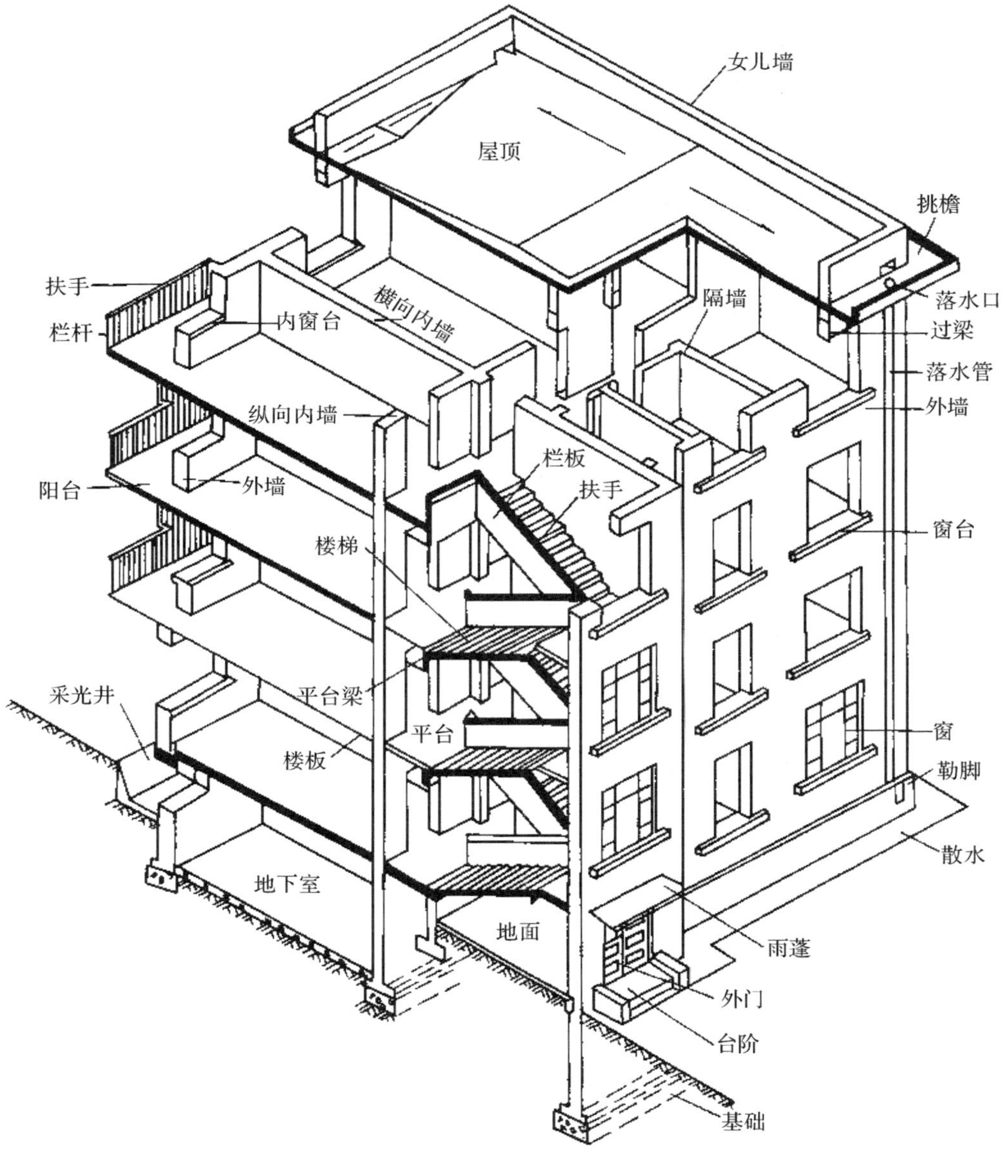

图 1-1　房屋的构造组成

(1)基础

基础是建筑物最下部的承重构件,其作用是承受建筑物的全部荷载,并将这些荷载传给地基。因此基础必须有足够的强度及耐久性,并能抵御地下各种有害因素的侵蚀。

(2)墙(或柱)

墙(或柱)是建筑物的承重构件和围护构件。作为承重构件的外墙,承受着建筑物由屋顶或楼板层传来的荷载,并将这些荷载传给基础。作为围护构件,外墙起着抵御自然界各种因素对室内侵袭的作用;内墙起分隔房间和创造室内舒适环境的作用。为此,要求墙体要有足够的强度、稳定性、隔热保温、隔声、防水、防火等能力。

(3)楼板层

楼板是建筑水平方向的承重构件,将建筑物分为若干层。楼板层承受着家具、设备和人体的荷载及本身的自重,并将这些荷载传给墙体。同时,对墙体起着水平支撑的作用。要求楼板层有足够的强度、刚度和隔声能力。对有特殊要求的房间还应具有防水、防潮的能力。

(4)地坪

地坪是底层房间与土层相接触的部分,承受着房间内部的荷载。要求地坪具有耐磨、防潮、防水和保温等性能。

(5)楼梯

楼梯是建筑的垂直交通设施,是供上下楼层和紧急疏散之用,故要求楼梯具有足够的通行能力,并符合坚固、稳定、耐磨、安全等要求。

(6)屋顶

屋顶是建筑物顶部的外围护构件和承重构件。它抵抗风、雨、雪霜、冰雹等的侵袭和太阳辐射热的影响;又承受风雪荷载及施工、检修等屋顶荷载,并将这些荷载传给墙和柱。故屋顶应具有足够的强度、刚度及防水、保温、隔热等性能。

(7)门与窗

门与窗均属非承重构件,门的主要作用是交通;窗的主要作用是采光和通风,有特殊要求的房间,门、窗应具有保温隔热、隔声、防火排烟的功能。

除此之外,还有一些附属部分,如阳台、雨篷、台节、坡道等。

1.3 建筑的类型和建筑的等级

随着社会和科学技术的发展,一些建筑类型正在消失、转化,而更多的新的建筑类型正在产生。到目前为止,建筑物的类型已有许许多多,各种建筑物都有不同的使用要求和不同的特点,因此有必要对建筑物进行类型和等级的划分,其目的如下。

(1)总结各种类型的建筑物建筑设计的特殊规律,以提高设计水平。

(2)研究由于社会生活和科学技术的发展而提出的新的功能要求,了解建筑类型发展的远景,以保证建筑设计更符合实际要求。

(3)根据不同类型的建筑特点,提出明确的任务,制定规范、定额、标准,以指导设计和施工。

(4)分析研究同类建筑的共性,以进行标准设计和工业化建造体系的设计。

(5)掌握建筑标准,合理控制投资等。

1.3.1 建筑物的分类

1. 按建筑物的性质分类

按建筑物的性质通常可以分为民用建筑、工业建筑和农业建筑。

(1)民用建筑

民用建筑即为人们大量使用的非生产性建筑,它又可以分为居住建筑和公共建筑两大类。

1)居住建筑。主要是指提供家庭和集体生活起居用的建筑物。如住宅、宿舍、公寓等。

2)公共建筑。主要是指提供人们进行各种社会活动的建筑物,其中包括:

①行政办公建筑。机关、企事业单位的办公楼等。

②文教建筑。学校、图书馆、文化宫等。

③托教建筑。托儿所、幼儿园等。

④科研建筑。研究所、科学实验楼等。

⑤医疗建筑。医院、门诊部、疗养院等。

⑥商业建筑。商店、商场、购物中心等。

⑦观览建筑。电影院、剧院、音乐厅、杂技场等。

⑧体育建筑。体育馆、体育场、健身房、游泳池等。

⑨旅馆建筑。旅馆、宾馆、招待所等。

⑩交通建筑。航空港、水路客运站、火车站、汽车站、地铁站等。

⑪通讯广播建筑。电信楼、广播电视台、邮电局等。

⑫园林建筑。公园、动物园、植物园、亭台楼榭等。

⑬纪念性建筑。纪念堂、纪念碑、陵园等。

⑭其他建筑。如监狱、派出所、消防站等。

(2)工业建筑

为工业生产服务的各类建筑,也可以叫厂房类建筑,如生产车间、辅助车间、动力用房、仓储建筑等。厂房类建筑又可以分为单层厂房和多层厂房两大类。

(3)农业建筑

用于农业、牧业生产和加工用的建筑。如温室、畜禽饲养场、粮食与饲料加工站、农机修理站等。

2. 按建筑物的层数或高度分类

(1) 低层建筑

一般指 1～3 层的建筑。

(2) 多层建筑

一般指高度在 24m 以下的 3 层以上的建筑。

(3) 高层建筑

世界上对高层建筑的界定,各国规定各不相同。按照我国现行的《高层民用建筑设计防火规范》GB 50045—95(2001 修订版)中的规定,10 层及 10 层以上的居住建筑和建筑高度超过 24m 的其他非单层民用建筑均为高层建筑。高层建筑根据其使用性质、火灾危险性、疏散和扑救难度等,又分为一类高层建筑、二类高层建筑和超高层建筑。

(4) 超高层建筑

层数 35 层及以上住宅,建筑总高度超过 100m 的建筑。

(5) 特殊超高层建筑

即建筑高度超过 250m 的建筑。

3. 按主要承重结构材料分类

建筑的主要承重结构一般为墙、柱、梁、板四种主要构件,而由墙、柱、梁、板所使用的材料的不同,又可分出新的种类。

(1)木结构建筑

即木板墙、木柱、木楼板、木屋顶的建筑,如木古庙、木塔等。

(2)砖木结构建筑

即由砖(石)砌墙体,木楼板、木屋顶的建筑,如农村老房屋。

(3)砖混结构建筑

即由砖(石)砌墙体,钢筋混凝土做楼板和屋顶的多层建筑,如早期的集体宿舍等。

(4)钢筋混凝土结构

即由钢筋混凝土柱、梁、板承重的多层和高层建筑(它又可分为框架结构建筑、筒体结构建筑、剪力墙结构建筑),如现代的大量建筑,以及用钢筋混凝土材料制造的装配式大板、大模板建筑。

(5)钢结构建筑

即全部用钢柱、钢梁组成承重骨架的建筑。

(6)其他结构建筑

如生土建筑、空间结构、充气建筑、塑膜结构建筑等。

4. 按建筑物的规模分类

(1)大量性建筑

单体建筑规模不大,但兴建数量多、分布面广的建筑,如住宅、学校、中小型办公楼、商店、医院等。

(2)大型性建筑

建筑规模大、耗资多、影响较大的建筑,如大型火车站、航空港、大型体育馆、博物馆、大会堂等。

1.3.2 建筑的等级

建筑物的等级可以从耐久性、耐火性等不同角度划分,具体如下。

1. 按设计年限分四级

根据现行《民用建筑设计通则》(GB 500352—2005),建筑分为以下四级。见表 1-1。

表 1-1 设计使用年限分类

类别	设计使用年限(年)	示例
1	2	临时性建筑
2	25	易于替换结构构件的建筑
3	50	普通建筑和构筑物
4	100	纪念性建筑和特别重要的建筑

2. 按防火性能和耐火极限分四级

(1)建筑耐火等级

耐火等级标准是依据房屋主要构件的燃烧性能和耐火极限确定的。组成各类建筑物的主要结构构件的燃烧性能和耐火极限不同,建筑物的耐火极限和耐火等级也不同。对建筑物的防火疏散、消防设施的限制也不同。火灾会对人民的生命和财产安全构成极大的威胁,建筑设计、建筑构造等方面必须有足够的重视。我国的防火设计规范是采用防消结合的办法,相关的防火规范主要有《建筑设计防火规范》(GB 50016—2006)和《高层民用建筑设计防火规范》GB 50045—95(2005 年版)。

1)构件的耐火极限。耐火极限是指建筑构件遇火后能够支持的时间。对任一构件进行耐火试验,从受到火的作用起到失去支持能力、或完整性被破坏、或失去隔火作用,达到这三条任何一条时为止的这段时间,用小时表示,就是这个构件的耐火极限。

2)构件的燃烧性能。燃烧性能指组成建筑物的主要构件在明火作用下,燃烧与否以及燃烧的难易程度。按燃烧性能建筑构件分为不燃烧体(用不燃烧材料制成)、难燃烧体(用难燃烧材料制成或带有不燃烧材料保护层的燃烧材料制成)和燃烧体(用燃烧材料制成)。

(2)多层建筑的耐火等级

多层建筑的耐火等级分为四级,其划分方法见表 1-2。

建筑的耐火等级与建筑的层数、长度和建筑面积相关,《建筑设计防火规范》(GB 50016—2006)中有详细的规定,见表 1-3。

表 1-2　建筑物构件的燃烧性能和耐火极限　(单位:h)

构件名称		耐火等级			
		一级	二级	三级	四级
墙	防火墙	不燃烧体 3.00	不燃烧体 3.00	不燃烧体 3.00	不燃烧体 3.00
	承重墙	不燃烧体 3.00	不燃烧体 2.50	不燃烧体 2.00	不燃烧体 0.50
	非承重外墙	不燃烧体 1.00	不燃烧体 1.00	不燃烧体 0.50	燃烧体
	楼梯间的墙 电梯井的墙 住宅单元之间的墙 住宅分户墙	不燃烧体 2.00	不燃烧体 2.00	不燃烧体 1.50	难燃烧体 0.50
	疏散走道两侧的隔墙	不燃烧体 1.00	不燃烧体 1.00	不燃烧体 0.50	不燃烧体 0.50
	房间隔墙	不燃烧体 0.75	不燃烧体 0.50	难燃烧体 0.50	难燃烧体 0.25
柱		不燃烧体 3.00	不燃烧体 2.50	不燃烧体 2.00	不燃烧体 0.50
梁		不燃烧体 2.00	不燃烧体 1.50	不燃烧体 1.00	不燃烧体 0.50
楼板		不燃烧体 1.50	不燃烧体 1.00	不燃烧体 0.50	燃烧体
屋顶承重构件		不燃烧体 1.50	不燃烧体 1.00	燃烧体	燃烧体
疏散楼梯		不燃烧体 1.50	不燃烧体 1.00	不燃烧体 0.50	燃烧体
吊顶(包括吊顶搁栅)		不燃烧体 0.25	难燃烧体 0.25	难燃烧体 0.15	燃烧体

表 1-3 民用建筑的耐火等级、最多允许层数和防火分区最大允许建筑面积

耐火等级	最多允许层数	防火分区间的最大允许建筑面积(m^2)	备注
一、二级	按本规范第1.0.2条规定	2500	1. 体育馆、剧院的观众厅，展览建筑的展厅，其防火分区最大允许建筑面积可适当放宽； 2. 托儿所、幼儿园的儿童用房和儿童游乐厅等儿童活动场所不应超过3层或设置在4层及4层以上楼层或地下、半地下建筑(室)内
三级	5层	1200	1. 托儿所、幼儿园的儿童用房和儿童游乐厅等儿童活动场所、老年人建筑和医院、疗养院的住院部分不应超过2层或设置在3层及3层以上楼层或地下、半地下建筑(室)内； 2. 商店、学校、电影院、剧院、礼堂、食堂、菜市场不应超过2层或设置在3层及3层以上楼层
四级	2层	600	学校、食堂、菜市场、托儿所、幼儿园、老年人建筑、医院等不应设置在2层
地下、半地下建筑(室)		500	——

(3)高层建筑的耐火等级

高层建筑的耐火等级分为两级，其划分方法见表 1-4。

根据高层建筑的高度、层数、建筑物的重要程度、使用性质、火灾危险性、疏散及扑救难度等因素分类，我国现行《高层民用建筑设计防火规范》(GB 50045—95)中将高层建筑分为一类和二类，详见表 1-5。

一类高层建筑的耐火等级应为一级，二类高层建筑的耐火等级不应低于二级。群房的耐火等级不应低于二级。高层建筑的地下室的耐火等级应为一级。群房指与高层建筑相连、建筑高度不超过 24m 的附属建筑。

表 1-4 高层建筑物构件的燃烧性能和耐火极限 (单位:h)

构件名称		耐火等级 一级	耐火等级 二级
墙	防火墙	不燃烧体 3.00	不燃烧体 3.00
墙	承重墙、楼梯间的墙、电梯井的墙、住宅单元之间的墙、住宅分户墙	不燃烧体 2.00	不燃烧体 2.00
墙	非承重外墙、疏散走道两侧的隔墙	不燃烧体 1.00	不燃烧体 1.00
墙	房间隔墙	不燃烧体 0.75	不燃烧体 0.50
柱		不燃烧体 3.00	不燃烧体 2.50
梁		不燃烧体 2.00	不燃烧体 1.50
楼板、疏散楼梯、屋顶承重构件		不燃烧体 1.50	不燃烧体 1.00
吊顶		不燃烧体 0.25	难燃烧体 0.25

表 1-5 高层建筑分类

名 称	一 类	二 类
居住建筑	19 层及 19 层以上的住宅	10～18 层的住宅
公共建筑	1. 医院 2. 高级旅馆 3. 建筑高度超过 50m 或 24m 以上部分的任一楼层的建筑面积超过 1000m^2 的商业楼、展览楼、综合楼、电信楼、财贸金融楼 4. 建筑高度超过 50m 或 24m 以上部分的任一楼层的建筑面积超过 1500m^2 的商住楼 5. 中央级和省级(含计划单列市)广播电视楼 6. 网局级和省级(含计划单列市)电力调度楼 7. 省级(含计划单列市)邮政楼、防灾指挥调度楼 8. 藏书超过 100 万册的图书馆、书库 9. 重要的办公楼、科研楼、档案楼 10. 建筑高度超过 50m 的教学楼和普通的旅馆、办公楼、科研楼、档案楼等	1. 除一类建筑以外的商业楼、展览楼、综合楼、电信楼、财贸金融楼、商住楼、图书馆、书库 2. 省级以下的邮政楼、防灾指挥调度楼、广播电视楼、电力调度楼 3. 建筑高度不超过 50m 的教学楼和普通的旅馆、办公楼、科研楼、档案楼等

建筑构件如何满足耐火极限、如何选择建筑材料以及材料的厚度详见现行《建筑设计防火规范》(GB 50016—2006)。

3. 民用建筑设计等级

民用建筑设计等级与建筑类型和特征有关，分为特级、一级、二级和三级。详见表 1-6。

表 1-6 民用建筑工程设计等级分类

类型	特征＼工程等级	特 级	一 级	二 级	三 级
一般公共建筑	单体建筑面积	8 万 m^2 以上	2 万 m^2 以上～8 万 m^2	5000m^2 以上～2 万 m^2	5000m^2 及以下
	立项投资	2 亿元以上	4000 万元以上～2 亿元	1000 万元以上～4000 万元	1000 万元及以下
	建筑高度	100m 以上	50m 以上～100m	24m 以上～50m	24m 及以下(其中砌体建筑不得超过抗震规范高度限值要求)
住宅、宿舍	层 数		20 层以上	12 层以上～20 层	12 层及以下(其中砌体建筑不得超过抗震规范层数限值要求)
住宅小区、工厂生活区	总建筑面积		10 万 m^2 以上	10 万 m^2 及以下	
地下工程	地下空间(总建筑面积)	3 万 m^2 以上	1 万 m^2 以上至 5 万 m^2	1 万 m^2 及以下	
	附建式人防(防护等级)		四级及以上	五级及以下	
特殊公共建筑	超限高层建筑抗震要求	抗震设防区特殊超限高层建筑	抗震设防区建筑高度 100m 及以下的一般超限高层建筑		
	技术复杂、有声、光、热、振动、视线等特殊要求	技术特别复杂	技术特别复杂		
	重要性	国家级经济、文化、历史、涉外等重点工程项目	省级经济、文化、历史、涉外等重点工程项目		

注：符合某工程等级特征之一的项目即可确认为该工程等级项目。

1.4 影响建筑构造的因素

1.4.1 外力作用的影响

作用在建筑物上的各种外力统称为荷载。荷载分为恒荷载(如结构自重)和活荷载(人群、家具等)两类。荷载的大小是建筑结构设计的主要依据,也是结构选型及构造设计的重要基础,起着决定构件尺寸、用料多少的重要作用。

在荷载中,风力的影响是高层建筑水平荷载的主要因素,风力随着距地面高度的不同而变化。在沿江、沿海地区,特别是沿海地区,影响更大。此外,地震时建筑物质量越大,受到的地震力也越大。地基土的纵波使建筑物产生上下震动;横波使建筑物产生前后或左右水平方向的震动。地震产生的水平方向的地震力是建筑物的主要侧向荷载。地震的大小用震级表示,震级的高低是根据地震时释放能量的多少来划分的,释放能量愈多,地震越大,震级越高。故震级是地震大小的标志。在进行建筑物抗震设计时,是以该地区所定地震烈度为依据的,地震烈度是指在地震过程中,地表及建筑物受到影响和破坏的程度。

1.4.2 气候条件的影响

我国幅员辽阔,从炎热的南方到寒冷的北方,气候条件有许多差异。建筑气候区划及不同分区对建筑基本要求详见《民用建筑设地通则》(GB 50352—2005)。浙江省属夏热冬冷地区(见附录建筑气候区划图),在设计建筑构造时要考虑该地区气候特点及建筑基本要求(见表 1-7)。太阳的热辐射,自然界的风、霜、雨、雪等构成了影响建筑物的多种因素。有的构、配件因热胀冷缩而开裂;有的部位出现渗漏水现象;有的因室内过冷或过热而影响工作等等,总之要影响到建筑物的正常使用。故在进行建筑构造设计时,应针对建筑物所受影响的性质与程度,对各有关构、配件及部位采取必要的防范措施,如防潮、防水、保温、隔热、设伸缩缝、设隔气层等等,以保证建筑物的正常使用。

表 1-7 不同分区对建筑基本要求

分区名称		热工分区名称	气候主要指标	建筑基本要求
Ⅰ	ⅠA ⅠB ⅠC ⅠD	严寒地区	1 月平均气温 ≤−10℃ 7 月平均气温 ≤25℃ 7 月平均相对湿度 ≥50%	1. 建筑物必须满足冬季保温、防寒、防冻等要求 2. ⅠA、ⅠB 区应防止冻土、积雪对建筑物的危害 3. ⅠB、ⅠC、ⅠD 区的西部,建筑物应防冰雹、防风沙
Ⅱ	ⅡA ⅡB	寒冷地区	1 月平均气温 −10～0℃ 7 月平均气温 18～28℃	1. 建筑物应满足冬季保温、防寒、防冻等要求,夏季部分地区应兼顾防热 2. ⅡA 区建筑物应防热、防潮、防暴风雨,沿海地带应防盐雾侵蚀

续表

分区名称		热工分区名称	气候主要指标	建筑基本要求
Ⅲ	ⅢA ⅢB ⅢC	夏热冬冷地区	1 月平均气温 0～10℃ 7 月平均气温 25～30℃	1. 建筑物必须满足夏季防热、遮阳、通风降温要求，冬季应兼顾防寒 2. 建筑物应防雨、防潮、防洪、防雷电 3. ⅢA 区建筑物应防台风、暴雨袭击及盐雾侵蚀
Ⅳ	ⅣA ⅣB	夏热冬暖地区	1 月平均气温 >10℃ 7 月平均气温 25～29℃	1. 建筑物必须满足夏季防热、遮阳、通风、防雨要求 2. 建筑物应防暴雨、防潮、防洪、防雷电 3. ⅣA 区建筑物应防台风、暴雨袭击及盐雾侵蚀
Ⅴ	ⅤA ⅤB	温和地区	7 月平气温 18～25℃ 1 月平均气温 0～13℃	1. 建筑物应满足防雨和通风要求 2. ⅤA 区建筑物应注意防寒，ⅤB 区应特别注意防雷电

1.4.3 各种人为因素的影响

人们在从事生产和生活活动中，往往会造成对建筑物的影响，如化学腐蚀、火灾、机械振动、爆炸等人为因素的影响，故在进行建筑构造设计时，必须针对这些影响因素，采取相应的防火、防爆、防震、防腐等构造措施，以防止建筑物遭受不良的损失。

1.4.4 技术条件的影响

由于建筑材料技术日新月异，以及建筑结构和建筑施工技术的发展，建筑构造技术也发展很快。例如，悬锁、薄壳、网架等空间结构建筑，彩色铝合金等新材料的吊顶，采光天窗中庭等现代建筑设施的大量涌现。可以看出，建筑构造没有一成不变的模式，因而在构造设计中要综合解决好采光、通风、保温、隔热等问题，必须以构造原理为基础，在利用原有的、标准的、典型的建筑构造的同时，不断发展或创造新的构造方案。

1.4.5 经济条件的影响

随着经济的发展和人民生活水平的提高，对建筑构造的要求也随着经济条件的改变而发生变化。

1.5 建筑构造设计原则

(1)必须满足建筑物各项使用功能的要求

在建筑设计中，由于建筑物的功能要求和某些特殊要求，如隔热、保温、隔声、放射线、防腐等，给建筑设计提出了技术上的要求。为了满足使用功能的需要，在构造设计时，必须综合有关技术知识，进行合理设计、计算，并选择经济合理的技术方案。

(2)必须有利于结构安全

建筑物除了根据荷载大小、结构的要求确定构件的必需尺寸外，在构造上需采取措施，使构件与构件之间有可靠的连接，以保证构件的整体刚度，并满足防火要求。

(3)必须适应建筑工业化的需要

为确保建筑工业化的顺利进行，在构造设计时，应大力推广先进技术，选择新型的建筑材料，采用标准设计和定型构件，为制品生产工厂化、现场施工机械化创造有利条件。

(4)必须做到经济合理

考虑成本核算，注意造价指标是构造设计的重要原则之一。在构造设计上应注意节约木材、钢材等材料。要尽量利用工业废料，要从我国实际情况出发，做到因地制宜，就地取材。

(5)必须注意美观

构造方案的处理是否精致和美观，都会影响建筑物的整体效果，因此，需要事先予以充分的考虑和研究。

总之，在构造设计中，要求做到坚固耐用、技术先进、经济合理、美观大方，并结合我国国情，充分考虑到建筑物的使用功能、所处的自然环境、材料供应情况以及施工条件等因素，进行分析、比较，最后选择、确定最佳方案。

1.6 建筑工业化与建筑模数制

1.6.1 建筑工业化

1. 基本概念

建筑工业化是指用现代工业生产方式来建造房屋，也就是用机械化手段生产建筑定型产品。建筑工业的定型产品是指房屋、房屋的构配件和建筑制品等。例如定型的整幢房屋，定型的墙体、楼板、楼梯、门窗等等。只有产品定型，才有利于成批生产，才能采取机械化方法。成批生产意味着把某些定型产品转入工厂制造，这样一来生产的各个环节分工更细致，组织管理更加科学，从而加快建设速度，降低劳动强度，提高生产效率和施工质量，并为构配件的二次利用及回收创造了条件。

建筑工业化有四个基本特征，即建筑构配件设计标准化、构件生产工厂化、施工机械化和组织管理科学化。其中设计标准化是建筑工业化的前提条件，建筑产品只有加以定型，采取标准化设计，才能成批生产。工厂化和机械化生产是建筑工业化的核心，大多数定型产品都可以在工厂或现场实施机械化生产和安装，从而可以大大提高效率，保证产品质量。组织管理科学化是实现建筑工业化的保证，因生产的环节较多时，相互间的矛盾需要通过严密、科学的组织管理来加以协调，否则建筑工业化的优越性就不能充分体现。建筑工业化的重点则在于提高机械化施工水平和实现建筑的墙体改革。

工业化建筑体系是把设计、生产、施工、组织管理加以配套，构成一个完整的全过程，是实现工业化的有效途径。工业化建筑体系一般分为通用体系和专用体系两种。

(1)专用体系

专用体系是指以定型房屋为基础进行构配件配套的一种体系，其产品是定型房屋，构配件不能进行互换。专用体系的优点是以少量规格的构配件就能将房屋建造起来，一次性投资不多，见效快，但其缺点是由于构配件规格少，容易使房屋立面产生单调感。

(2)通用体系

通用体系是以通用构配件为基础，进行多样化房屋组合的一种体系，其产品是定型构配件。通用体系的构配件规格比较多，各体系之间的构件可以互换，具有更大的灵活性与通用性，容易做到多样化，适应的面广，可以进行专业化成批生产。

工业化建筑类型可按结构类型和施工工艺进行划分。结构类型主要包括框架结构，框架—剪力墙结构和剪力墙结构等。施工工艺主要按混凝土工程来划分，诸如预制装配（全装配）、工具式模板机械化现浇（全现浇）或预制与现浇相结合等。通常按结构类型与施工工艺的综合特征将工业化建筑划分为以下类型：砌块建筑、大板建筑、框架板材建筑、大模板建筑、滑模建筑、升板建筑和盒子建筑等等（见图 1-2）。

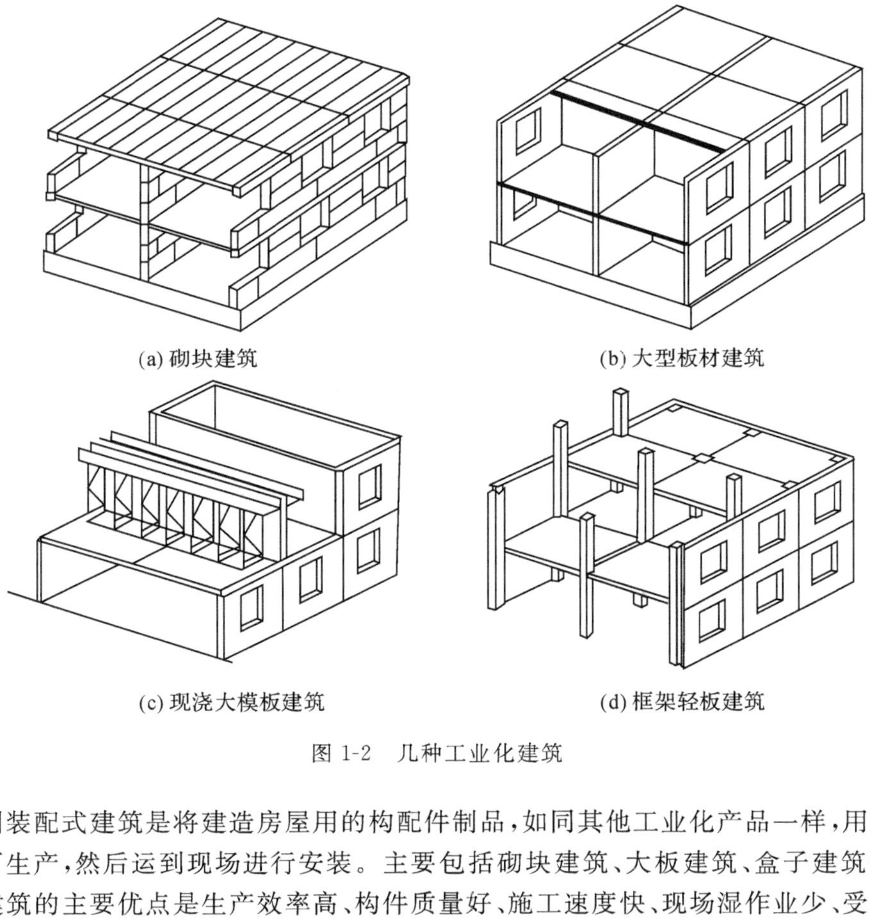

(a) 砌块建筑　(b) 大型板材建筑

(c) 现浇大模板建筑　(d) 框架轻板建筑

图 1-2 几种工业化建筑

预制装配式建筑是将建造房屋用的构配件制品，如同其他工业化产品一样，用工业化方法在工厂生产，然后运到现场进行安装。主要包括砌块建筑、大板建筑、盒子建筑等。预制装配式建筑的主要优点是生产效率高、构件质量好、施工速度快、现场湿作业少、受季节影响小等。

现浇或现浇与预制相结合的建筑是将主要承重构件，如墙体和楼板等全部现浇，或其中一种现浇、一种预制装配。其主要优点是整体性好，适应性强，运输费用节省，便于组织大面积的流水作业，经济效益好。下面对大板建筑、框架板材建筑、大模板建筑进行简单介绍。

2. 大板建筑

大板建筑是大型板材装配式建筑的简称，是一种全装配体系。大板是指大墙板、大楼板、大型屋面板（见图 1-3）。内墙板的主要功能是承重和隔声，常用混凝土制作。外墙板除承重和隔声外还要求保温隔热与外装修，常用复合墙板。楼板常用整间钢筋混凝土楼板。

大板建筑的其他构件重量应尽可能与墙板、楼板大体接近。构件连接主要采用现浇接头，形成圈梁和构造柱，保证房屋的整体性。外墙板的接缝可采用材料防水和构造防水。板材的连接和接缝应符合标准化与互换通用的原则。

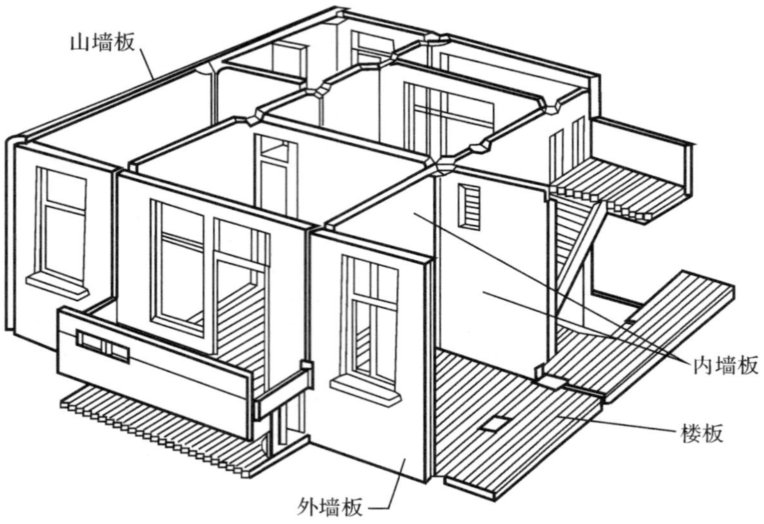

图 1-3　装配式大板建筑

大板建筑的主要优点是：①装配化程度高，建设速度快，可缩短工期，提高劳动生产率；②施工现场湿作业少，施工较少受天气和季节的影响，大部分工作移入工厂进行，改善了工人的劳动条件；③板材的承载能力比砖混结构高，可减少墙厚和结构自重，对抗震有利，并扩大了使用面积。大板建筑也存在一些缺点：①一次性投资较大，需要先投入一笔资金修建大板工厂；②需要有大型的吊装运输设备，而且运输比较困难；③钢材和水泥用量比砖混结构大，房屋造价也比砖混结构高。

大板建筑的适用范围：大板建筑建设数量较稳定的地区才能提高效益，降低造价；施工现场宜成街成坊建造，否则，每平方米摊销的机械台班费就会很高，会增加建筑造价；建筑的类型只能是住宅、宿舍、旅馆等小开间的建筑；板材之间有可靠的连接，具有较好抗震性能，震区和非地震区都适合等。由于大板建筑要求的施工设备和运输条件较高，宜在平坦的地段建造。

3. 框架板材建筑

框架板材建筑是指由框架和楼板墙板组成的建筑，如图 1-4 所示。其结构特征是由框架（柱梁和楼板）承重，墙板仅作为围护和分隔空间的构件。这种建筑的主要优点是空间划分灵活，自重轻，有利于抗震，节省材料；其缺点是钢材和水泥用量大，构件的总数量多。框架板材建筑适用于要求有较大空间的多层、高层民用建筑，地基较软弱的建筑和地震区建筑。

框架按所用材料分为钢框架和钢筋混凝土框架。通常 20 层以下的建筑可采用钢筋混凝土框架，更高的建筑才采用钢框架。

钢筋混凝土框架按施工方法不同，分为全现浇、全装配和装配整体式。全现浇框架的现

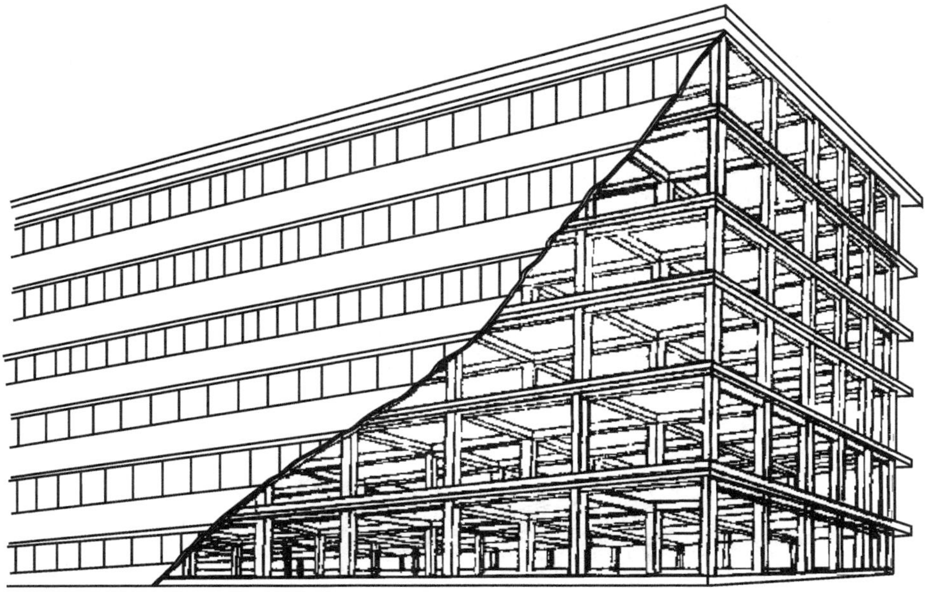

图 1-4　框架板材建筑

场湿作业多，寒冷地区冬季施工还要采取保温措施，故采用后两种施工方法更有利。

按构件组成不同分为板柱框架、梁板柱框架和剪力墙框架，如图 1-5 所示。其中板柱框架由楼板和柱子组成框架，楼板可用梁板合一的肋形楼板，也可用实心大楼板。梁板柱框架由梁、楼板、柱子构成框架。剪力墙框架则是在以上两种框架中增设一些剪力墙，其刚度较纯框架的要大得多。剪力墙主要承担水平荷载，框架主要承受垂直荷载，故框架的节点构造大为简化，适合在高层建筑中采用。钢筋混凝土框架一般不宜超过 10 层，框剪结构多用于 10～20 层的建筑。

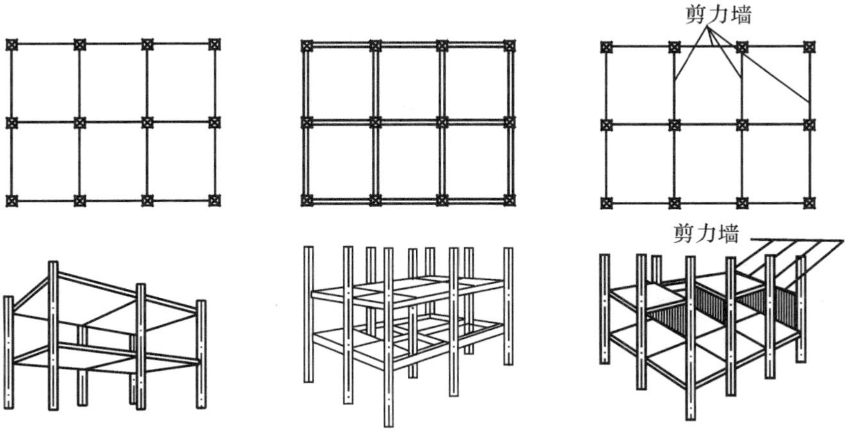

(a) 板柱框架　(b) 梁板柱框架　(c) 剪力墙框架

图 1-5　框架结构类型

装配式钢筋混凝土框架的构件连接主要有梁与柱、梁与板、板与柱的连接。

4. 大模板建筑

所谓大模板建筑是指用工具式大型模板现浇混凝土楼板和墙体的建筑，如图 1-6 所示。大模板建筑的优点是：由于采用现浇混凝土施工工艺，可不必建造预制混凝土板材的大板厂，故一次性投资比大板建筑少；现浇施工使构件与构件之间的连接方法大为简化，而且结构的整体性好，刚度增大，使结构的抗震能力与抗风能力大大提高；现浇施工还可以减少建筑材料的转运，从而可使建筑造价比大板建筑低。当然大模板建筑也有一些缺点：如现场工作量大，在寒冷地区冬季施工需要采用冬施措施，增加了能耗，水泥用量较多。但大模板建筑所需要的技术设备条件比大板建筑低，在我国大部分地区气候较温暖时适应性强，所以在我国无论地震区和非地震区的多层和高层建筑均有采用。

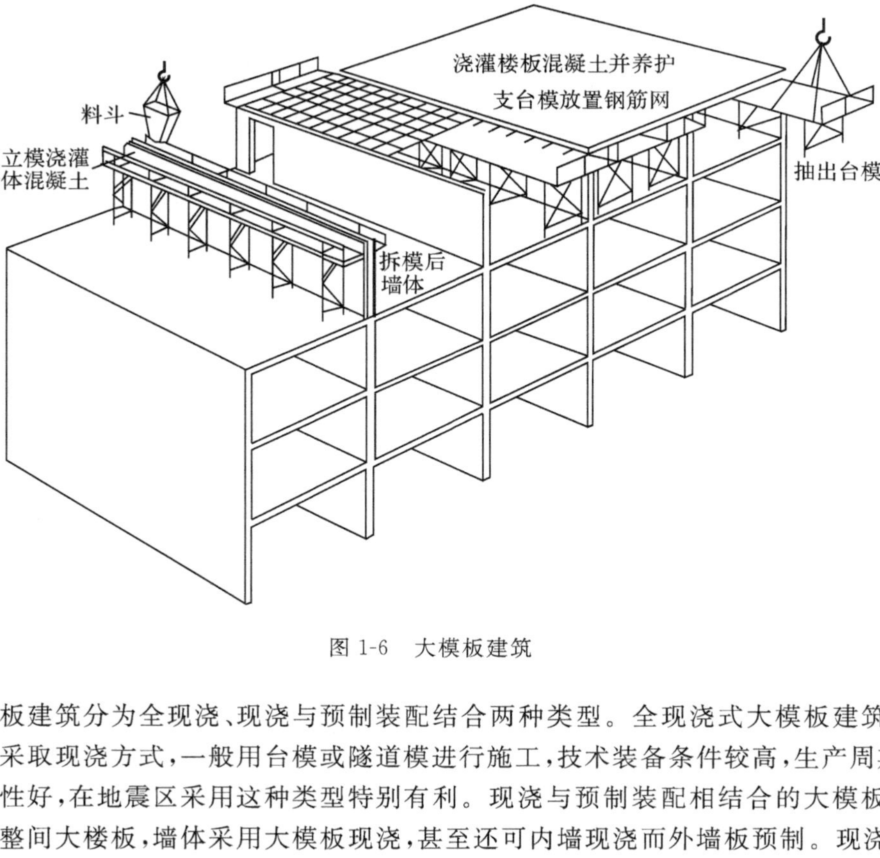

图 1-6 大模板建筑

大模板建筑分为全现浇、现浇与预制装配结合两种类型。全现浇式大模板建筑的墙体和楼板均采取现浇方式，一般用台模或隧道模进行施工，技术装备条件较高，生产周期较长，但其整体性好，在地震区采用这种类型特别有利。现浇与预制装配相结合的大模板建筑采用预制式整间大楼板，墙体采用大模板现浇，甚至还可内墙现浇而外墙板预制。现浇与预制相结合的大模板建筑又分为以下三种类型。

(1)内外墙全现浇

即内外墙全部为现浇混凝土，楼板采用预制大楼板。其优点是内外墙之间为整体连接，房屋的空间刚度增强，但外墙的支模较复杂，装修工作量也较大。一般多用于多层建筑或地震区的高层建筑。

(2)内墙现浇外墙挂板

即内墙用大模板现浇混凝土墙体，预制外墙板悬挂在现浇内墙上，楼板则用预制大楼板。这种类型简称为“内浇外挂”。其优点是外墙的装修可以在工厂完成，缩短了工期，同时其保温问题较前一种方式更易解决，同时整个内墙之间为整体浇筑，房屋的空间刚度仍可以得到保证。所以这种类型兼有大模板与大板两种建筑的优点，目前在我国高层大模板建筑中应用最为普遍。

(3)内墙现浇外墙砌砖

即内墙采用大模板现浇，外墙用砌块来砌筑，楼板则用预制大楼板，简称为“内浇外砌”。采用砖砌外墙比混凝土外墙的保温性能好，而且又便宜，故在多层大模板建筑中运用较多。但是砖墙自重大，现场砌筑工作量大、工期长，所以这种类型在高层大模板建筑中很少采用。

5. 其他类型的工业化建筑

用工业化生产方式建造房屋的主要类型除上述几种以外，还有滑模建筑、升板建筑、盒子建筑等，也都属于工业化建筑的范畴。

(1)滑模建筑

所谓滑模建筑，是指用滑升模板来现浇墙体的一种建筑。滑模现浇墙体的工作原理是利用墙体内的竖向钢筋作支承杆，将模板系统支承其上，用液压千斤顶系统带动模板系统沿支承杆慢慢向上滑移，边升边浇筑混凝土墙体，直至顶层墙体后才将模板系统卸下，如图 1-7 所示。

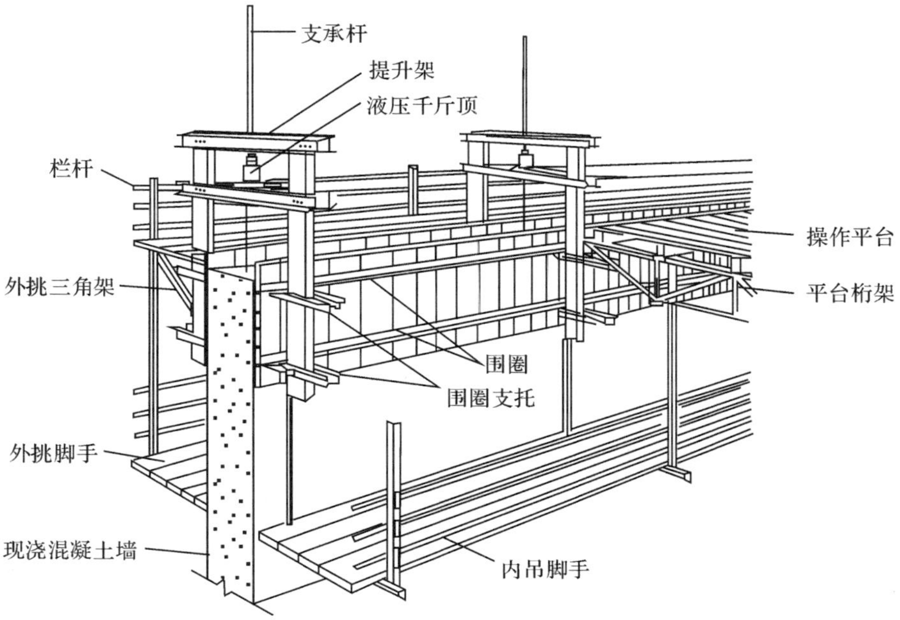

图 1-7　滑模示意

滑模建筑的主要优点是结构的整体性好，抗震能力强，机械化程度高，施工速度快，模板的数量少，且利用率高，施工时所需的场地小。但用这种方式建造房屋，操作精度要求高，墙体垂直度的偏差不能超出允许范围，否则将酿成事故。滑模建筑适宜用于外形简单整齐、上下壁厚相同的建筑物和构筑物，如多层和高层建筑、水塔、烟囱、筒仓等。我国深圳国际贸易中心大厦高 53 层的主楼部分，便是采用滑模施工的。

滑模建筑通常有以下三种类型：第一种是内外墙全部用滑模现浇混凝土（见图 1-8(a)）。第二种是内墙用滑模现浇混凝土，外墙用预制墙板（见图 1-8(b)），有利于外墙的保温和装修。第三种是滑模浇注楼梯间、电梯间等构成的筒体结构，其余部分用框架或大板结构（见图 1-8(c)），这种类型多见于高层建筑。

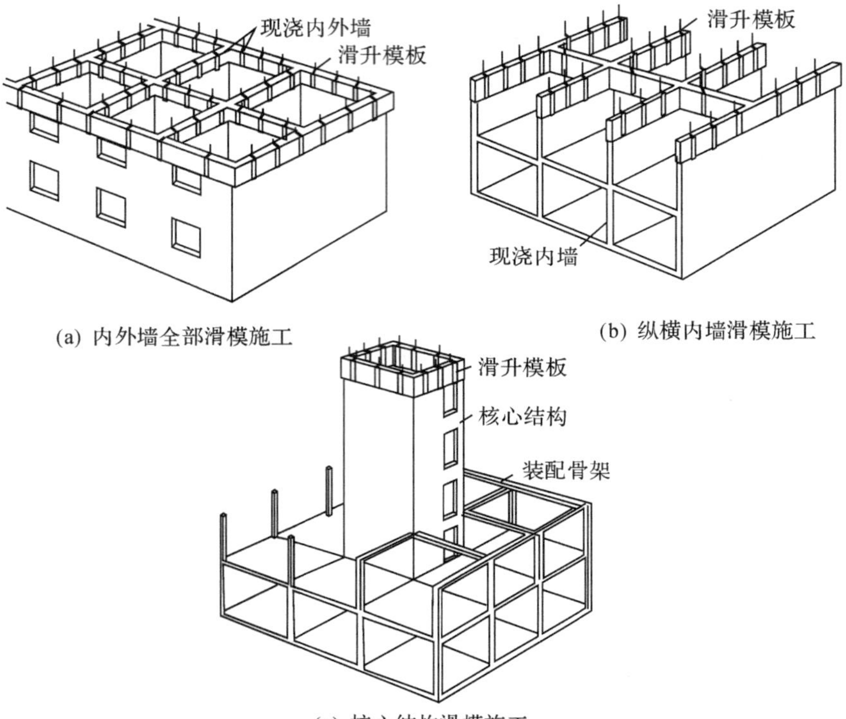

(a) 内外墙全部滑模施工　(b) 纵横内墙滑模施工

(c) 核心结构滑模施工

图 1-8　滑模部位

（2）升板建筑

所谓升板建筑是指利用房屋自身的柱子作导杆，将预制楼板和屋面板提升就位的一种建筑。用升板法建造房屋的过程与常规的建造方法不同，如图 1-9 所示。第一步是做基础，即在平整好的场地开挖基槽，浇筑柱基础。第二步是在基础上立柱子，大多采用预制柱。第三步是打地坪。先做地坪的目的是为了在其上面预制楼板等。第四步是叠层预制楼板和屋面板，板与板之间用隔离剂分隔开，注意柱子是套在楼板屋面板中由上而下逐渐提升。为了避免在提升过程中柱子失去稳定而使房屋倒塌，楼屋面板不能一次就提升到设计位置，而是分若干次进行，要防止上重下轻。第六步是逐层就位，即从底层到顶层逐层将楼板和屋面板分别固定在各自的设计位置上。

升板建筑的主要施工设备是提升机，每根柱子上安装一台，以使楼板在提升过程中均匀受力，同步上升，提升机悬挂在承重销上（见图 1-10）。承重销是用钢制的，可以临时穿入柱上预留的间歇孔中，施工时用它来临时支承提升机和楼板，提升完毕后承重销便永久地固定在柱帽中。提升机通过螺杆、提升架、吊杆将楼板吊住，当提升机开动时，螺杆转动，楼板便慢慢上升(见图 1-10)。当楼板提升到间歇孔处时，在楼板下将承重销穿入柱子间歇孔中，支承住楼板。当继续往上提升时，需将提升机移到更高位置，并悬挂在柱子上，如此往复数次，逐渐将各层楼板和屋面板提升到设计位置。

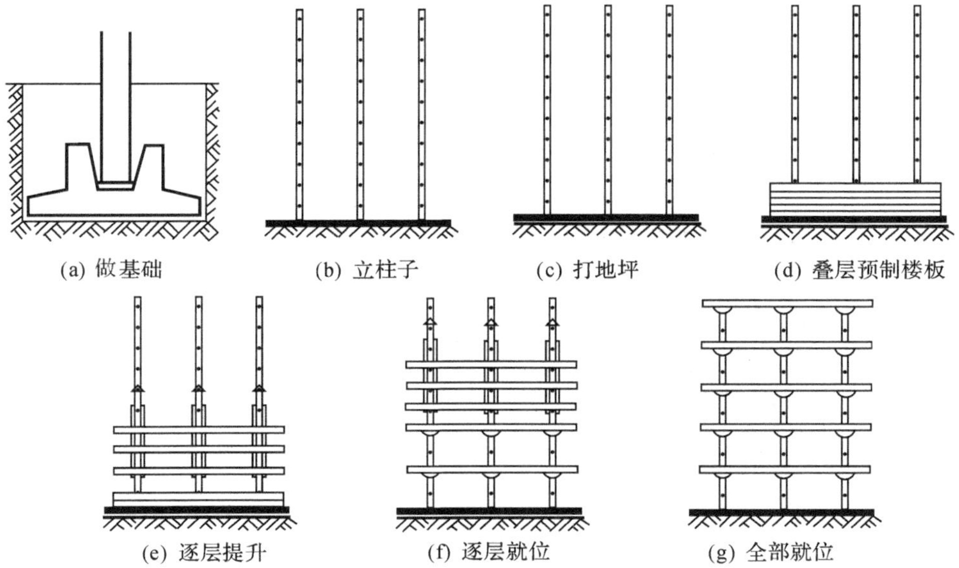

图 1-9　升板建筑施工顺序

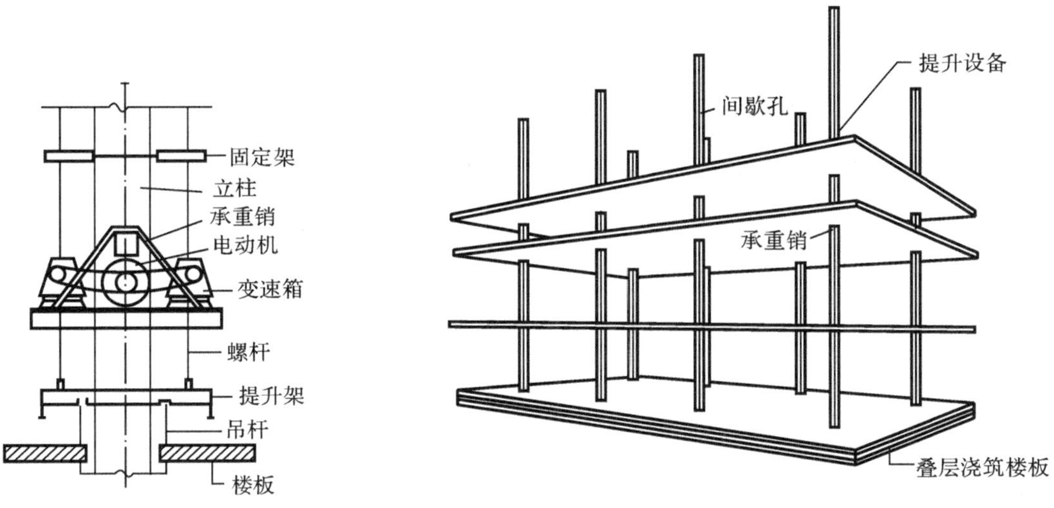

图 1-10　升板建筑

升板建筑的优越性是很明显的，由于是在建筑物的地坪上叠层预制楼板，不需要底模，可以大大节约模板；把许多高空作业转移到地面上进行，可以提高效率，加快进度；预制楼板是在建筑物本身平面范围内进行的，不需要占用太多的施工场地。根据这些优点，升板建筑主要适用于隔墙少、楼面荷载大的多层建筑，如商场、书库、车库和其他仓储建筑，特别适合于施工场地狭小的地段建造房屋。

(3)盒子建筑

盒子建筑是指在工厂预制成整间的空间盒子结构，运到工地进行组装的建筑(见图1-11)。一般在工厂不但完成盒子的结构部分和维护部分，而且内部的装修也在工厂做好，甚至连家具、地毯、窗帘等也已布置好，只要安装完成，接通管线，即可交付使用。

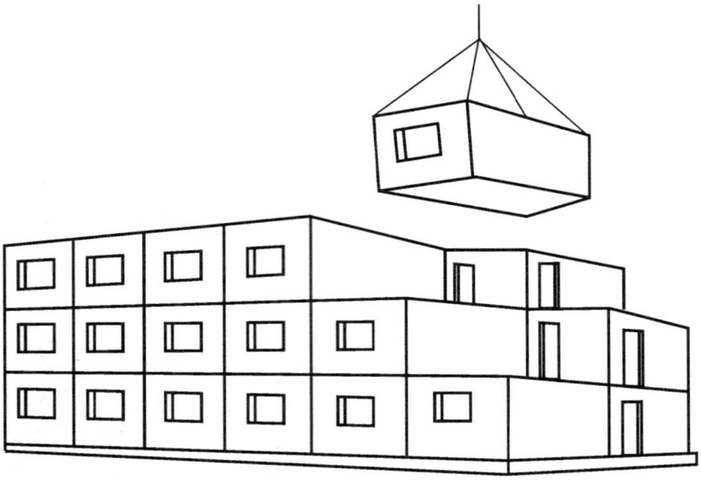

图 1-11 盒子建筑

盒子建筑的主要优点在于：施工速度快，生产效率高；装配化程度高，修建的大部分工作，包括水、暖、电、卫等设备安装和房屋装修都移到工厂完成，施工现场只余下构件吊装、节点处理，接通管线就能使用；混凝土盒子构件是一种空间薄壁结构，自重很轻，与砖混建筑相比，可减轻结构自重一半以上。

1.6.2 建筑模数制

建筑模数和模数制是建筑设计工程师必须掌握的一个基本概念。

为了使建筑设计、构件生产以及施工等方面的尺寸相互协调，从而提高建筑工业化的水平，降低造价并提高房屋设计和建造的质量和速度，建筑设计应采用国家规定的建筑统一模数制。

1. 模数

建筑模数是选定的标准尺度单位，作为建筑物、建筑构配件、建筑制品以及有关设备尺寸相互间协调的基础。根据国家制定的《建筑统一模数制》，我国采用的基本模数 $M_0=100mm$，整个建筑物和建筑物的各部分以及建筑组合件的模数化尺寸，应是基本模数的倍数。

2. 导出模数

为了适应建筑设计中对建筑部位、构件尺寸、构造节点以及断面、缝隙等尺寸的不同要求，还分别采用以下两种变化模数。

(1)扩大模数

扩大模数分水平扩大模数和竖向扩大模数。水平扩大模数的基数为 3M、6M、12M、15M、30M、60M，其相应尺寸分别为 300mm、600mm、1200mm、1500mm、3000mm、6000mm，适用于建筑物的跨度(进深)、柱距(开间)及建筑制品的尺寸等。竖向扩大模数的基数为3M与6M,其相应尺寸为300mm、600mm。竖向扩大模数主要用于建筑物的高度、层高和门窗洞口等处。

(2)分模数

分模数也叫“缩小模数”,一般为1/10M、1/5M、1/2M,相应的尺寸为10mm、20mm、50mm。分模数数列主要用于成材的厚度、直径、构件之间缝隙、构造节点的细小尺寸、构配件截面及建筑制品的公偏差等。

1.7 建筑轴线与构件的尺寸

在介绍定位轴线之前首先介绍几个关于建筑构配件尺寸的概念。

标志尺寸:是用以标注建筑物定位轴线间的距离(开间、进深、层高)以及建筑制品、建筑构配件等有关尺寸界限之间的尺寸,标志尺寸通常应尽量符合模数。

构造尺寸:是生产、制造建筑制品、建筑构配件的设计尺寸,一般情况下构造尺寸加上缝隙尺寸即等于标志尺寸,缝隙尺寸也应符合模数数列的规定(见图1-12)。

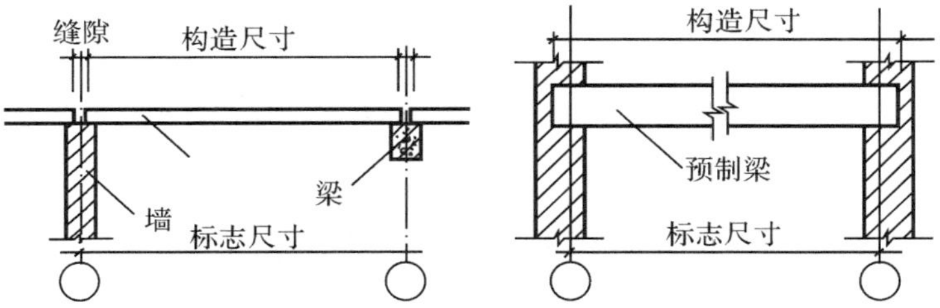

(a) 构件标志尺寸大于构造尺寸　(b) 构件标志尺寸小于构造尺寸

图1-12　标志尺寸与构造尺寸的关系

实际尺寸:是指建筑制品、建筑构配件生产后的实有尺寸。实际尺寸与构造尺寸之间的差数应符合建筑公差的规定。

定位轴线:是确定建筑物主要结构构件位置及其标志尺寸的基线,是施工中进行施工放线的主要依据,在设计中必须准确地表示出定位轴线位置及其相应的轴线编号。对于非承重的隔墙、次要的局部的承重构件,则用分轴线表示,有时也可以注明其与附近轴线的有关尺寸来表示。

定位轴线采用细点划线表示,并予以编号。轴线的端部画细线圆圈(直径8～10mm)。平面图上定位轴线的编号,宜标注在下方与左侧,横向编号采用阿拉伯数字,从左向右编写,竖向编号采用大写拉丁字母,自下而上编写。如图1-13所示。

当建筑物采用砖混结构时,其内墙(纵、横内墙)定位轴线一般与内墙中心线相重合。

当各层外墙墙厚相同时,其外墙定位轴线应距外墙内缘半砖(120mm)处;当各层外墙墙厚不同时,其外墙定位轴线应为顶层承重内墙厚度的一半或半砖(120mm)处(见图1-14(a)和图1-14(b))。

对于楼梯间墙,平面定位轴线经常定在距离楼梯间边缘120mm处,使楼梯间墙身各层取平(见图1-14(c))。

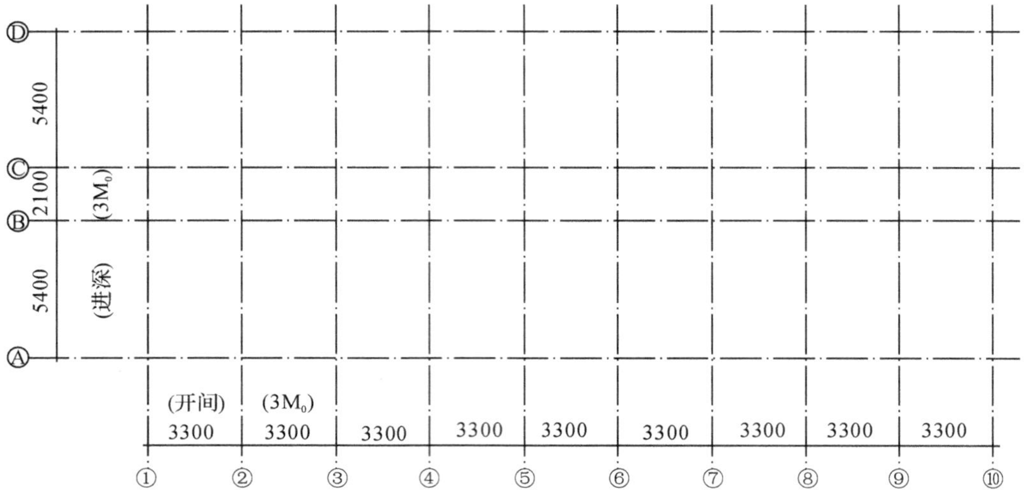

图 1-13 定位轴线

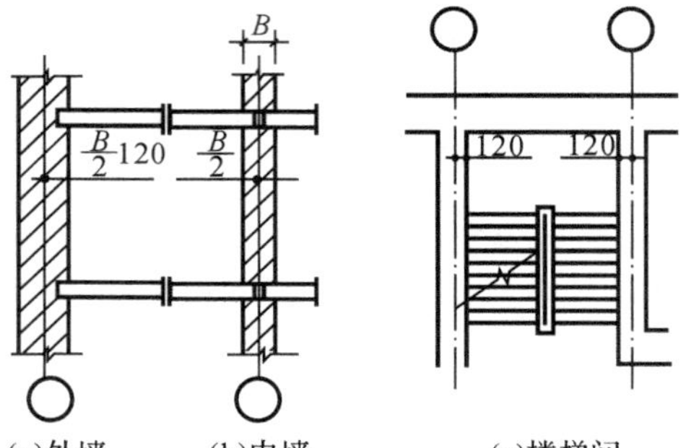

图 1-14 承重墙定位轴线的划分

1.8 建筑构造(详)图的表示方法

1.8.1 标准做法与标准图

对长期实践中充分验证的、具有普遍意义的建筑构造做法进行提炼，从而形成建筑构造的标准做法。使用标准做法可以减少设计工作量、规范施工工艺、方便预算结算、利于工程项目管理。

标准做法汇集成册，通过专家论证，政府有关部门审批，正式出版的就是标准图。标准图上的构造做法一般是经过验证的、成熟的，主要适合于大量性民用建筑。对于大型建筑为了突出其个性，一般细部构造需要单独设计。

标准化是工业化的前提，实现建筑构配件标准化，就能使建筑构配件实现工业化大规模生产，提高建筑施工质量和效率，降低建筑工程造价。因此使用标准图和标准做法，强调标准化具有现实意义。

1.8.2　建筑构造详图的表示方法

建筑构造详图一般就是建筑局部的放大图，也叫建筑节点详图，用来表达建筑构件之间的关系及细部尺寸和施工方法。详图的特点是比例大，反映的内容详尽。所以说详图是建筑细部的施工图，是对建筑平面图、立面图和剖面图等基本图样的深化和补充，是建筑工程的细部施工、建筑构配件的制作及编制预算的依据。

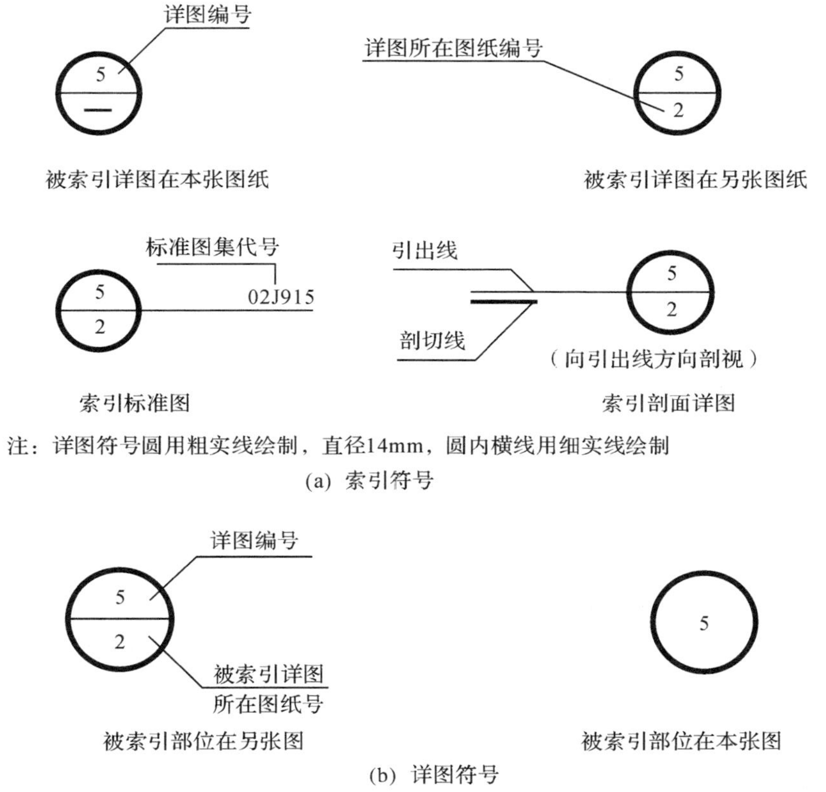

图 1-15　建筑索引、详图符号

详图可以分为节点构造详图和构、配件详图两类。凡表达房屋某一局部构造做法和材料组成的详图称为节点构造详图（如檐口、窗台、勒脚、散水明沟等）。凡表明构、配件本身构造的详图，称为构件详图或配件详图（如门、窗、楼梯等）。

详图的标识符号应该与建筑的平面图、立面图和剖面图上其所在位置的引出符号相对应，图的类别也应该相符合。例如在平面图上用剖切线引出的详图，应该为局部剖面图；而用引线引出的详图，应为局部放大的平面图（详见《房屋建筑制图统一标准》、《建筑制图标准》）。图 1-15 所示是建筑制图符号中的索引符号和详图符号。

另外，建筑构造详图应符合以下要求。

(1)所涉及的建筑构件的相对位置和相互关系的图示要正确，尺寸标注要清楚，所选用材料的图例要符合规范。

(2)多层构造引出线，应通过被引出的各层。文字标注包括选用的材料、厚度、做法等。

文字说明可以注写在横线的上方,也可以注写在横线的端部,标注顺序应自上而下,并应与说明的层次一致(参见图1-16(a)所示)。如果层次为横向排列,则自上而下的说明与由左至右的层次相一致(参见图1-16(b)所示)。

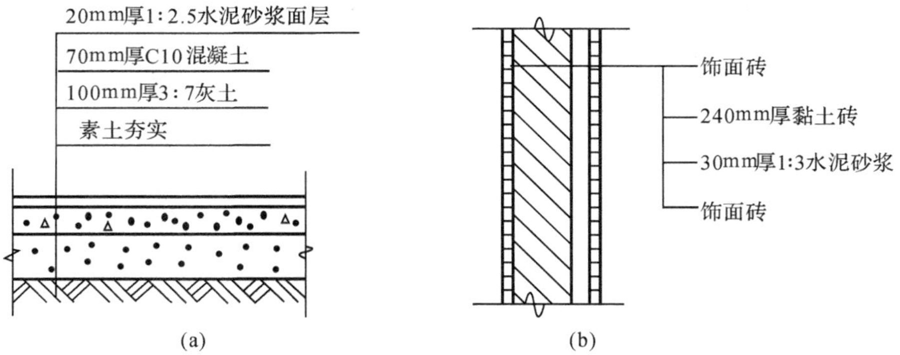

图1-16 多层构造引出线

本章小结

1. 建筑构造研究对象

建筑构造是研究建筑物的构成、各组成部分的构造原理和构造方法的科学,主要任务是根据建筑物的使用功能、技术经济和艺术造型要求提供合理的构造方案,作为建筑设计的依据。

2. 建筑构造组成及其作用

一幢民用或工业建筑,一般是由基础、墙或柱、楼板层、地坪、楼梯、屋顶和门窗等部分所组成。它们各自在建筑中的作用不尽相同,有的是承重构件,有的是围护构件,有的既是承重构件又是围护构件,设计时要因地制宜,区别对待。

3. 建筑的类型和建筑的等级

按建筑物的性质分类有民用建筑、工业建筑和农业建筑。按建筑物的层数或高度分类可以分为低层建筑、多层建筑、高层建筑、超高层建筑和特殊超高层建筑。按主要承重结构材料分类可以分为木结构建筑、砖木结构建筑、砖混结构建筑、钢筋混凝土结构建筑、钢结构建筑和其他结构建筑。按建筑物的规模分类可以分为大量性建筑和大型性建筑。

按建筑物的等级可以从耐久性、耐火性等不同角度划分建筑物的级别。按耐久年限分四级;按防火性能和耐火极限分四级。民用建筑设计等级与建筑类型和特征有关,分为特级、一级、二级和三级。

4. 影响建筑构造的因素

影响建筑构造的因素有外力作用、气候条件、各种人为因素、技术条件和经济条件等。

5. 建筑构造设计原则

在构造设计中,要求做到坚固耐用、技术先进、经济合理、美观大方,并结合我国国情,充分考虑到建筑物的使用功能、所处的自然环境、材料供应情况以及施工条件等因素,进行分析、比较,最后选择、确定最佳方案。

6.建筑工业化与建筑模数制

建筑工业化是指用现代工业生产方式来建造房屋，也就是用机械化手段生产建筑定型产品。工业化建筑体系一般分为通用体系和专用体系两种。

建筑模数是选定的标准尺度单位，作为建筑物、建筑构配件、建筑制品以及有关设备尺寸相互间协调的基础。为了适应建筑设计中对建筑部位、构件尺寸、构造节点以及断面、缝隙等的尺寸有不同要求，还分别采用扩大模数和分模数。

7.建筑轴线与构件的尺寸

定位轴线是确定建筑物主要结构构件位置及其标志尺寸的基线。是施工中进行施工放线的主要依据，在设计中必须准确地表示出定位轴线位置及其相应的轴线编号。另外，要掌握标志尺寸、构造尺寸和实际尺寸的相互关系。

8.建筑构造(详)图的表示方法

详图符号应该与建筑的平面、立面图和剖面图上其所在位置的索引符号相对应，图的类别也应该如此。

复习思考题

1.建筑构造的研究对象是什么？

2.建筑构造组成主要有哪些？

3.建筑的类型有哪些？

4.建筑的等级如何划分？

5.影响建筑构造的因素有哪些？

6.建筑模数制是什么含义？

7.建筑轴线的含义？

第 2 章　地基与基础构造

学习要点

本章主要学习基础的分类和构造、地下室构造等。重点掌握基础的类型、基础的埋置深度、地下室的防潮做法。注意地基、基础和上部结构的关系。

2.1　概述

基础是房屋的重要组成部分，而地基和基础又密切相关，地基和基础一旦出现问题，一般难以补救。

2.1.1　地基与基础的关系

基础是建筑地面以下的承重构件，它的作用是将墙体或柱传来的荷载传给地基。

地基则是承受由基础传下的荷载的土层。直接承受建筑荷载的土层为持力层，持力层以下的土层为下卧层（见图 2-1）。

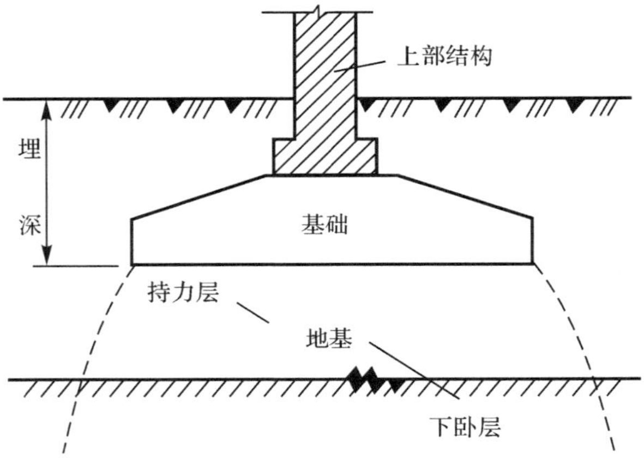

图 2-1　地基与基础的关系

2.1.2　地基分类

地基分为天然地基和人工地基。

（1）利用地基天然的土层强度，能安全承受房屋荷载的地基为天然地基。

（2）当地基承载力较弱，需进行人工加工处理后才能作为基础的地基为人工地基。

天然地基与人工地基的概念是相对的。同一地基，对于荷载小的房屋来说是天然地基，对于荷载较大的房屋就需要处理成人工地基。

做人工地基的主要方法有夯实法、换土法、打桩法及化学加固法。

2.2 基础的分类和构造

（1）按地基承压面及基础形状（见图 2-2）分类

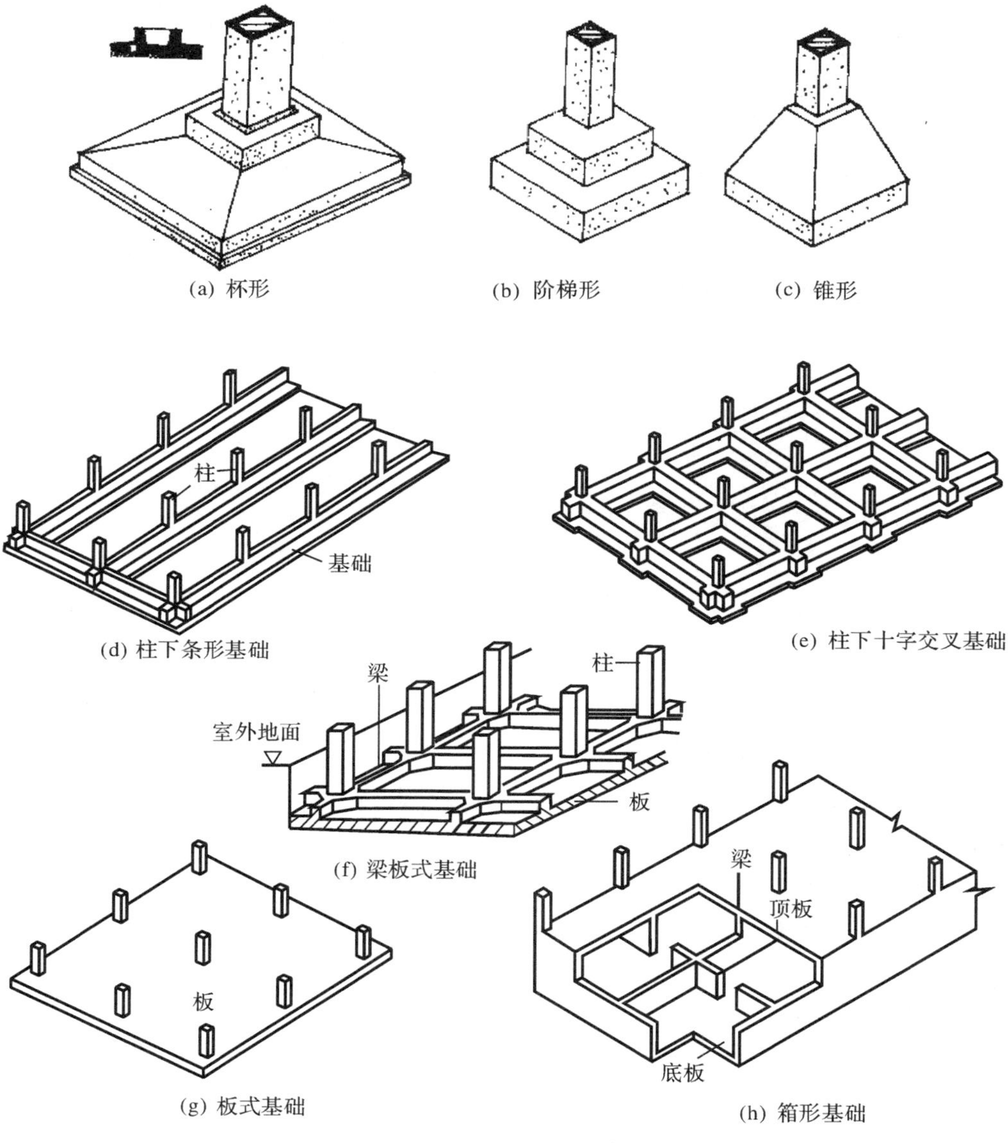

图 2-2 基础种类

1) 独立基础(见图(a)、(b)、(c));

2) 条形基础或带形基础(包括双向带形基础)(见图(d)、(e));

3) 筏形基础(浮筏式基础、满堂基础)(见图(f)、(g));

4) 钢筋混凝土箱形基础(见图(h))。

(2) 按基础的力学性能分类

1) 刚性基础;

2) 非刚性基础,通常指钢筋混凝土基础。

墙下条形基础施工见图 2-3。

图 2-3 墙下条形基础施工现场

2.2.1 基础的埋置深度

建筑物室外地面至基础底面的高度称基础的埋置深度(见图 2-1)。决定基础的埋置深度涉及诸多因素:

(1) 建筑物上部荷载的大小和性质

一般高层建筑的基础埋置深度为地面上建筑物总高度的 1/10;多层建筑一般根据地下水位及冻土深度来决定埋深尺寸。

(2) 工程地质条件

当基础部分的土层条件好、承载力高,基础可以浅埋;但基础的构造要求埋置深度不宜小于 0.5m。反之,土质差、承载力低的土层则应该将基础深埋,或结合具体情况进行处理,图 2-4、2-5、2-6 所示为桩基础的几种类型。

(3)水文地质条件

地下水是变动的,当地下水位上升到基础底面以上,地下水的浮力将导致地基承受的压

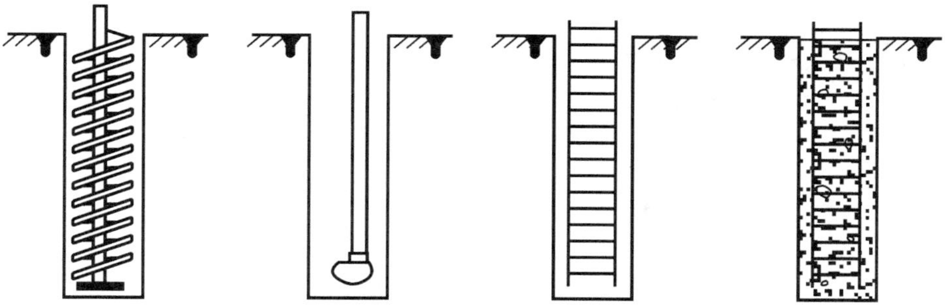

图 2-4　钻孔灌注桩

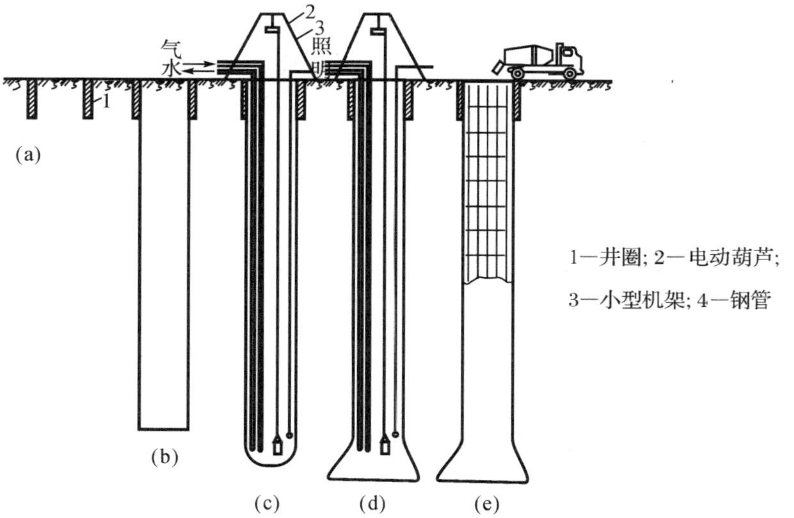

(a)构造筑井　(b) 打入钢管　(c) 钢管护孔下挖土
(d) 桩底护孔　(e) 浇筑混凝土、拔管
图 2-5　套管成孔灌注桩

力减小；反之，地基承受的压力又要增大到地下水未超过基础底面以前一样大。这样的变动易引起房屋的不均匀下沉。

因此，当地下水位离地面近时，基础底面应置于最低地下水位以下 200mm 左右；当地下水位离地面远时，基础底面应置于最高水位以上 200mm 左右，这样就可避免地下水变动的影响。

(4)地基土壤冻胀深度

应根据当地的气候条件了解土层的冻结深度。寒冷地区冷季，地面下的土壤会冻结到一定的深度。基础底面若处在冻结深度内，冷季会受到冻胀上抬的作用；暖季消融期，该建筑又将回落。这种冻融循环，也易引起房屋不均匀下沉。

一般的防冻措施是选择建筑物持力层时，尽可能选择在不冻胀或弱冻胀土层上，另外要

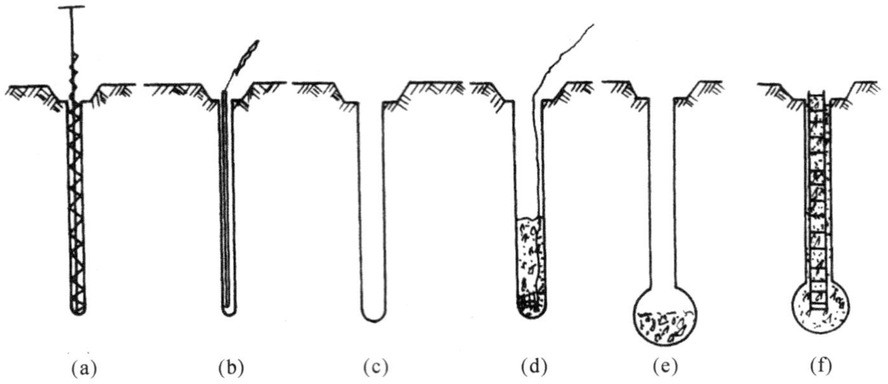

(a) 导孔成孔 (b) 放炸药条 (c) 爆扩成孔、清孔 (d) 放炸药包，浇筑第一次混凝土
(e) 爆扩，孔底形成扩大头，混凝土落入空腔 (f) 放钢筋骨架，浇筑混凝土

图 2-6 爆扩桩

保证建筑物基础有相应的最小埋置深度，以消除基底的冻胀力。

(5)相邻建筑物之间的基础处理

当靠近旧房建新房时应按如下处理：

① 两基础处于同一深度水平；

② $L \geqslant 2\Delta H$

L：两基础间水平净距离；

ΔH：两基础底面之间垂直距离。

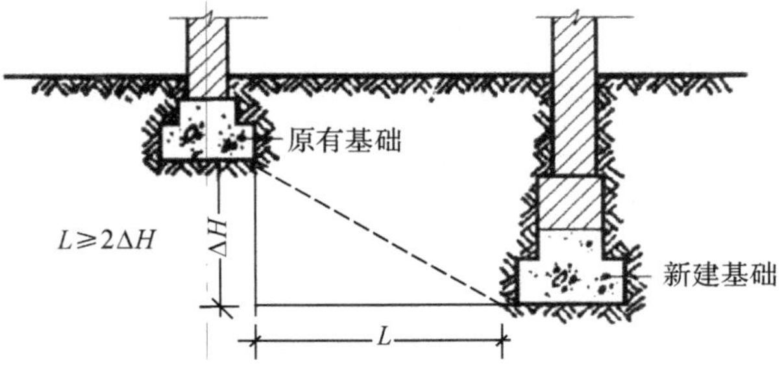

图 2-7 相邻建筑基础处理

(6)地下室

当建筑物有地下室时，地下室外墙与该墙基础墙结合为一体。基础常采用浮筏式基础或箱形基础。该外墙既是挡土墙也是挡水墙，对整个地下室必须做好防水处理。

2.2.2 刚性基础

刚性基础所用的材料有砖、灰土、混凝土、三合土、毛石等(见图 2-8)。

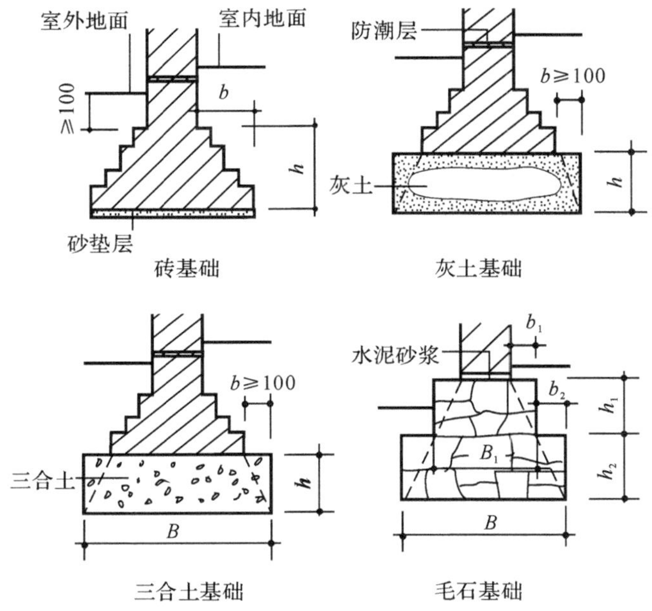

图 2-8　刚性基础

这些材料的特点均是抗压强度大，而抗拉、抗剪强度小。根据结构受力和传力特点来看，建筑上部荷载传至基础的压力是沿一定角度分布的，这个传力角度（指宽高比形成的夹角）称压力分布角，也称刚性角，如图以 α 表示（见图 2-9）。

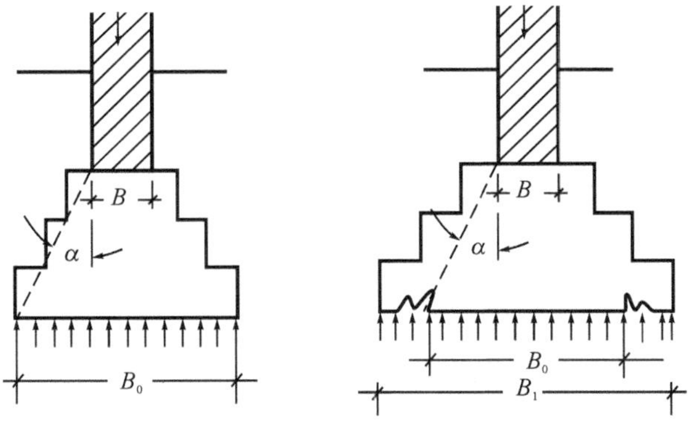

(a)基础受力在刚性角范围以内　(b)基础宽度超过刚性的范围而破坏

图 2-9　刚性角

当基础底面宽度超过一定的控制范围，造成刚性角扩大，这时基础会因受拉而遭到破坏。因此，刚性基础的刚性角必须控制在材料的抗压范围内。通常砖、石砌体基础的刚性角应控制在 26°～33°；而混凝土基础则应控制在 45°以内。见表 2-1。

表 2-1 刚性基础台阶宽高比容许值

基础名称	质量要求		台阶宽高比的容许值		
			$p \leqslant 100$	$100 < p \leqslant 200$	$200 < p \leqslant 300$
混凝土	C10 混凝土		1∶1	1∶1	1∶1.25
	C7.5 混凝土		1∶1	1∶1.25	1∶1.5
毛石混凝土基础	C7.5～C10 混凝土		1∶1	1∶1.25	1∶1.5
砖基础	砖不低于 MU7.5	M5 砂浆	1∶1.5	1∶1.5	1∶1.5
		M2.5 砂浆	1∶1.5	1∶1.5	
毛石基础	M2.5～M5 砂浆		1∶1.25	1∶1.5	
	M1 砂浆		1∶1.5		
灰土基础	体积比为 3∶7 或 2∶8 的灰土其最小干容重： 轻黏土 1.55t/m^3 亚黏土 1.50t/m^3 黏　土 1.45t/m^3		1∶1.25	1∶1.5	
三合土基础	体积比为 1∶2∶4～1∶3∶6（石灰∶砂∶骨料）每层均铺 220mm，夯实后 150mm		1∶1.5	1∶2	

注：p 为基础底面处的平均压力（kPa）。

2.2.3 非刚性基础

在混凝土基础的底部配置钢筋，利用钢筋承受拉力，以提高混凝土受压区的抗拉强度，使基础底部能够承受较大弯矩，这种钢筋混凝土基础为非刚性基础，也称柔性基础。与刚性基础相比，非刚性基础可以浅埋，而且当基础宽度加大时也不受刚性角的限制，可节省大量材料和挖土工作量。钢筋混凝土基础边沿最薄处应不小于 200mm，混凝土强度不低于 C15（见图 2-10）。

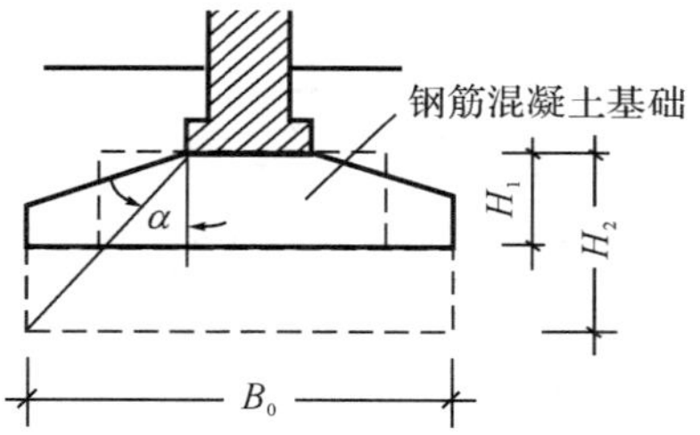

(a) 混凝土与钢筋混凝土基础比较

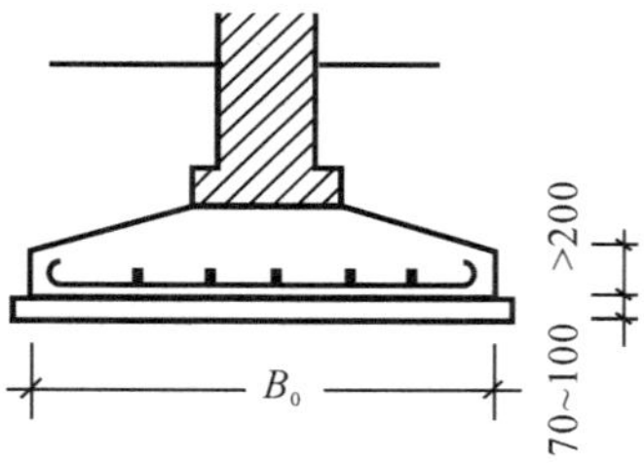

(b) 基础配筋情况

图 2-10 柔性基础

2.3 地下室构造

地下室的类型有普通地下室和人防地下室。普通地下室一般用做高层建筑的地下停车库、设备用房，根据用途和结构需要可做成一到三层，可以安装设备、储藏存放、商场、餐厅、车库、战备防空等多种用途；人防地下室是结合人防要求设置的地下空间，用于应付战时情况下人员的隐蔽和疏散，并有具备保障人身安全的各项技术措施。根据人防地下室的使用功能和重要程度，将人防地下室分为六级。设计严格按照人防工程的有关规范进行操作。

地下室由墙体、底板、顶板、门窗、楼梯五大部分组成。地下室的外墙不仅承受垂直荷载，还承受土、地下水和土壤冻胀的侧压力，所以地下室的外墙应按挡土墙设计。砖砌墙厚度应不小于 490mm，砼墙厚度应不小于 300mm，同时外墙应作防潮和防水处理。底板处于最高地下水位时，一般地面工程做法：垫层上现浇砼层 60～80mm 厚，再做面层。底板处于地下水位之下时，要承受地面垂直荷载，还要受地下水的浮力荷载，应采用钢筋砼底板，双层配筋，底板下垫层上应设置防水层；顶板通常可用预制板、现浇板、或预制板上做现浇层；普通地下室的门窗与地上房间门窗相同，地下室外窗如在室外地坪以下时，应设置采光井和防护篦，以利于室内采光通风和室外行走安全，采光井如图 2-11 所示。

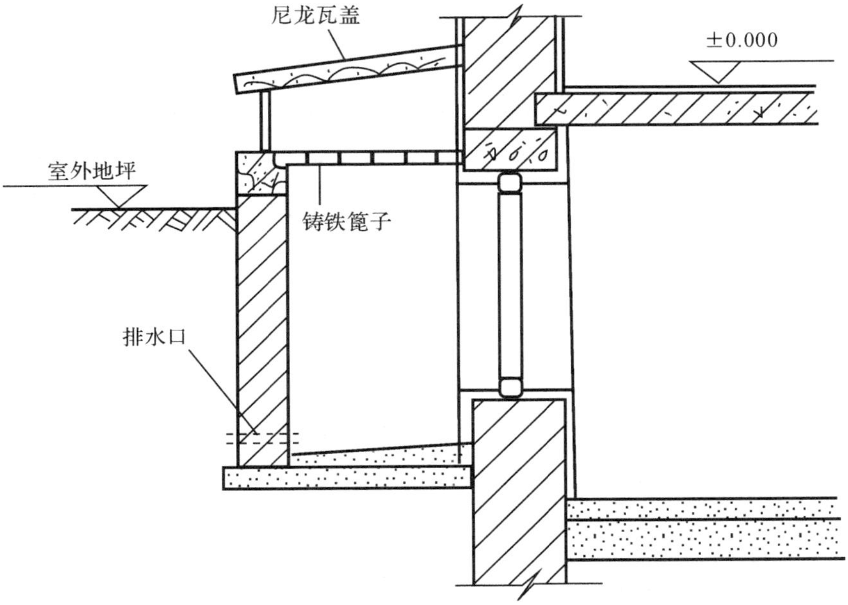

图 2-11　采光井

防空地下室一般不允许设窗，如需开窗，应设置战时堵严措施。外门应按防空等级要求相应设置防护构造；楼梯可与地面上房间结合设置，层高小或用做辅助房间的地下室，可设置单跑楼梯。防空地下室，每幢至少要设置两部楼梯通向地面的安全出口，并且必须有一个是独立的安全出口(本出口周围不得有较高的建筑物，以防因空袭倒塌堵塞出口影响疏散)。

2.3.1 地下室防水

当地下水最高水位高于地下室底板时，外墙受到地下水的侧压力，底板受到浮力，这些都是压力水，必须采用水平的和垂直的防水处理做法，并把它们连贯起来。外防水做法如图 2-12 所示。内防水做法主要用于修缮工程(见图 2-13)。

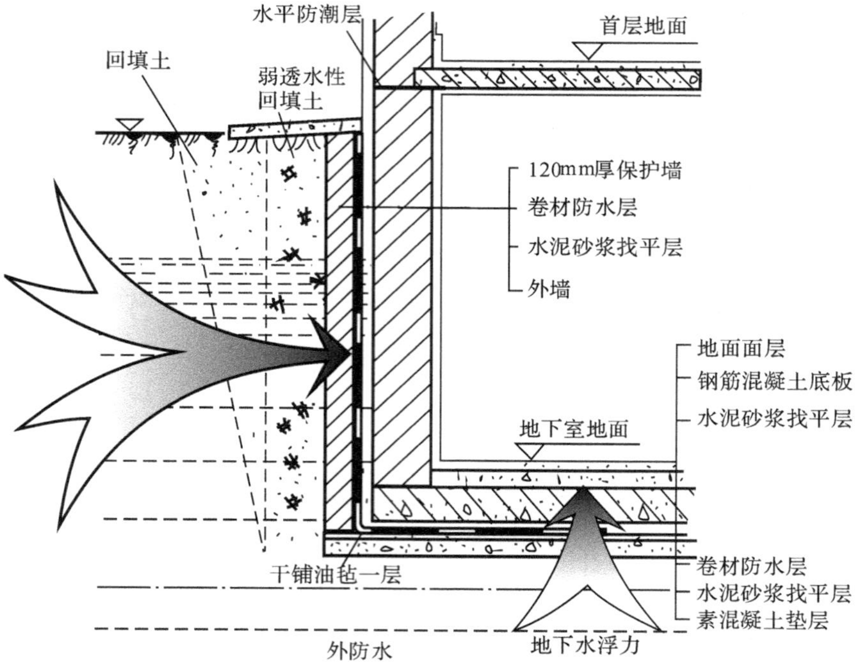

图 2-12 外防水做法

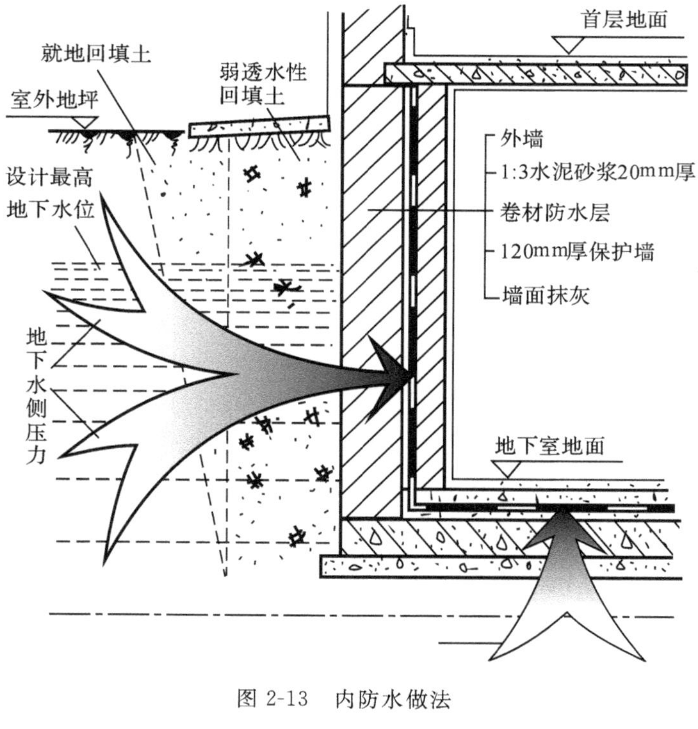

图 2-13 内防水做法

2.3.2　地下室防潮

地下室的外墙和底板都埋在地下，常年受到土中水分和地下水的侵蚀和挤压，若不采取有效的构造措施，地面水或地下水将渗透到地下室内，引起墙皮脱落、墙面霉变，影响美观和使用，更严重时会降低建筑物的耐久性。

当设计最高地下水位低于地下室地面垫层下皮标高时，土中的水分仅是下渗的地面水和上升的毛细管水，这类水没有侧压力和上浮力，只需做防潮处理。外墙防潮做法如图2-14所示。

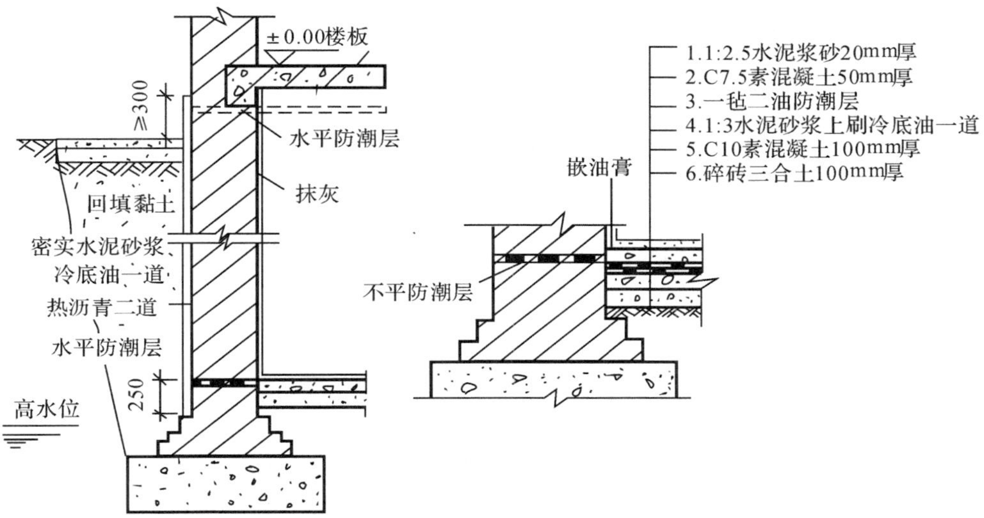

图 2-14　地下室防潮

砖墙：需用水泥砂浆砌筑，并做到灰缝饱满避免空隙。外墙面用 1∶3 水泥砂浆抹 20mm 厚，刷冷底子油一遍、热沥青两遍。

砼墙：防潮效果更好（见图 2-15）。在防潮层外侧应回填不易透水的土壤，如黏土、低比例灰土等，并分层夯实，以减轻地面水下渗对地下室外墙的渗透危害。回填土的宽度应不少于 500mm，其他土可用原挖方土，节省开支。

底板的防潮做法是在灰土或三合土垫层上浇筑 60～80mm 厚密实的 C15 砼，然后再做地面面层。

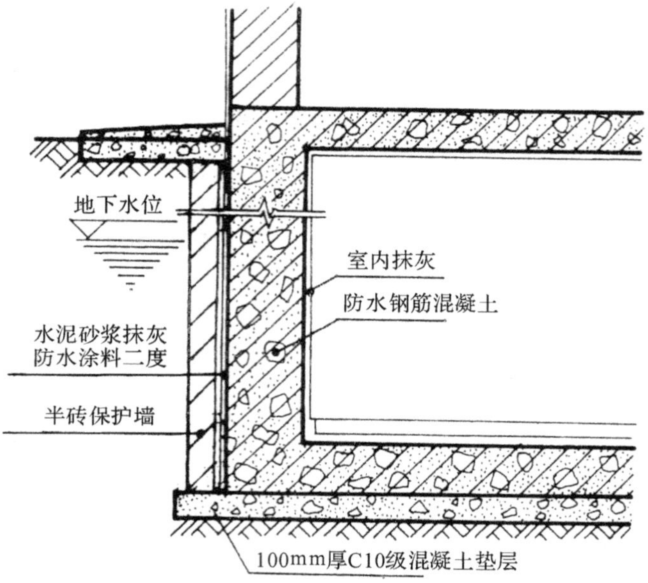

图 2-15 砼墙防潮

本章小结

本章主要介绍了基础的分类和构造、地下室的构造。要了解按地基承压面及基础形状而分的独立基础和联合基础，按基础的力学性能而分的刚性基础和柔性基础，还有桩基础。这里要掌握刚性角的概念和桩基础的几种形式；地下室构造中，主要掌握地下室的防水防潮构造，并注意和上部墙体构造的连接。

复习思考题

1. 阐明地基、基础和上部结构的概念。
2. 何谓地基的持力层和下卧层，各对建筑物的稳定和沉降有何关系？
3. 决定基础埋置深度的因素有哪些？
4. 地下室一般是如何防水防潮的？

第 3 章 墙柱体构造

学习要点

本章主要学习墙体的分类与作用、承重方案、设计要求以及砖墙、砌块墙、幕墙、隔墙的基本知识和节点构造。重点掌握墙身构造设计(如窗过梁、窗台、勒脚及墙身防潮层、明沟与散水),并且与设计相结合,灵活应用。学习中应当注意节点的构造做法和在实际工程中的应用情况。

3.1 概述

3.1.1 墙体的分类与作用

墙体是建筑物的主要组成部分,它既是房屋的围护构件,也是建筑的主要承重构件。墙体依其在建筑中所处的平面位置不同,有内墙和外墙之分;依其所处方向不同,有横墙和纵墙之分。外墙,又叫做外围护墙,指的是位于建筑物四周的墙体;内墙,是指位于建筑物内部的墙,主要起到分隔内部空间的作用;横墙,指的是与建筑物短轴平行的墙体;与建筑物长轴平行的墙体称之为纵墙。建筑中既是横墙又是外墙的墙体称之为山墙。窗洞是墙体的一个重要组成部分,窗洞上下的墙体又有它特有的名称。窗洞口之间的墙称之为窗间墙;窗洞口下面的墙称之为窗下墙(见图 3-1)。

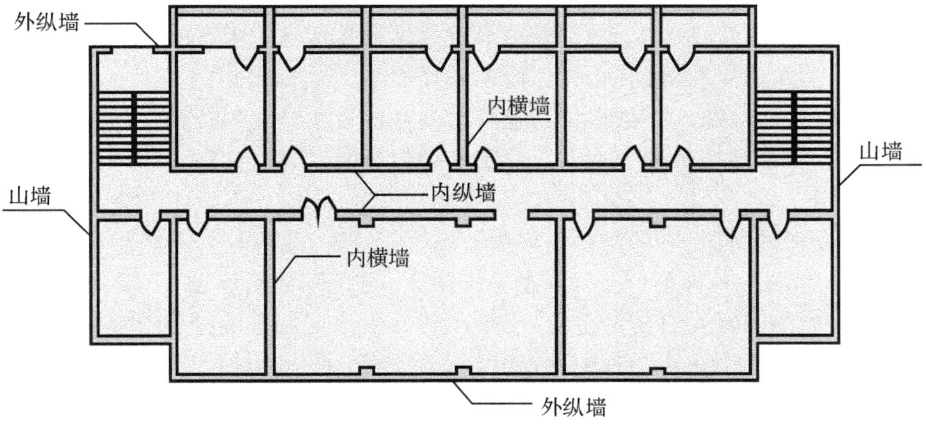

图 3-1 墙体名称

在砖混结构中，墙体按竖向受力状况，有承重墙和非承重墙之分，非承重墙又分为承自重墙和隔墙。承重墙，指直接承受上部屋顶、楼板传来的荷载的墙体；凡不承受上部荷载的墙体称之为非承重墙。承自重墙不承担上部荷载仅承担自重，其重量一般传给基础；隔墙，指的是分隔空间其重量由楼板或梁来承受的墙体，隔墙一般较轻、较薄。在框架结构中，非承重墙又有填充墙和幕墙之分。填充墙，指填充在柱子之间的墙；悬挂于外部骨架或楼板间的轻质外墙称之为幕墙。

按墙体所用材料分，有砖墙、石墙、夯土墙、混凝土墙等。砖墙是我国的传统墙体材料，由于生产原料为黏土，生产时需要占用大量的耕地，目前许多地方已限制使用或禁止使用；在产石地区采用石墙可以取得良好的经济效益；夯土墙的历史比较久远，在古建筑中应用较多，但现在使用较少；混凝土墙体主要应用在多高层建筑中。

按构造和施工方式分，有叠砌墙、板筑墙、装配墙。叠砌墙又分实砌砖墙、空斗墙、砌块墙等。砌块墙是用比砖的规格大的各种预制块材所砌筑的墙体，根据规格不同分为大型砌块、中型砌块和小型砌块；板筑墙是在模板内夯筑或浇筑而成的墙体；装配墙是把在工厂生产的预制墙板运到现场安装，这种墙体机械化程度高，施工速度快，工期短。

外墙是建筑物外围护部分，具有防止风、雪、雨对房屋内部的侵袭以及保温、隔热等作用；内墙则具有分隔房间和隔声的作用。

在砖混结构中，墙体除具有围护、分隔的作用之外，还起到承重的作用。在框架结构中，外墙只起到围护作用，内墙则起分隔空间和隔声作用。

同时，外墙皮应该具有能够承受和抵抗外界阳光和风雨的侵蚀风化的作用；内墙应该能够支撑其上的装饰材料、以及必要时能够为机械和电力设施分布及出口提供一定的空间。另外，建筑规范还详细说明了外墙、承重墙和内墙的耐火等级。

3.1.2 墙体的承重方案

在砖混结构中，墙体的结构布置方案有横墙承重、纵墙承重、纵横墙混合承重、墙和部分框架承重四种类型。

1. 横墙承重

楼板、屋面板两端搁置在横墙上，板及板上的荷载由横墙承受，纵墙只承重自身的重量，主要是起到围护作用（见图 3-2(a)）。横墙承重的优点是横墙较密，又承受荷载，所以建筑物的横向刚度好，抵抗水平荷载的能力强，结构整体性好。纵墙可以开较大的洞口，立面处理灵活。但因横墙较密又厚，不仅费材料，建筑物的自重较大，且横向刚度受到板跨的限制，平面布置不灵活。一般多用于开间不大且重复排列的房间，如住宅、宿舍、办公用房等建筑中。

2. 纵墙承重

纵墙承重有两种情况：一种是楼板或屋面板直接搁置在纵墙上，纵墙承受着板传来的分布荷载（见图 3-2(b)）；一种是板搁置在横向的梁上，再由梁传给纵墙，纵墙受到梁传来的集中荷载。这时，横墙只承受自身的重量，主要起到分隔房间和提高建筑物横向刚度的作用。纵墙承重的优点：横墙间距不受到限制，开间划分灵活，可布置较大的房间，板、梁的规格类型少，施工方便，便于工业化，节省墙体材料，北方地区外纵墙既承重又保温，可充分发挥其作用。缺点是：纵墙开洞受限制，建筑物横向刚度较差，板及梁的跨度较大，因而构件重量大，施工时需要大的起重运输设备。纵墙承重适用于横墙间距较大，或房间需要灵活布置的建筑中，如餐厅、商店等。

3. 纵横墙混合承重

在一个建筑物中既有横墙承重又有纵墙承重，称之为混合承重，如图 3-2(c)所示。它的优点：平面布置灵活，建筑物各向刚度较好，但板的类型较多，铺设方向不一，施工麻烦。它适用于开间、进深变化较多的建筑物，如教学楼、住宅建筑等。

4. 墙和部分框架承重

当建筑物内需要设置大房间时，常在建筑物内部设柱子，墙与柱子间架设梁，这种方式称之为墙与部分框架承重或内框架承重。墙和部分框架承重较适合于室内需要较大使用空间的建筑，如商场等。

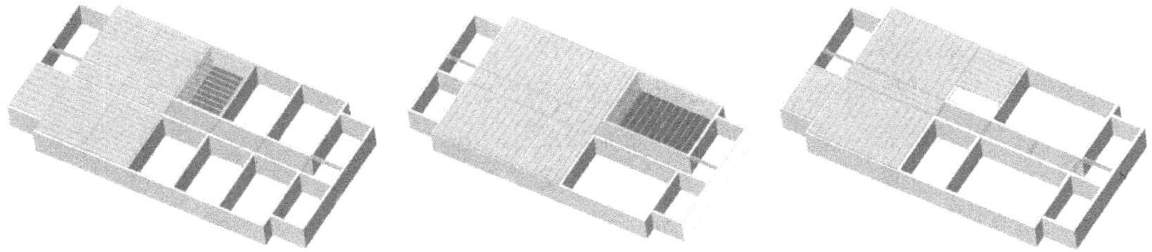

(a)横墙承重　(b)纵墙承重　(c)纵横墙混合承重

图 3-2　墙体的结构布置

3.1.3　墙体的设计要求

墙体主要起到承重、围护、分隔房间等作用，应满足以下几个方面的要求。

(1)强度、稳定的要求

强度是指墙体承受荷载的能力，它与所采用的材料以及同一材料的强度等级有关。作为承重墙的墙体，必须具有足够的强度，以确保结构的安全。墙体的稳定性与墙的高度、长度和厚度有关。高而薄的墙稳定性差，矮而厚的墙稳定性好；长而薄的墙稳定性差，短而厚的墙稳定性好。一般在砖混结构为五层以下的住宅中，240mm 厚的砖墙基本可以满足承重要求，按规范规定承重的厚度不小于 180mm。

(2)热工要求

北方寒冷地区要求围护结构具有较好的保温能力，以减少室内热损失。240mm 的墙体不能满足保温要求，有时不得不把外墙加厚至 370mm、490mm、甚至 620mm 才能满足保温要求，有的地方采用复合墙体，如 370mm 砖墙外贴 10mm 厚的苯板。

炎热地区建筑的防热，是通过加强自然通风，窗户遮阳，环境绿化和围护结构隔热等措施来达到的，就外墙本身的隔热来看，240mm 厚的黏土砖墙能够基本满足隔热的要求。

(3)防火要求

墙体应满足防火要求，墙体的燃烧性能和耐火极限应满足防火规范的要求，有的建筑物还要划分防火区域防止火灾蔓延，这样就需要设置防火墙。

(4)隔声要求

墙体必须有足够的隔声能力，以符合有关隔声标准的要求。

此外，作为墙体还应考虑防潮、防水以及经济等方面的要求。

3.2 砖墙构造

3.2.1 砖墙材料

砖墙是用砂浆将砖按一定规律砌筑而成的墙体。主要材料是砖和砂浆。

1. 砖

砖的种类较多，根据材料不同可以分为黏土砖、灰砂砖、水泥砖和各种工业废料砖。常用的是普通黏土砖，普通黏土砖有红砖和青砖之分。开窑后自行冷却的为红砖，出窑前浇水闷干，使红色的三氧化二铁还原成四氧化三铁，即为青砖。由于生产原料为黏土，生产时需要占用大量的耕地，目前许多地方已限制使用或禁止使用。

根据国家《普通黏土砖标准》规定，普通黏土砖的规格为240mm×115mm×53mm(长×宽×厚)，这种砖的长、宽、厚之比为4∶2∶1(包括10mm的灰缝)。即长∶宽∶厚=250∶125∶63。它是以125mm为模数制定的，这与我国现行的模数相矛盾，所以如果墙段尺寸小于1m时，应符合砖的模数；大于1m时应符合现行模数，在施工时用调整灰缝的大小来解决，灰缝应在8mm到12mm范围内变动。

砖的强度是以强度等级表示，分为MU30、MU25、MU20、MU15、MU10和MU7.5六级。

2. 砂浆

砂浆是由胶结材料(水泥、石灰)和填充材料(砂、粉煤灰等)加水搅拌而成，它将砖块胶结成为整体，并将砖块之间的空隙填平、密实，便于传力均匀，以保证砌体的强度。

砌筑墙体的砂浆常用的有水泥砂浆、石灰砂浆和混合砂浆三种。石灰砂浆是由石灰膏、砂加水搅拌而成。它属于气硬性材料，强度不高，多用于砌筑次要建筑物地面以上的部分及防水防潮要求不高的地方。混合砂浆是由石灰膏、水泥和砂加水搅拌而成。混合砂浆具有一定的强度，以及良好的和易性，所以被广泛采用。水泥砂浆是由水泥、砂加水搅拌而成，它具有强度高、防潮、防水效果好的优点，多用于砌筑基础及地面以下的墙体，以及防潮、防水要求较高的墙体。

砂浆的强度也用强度等级表示，有M15、M10、M7.5、M5、M2.5、M1、M0.4七个级别。M5以上属于高强度砂浆。

砖墙是由砖和砂浆砌筑而成，又称砌体。砌体的强度是由砖和砂浆的强度决定的。普通黏土砖的砌体的厚度是按半砖的倍数来确定的，如半砖墙、一砖墙、一砖半墙、两砖墙等，相应的尺寸为115、240、365、490mm等，通常分别标注为120、240、370、490等，见图3-3。

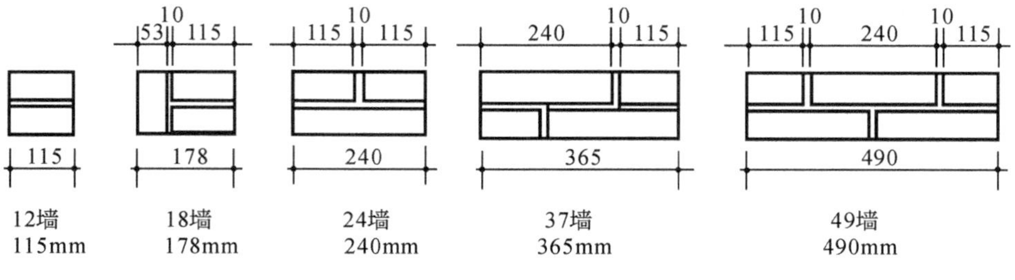

图3-3 墙的厚度与砖的规格的关系

3.2.2　实体墙的砌筑方式

砌筑方式就是砖在砌体中的排列方式，为保证砌体的强度，砖缝必须横平竖直、砖要内外搭接、上下错缝、砂浆要饱满、厚度均匀。实体墙常见的砌筑方式有全顺式、一丁一顺式、一丁多顺式、每皮丁顺相间式及两平一侧式等，如图 3-4 所示。

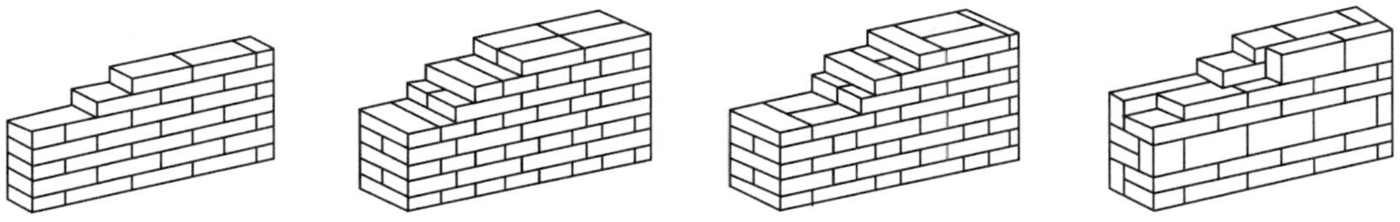

(a)全顺式　(b)一丁一顺式　(c)每皮丁顺相间式　(d)两平一侧式

图 3-4　砖墙的砌筑方式

3.2.3　墙体的细部构造

墙体既是承重构件又是围护构件，它与其他构件密切相关，而且还要受到自然界各种因素的影响，因此处理好各有关部分的构造十分重要。

1. 散水与明沟

为防止雨水对墙基的侵袭，沿外墙的四周应做防水处理，以便将水及时排走。散水的做法有砖砌、块石、碎石、水泥砂浆、混凝土等。散水宽度应大于 600mm，且比屋檐宽出 200mm，在散水与勒脚交界处应预留缝隙，内填粗砂，上嵌沥青胶灌缝，散水要做 3%～5% 的坡度。混凝土散水为防止开裂，每隔 6～12m 留一条 20mm 的变形缝，用沥青灌实（见图 3-5）。

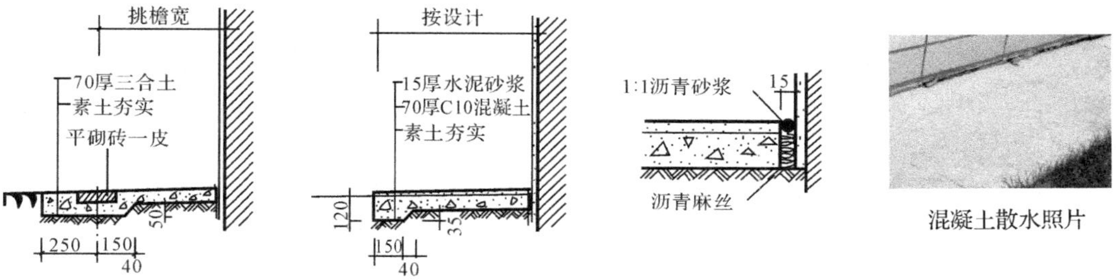

混凝土散水照片

图 3-5　散水做法

建筑物四周靠外墙的排水沟，称为明沟，用于排除屋面落下的雨水。明沟有混凝土明沟、砖砌明沟、石砌明沟（见图 3-6）。一般情况下，房屋四周散水和明沟任做一种，一般在雨水较多的情况下做明沟，干燥地区多做散水。

2. 勒脚

勒脚是外墙的墙脚，靠近室外地面的部分。它具有避免墙根部分受雨水的侵袭而受潮、防止机械碰撞而破坏墙面、美化立面等作用。勒脚是建筑立面的一个重要组成部分，勒脚的做法、高低、颜色等应该和建筑风格及立面划分有机结合。

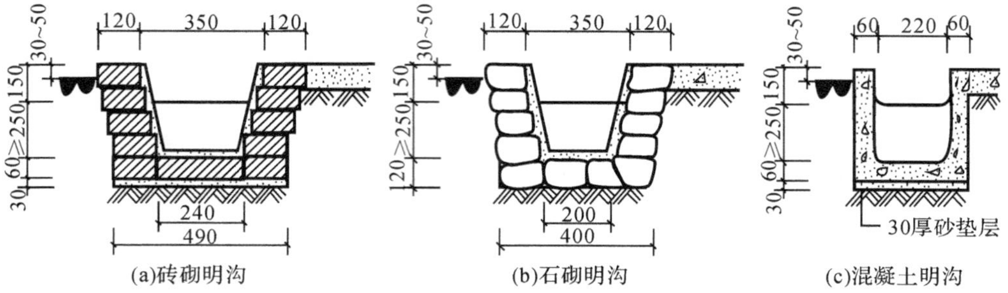

图 3-6 明沟构造做法

勒脚的做法：勒脚部位可以用既防水又坚固的材料砌筑，如毛石、条石、混凝土块等；对砖墙可在外侧抹水泥砂浆、水刷石、斩假石等；或粘贴天然石材、人造石材等（见图 3-7）。

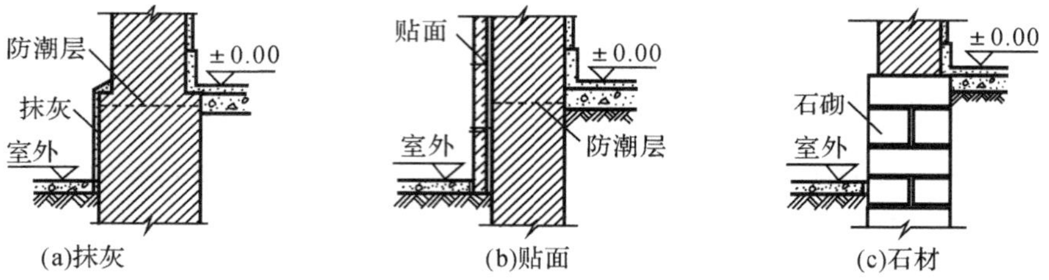

图 3-7 勒脚的构造做法

3. 墙身防潮层

由于墙角处地表水和地下水的影响，会致使墙身受潮，饰面脱落，更严重的是室内墙角处发霉潮湿，影响室内环境，所以要在墙体适当的位置设置防潮层，目的是隔绝室外雨水及地下的潮气对墙身的影响。防潮层分为水平防潮层和垂直防潮层。

水平防潮层是指建筑物内外墙靠近室内地坪沿水平方向设置的防潮层，以隔绝地潮等对墙身的影响。水平防潮层根据材料的不同，有油毡防潮层、防水砂浆防潮层和细石混凝土配筋防潮层。

砂浆防潮层是在 1∶2 的水泥砂浆中掺入占水泥重量 3%～5%的防水剂而制成的，防水层厚度一般为 20～25mm，也可用防水砂浆在防潮层位置上砌筑 1～2 皮砖。防水砂浆防潮层克服了油毡防潮层的缺点，故适用于抗震地区。但是由于砂浆为脆性材料，易于开裂，在地基发生不均匀沉降时会断裂，从而失去防潮作用。

油毡防潮层具有一定的韧性、延伸性和良好的防潮性能。因油毡层降低了上下砖砌体之间的粘结力，削弱了墙体的整体性，对抗震不利，不宜用于有抗震要求的建筑中。由于油毡的使用寿命一般只有 20 年，因此长期使用将失去防潮作用。目前已较少采用。

细石混凝土防潮层是在需要设置防潮层的位置铺设 60mm 厚 C15 或 C20 的细石混凝土，内配 3ϕ6 或 3ϕ8 的钢筋以抗裂。由于它的防潮性能和抗裂性能都很好，且与砖砌体结合紧密，故适用于整体刚度要求较高的建筑中。

水平防潮层应设在距离室外地面 150mm 以上的墙体中，以防止地表水溅渗的影响。同时，考虑到室内实铺地坪下填土或垫层的毛细作用，故一般将水平防潮层设置在底层地坪混凝土结构层之间的砖缝中，设计中一般设在室内地坪以下 60mm 处（－0.06m）（见图 3-8），使其更有效地起到防潮作用。如采用混凝土或毛石砌筑勒脚时，可以不设防潮层，还可以将地梁提高到室内地坪以下来代替水平防潮层。

当室内地坪出现高差或室内地坪低于室外地面时，应在不同标高的室内地坪处设置两道水平防潮层，而且还为了避免高地坪房间（或室外地面）填土中的潮气侵入墙身，所以对高差部分的靠近土层的垂直墙面采取垂直防潮措施。具体做法是在两道水平防潮层之间的垂直墙面上，先用水泥砂浆抹灰，然后涂冷底子油一道、热沥青两道（或采用防水砂浆抹灰处理），见图 3-8。

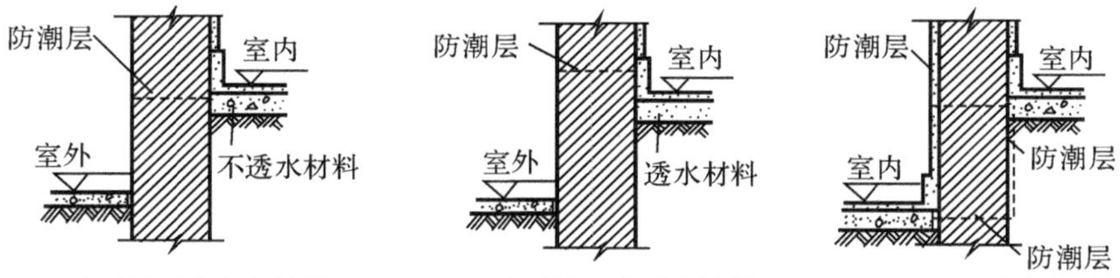

(a) 地面垫层为密实材料　(b) 地面垫层为透水材料　(c)室内地面有高差

图 3-8　墙身防潮层位置

4. 门窗过梁

当墙体上开设门窗等洞口时，为了承受洞口上部砌体传来的荷载，并把荷载传给洞口两侧的墙体，常在门窗洞口两侧设置横梁，即门窗过梁。一般情况下，由于墙体的砖块之间相互咬接，过梁上的墙体的重量并不是全部压在过梁上，仅仅有一部分墙体的重量压在过梁上，如图 3-9 所示的三角形部分的墙体的重量压在过梁上。过梁上如有集中荷载则另作考虑。

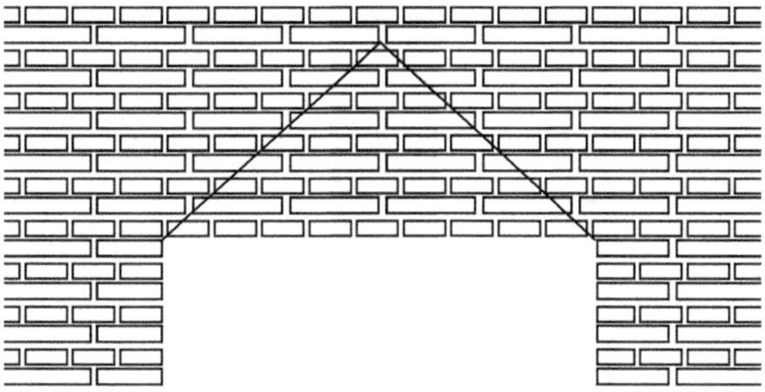

图 3-9　过梁的受荷范围

常见的过梁有砖拱过梁、钢筋砖过梁、钢筋混凝土过梁三种。

砖拱过梁又分为平拱过梁和弧拱过梁，是我国传统的过梁做法。平拱过梁是用砖侧砌或立砌成对称于中心而倾向两侧的拱，灰缝成楔形上宽下窄，相互挤压形成拱。平拱的适宜跨度在1.2m以内，拱两端下部伸入墙内 20～30mm。弧拱的跨度稍大一些。砖拱过梁的砂浆标号不低于 M10 级，砖标号不低于 MU7.5 级才可以保证过梁的强度和稳定性。砖拱过梁节约钢材和水泥，但施工麻烦，整体性能不好，不适用于有集中荷载、震动较大、地基承载力不均匀及地震区的建筑（见图 3-10）。

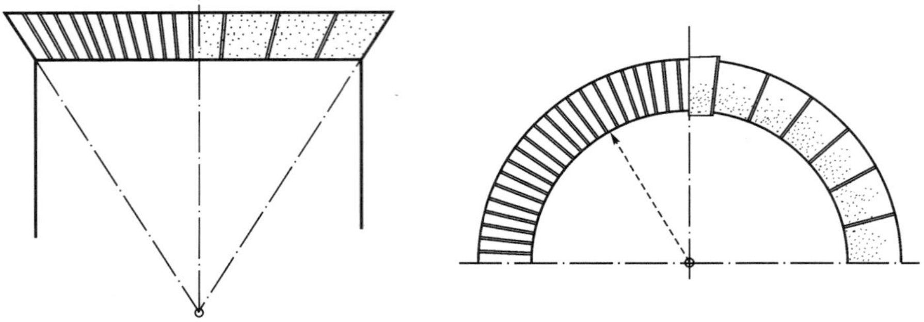

(a)平拱过梁　　(b)弧拱过梁

图 3-10　砖拱过梁

钢筋砖过梁是在砖缝里配置钢筋，形成可以承受荷载的加筋砖砌体。按每砖厚墙配2～3根 $\phi 6$ 的钢筋，放置在洞口上部的砂浆层内，砂浆层为 1∶3 水泥砂浆 30mm 厚，钢筋两边伸入支座长度不小于 240mm，并加弯钩，也可以将钢筋放置在洞口上部第一皮和第二皮砖之间。为使洞口上部的砌体与钢筋形成过梁，常在相当于 1/4 跨度的高度范围内(一般为5～7 皮砖)，用 M5 级砂浆砌筑。钢筋砖过梁多用于跨度在 2m 以内的清水墙的门窗洞口上(见图 3-11)。

钢筋混凝土过梁坚固耐用，施工方便，目前已得到广泛应用。钢筋混凝土过梁有现浇和预制两种，梁高及配筋按计算确定。为施工方便梁高是砖的厚度的倍数，常见的梁高有 60mm、120mm、180mm、240mm。梁的宽度一般与墙厚相同，梁的两端支撑在墙上的长度每边不少于 250mm。过梁的断面有矩形和 L 形，矩形多用于内墙和混水墙面，L 形多用于外墙和清水墙面。在寒冷地区，为了防止过梁内产生冷凝水，可采用 L 形过梁或组合过梁(见图 3-12)。钢筋混凝土过梁适用于门窗洞口宽度和荷载较大、且可能产生不均匀沉降的墙体中。

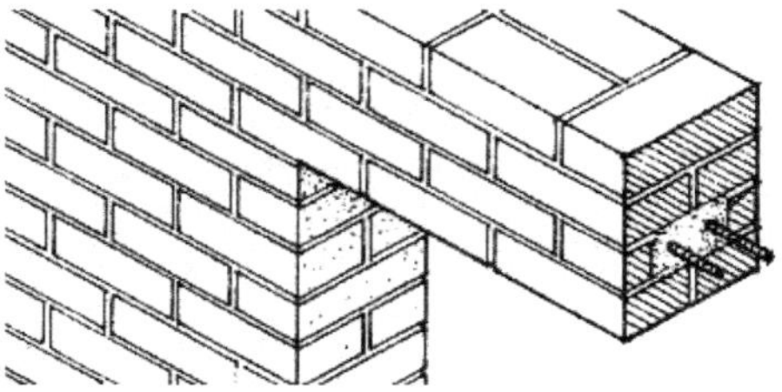

图 3-11　钢筋砖过梁

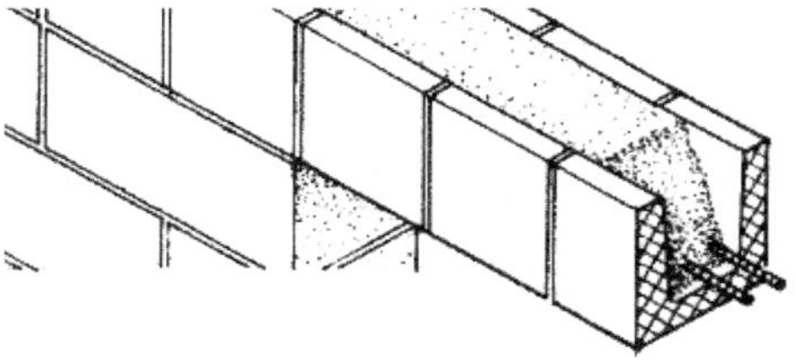

图 3-12　钢筋混凝土过梁形式

5. 圈梁

圈梁是沿房屋外墙和部分内墙设置的连续封闭的梁，它的主要作用是增强房屋的整体刚度，防止由于地基不均匀沉降引起的墙体开裂。对于抗震设防地区，利用圈梁加固墙身更加必要。圈梁有钢筋砖圈梁和钢筋混凝土圈梁两种，钢筋砖圈梁和钢筋砖过梁的做法基本相同，只是圈梁必须交圈封闭。钢筋混凝土圈梁的高度应是砖厚度的倍数，并不小于 120mm，宽度与墙厚相同。在寒冷地区，为避出现冷桥，圈梁的高度可以略小于墙厚，但不宜小于墙厚的 2/3。

装配式钢筋混凝土楼盖、屋盖或木楼盖、屋盖的房屋的砖房，横墙承重时应按抗震烈度要求设置，纵墙承重时，每层应设置圈梁，有抗震设防要求的房屋，横墙上的圈梁间距应适当加强。

圈梁宜连续地设置在同一水平面上，形成闭合状，当圈梁被门窗洞口截断时，应在洞口上部设置相同截面的附加圈梁。附加圈梁与圈梁的搭接长度不应小于两者中心线的垂直距离的 2 倍，且不得小于 1m（见图 3-13）。

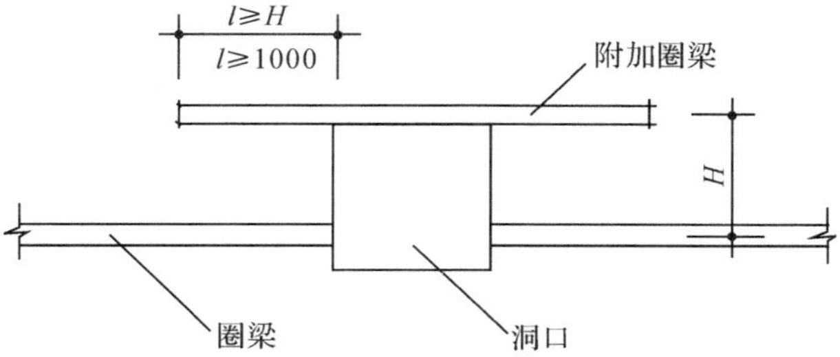

图 3-13　附加圈梁与圈梁的搭接

圈梁宜与预制板设在同一标高，称为板平圈梁；或紧靠预制板板底，称为板底圈梁（见图 3-14）。

图 3-14　圈梁的位置

6. 构造柱

构造柱是设置在墙体内的混凝土现浇柱，是房屋抗震的主要措施。

在抗震设防地区，为了增加建筑物的整体刚度和稳定性，在多层砖混结构房屋的墙体中，需要设置钢筋混凝土构造柱，构造柱与圈梁连接，形成空间骨架，大大提高建筑物的整体性和刚度，使墙体在破坏过程中具有一定的延性，减缓墙体酥脆现象的发生（见图 3-15）。构造柱是防止房屋倒塌的有效措施。

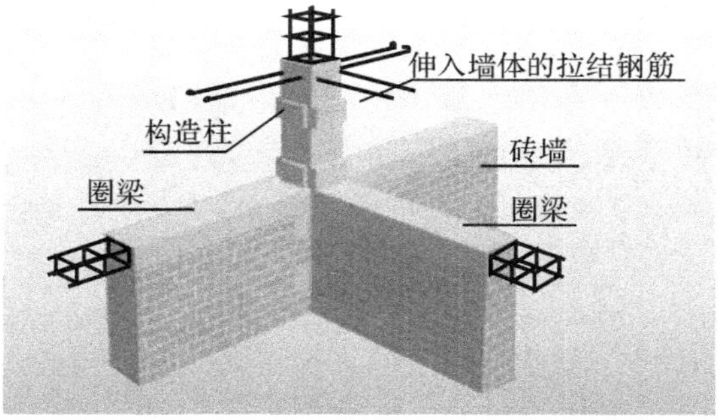

图 3-15　内外墙构造柱

多层砌体房屋构造柱一般设置在建筑物的四角、外墙的错层部位横墙与纵墙的交界处，楼梯间以及某些较长的墙体中部。除此之外，根据房屋层数和抗震设防烈度的不同，构造柱的设置要求参见表 3-1。

表 3-1 砖房构造柱设置要求

房屋层数				设置部位	
6度	7度	8度	9度		
四、五	三、四	二、三		外墙四角，错层部位横墙与外墙交接处，大房间内外墙交接处，较大洞口两侧。	7、8度时，楼、电梯间的四角；隔15m或单元横墙与外纵墙交接处
六、七	五	四	二		隔开间横墙（轴线）与外墙交接处，山墙与内纵墙交接处；7～9度时，楼、电梯间的四角
八	六、七	五、六	三、四		内墙（轴线）与外墙交接处，内墙的局部较小墙垛处；7～9度时，楼、电梯间的四角；9度时内纵墙与横墙（轴线）交接处

构造柱的构造要点：构造柱的截面尺寸不小于240mm×180mm，纵向钢筋采用4ϕ12，箍筋间距不大于250mm，且在靠近楼板的位置适当加密；施工时，应先放构造柱的钢筋骨架，再砌筑砖墙，最后浇筑混凝土。构造柱与墙体连接处应砌马牙槎，并应沿墙高每隔500mm设2ϕ6拉结钢筋，每边伸入墙内不宜小于1m；构造柱可不单独设基础，但应伸入室外地面下500mm，或与埋深不小于500mm的基础梁相连。构造柱顶部应与顶层圈梁或女儿墙压顶拉结。

7. 烟道、通风道

烟道和通风道的构造基本相同，只是烟道的进烟口在下，距地面1m左右，风道的进风口在上，距顶棚约300mm，烟道与通风道不能合用以免串气。

8. 窗台

当室外雨水沿窗向下流淌时，为避免雨水积聚窗下渗入墙内并沿窗缝渗入室内，常在窗洞下部靠室外一侧设置窗台。窗台向外设置一定的坡度，以利排水（见图3-16）。

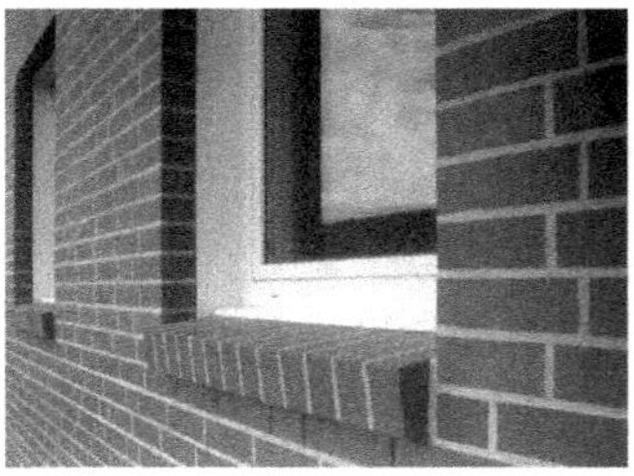

图 3-16 窗台泻水情况图

窗台有悬挑窗台和不悬挑窗台两种。悬挑窗台常采用顶砌一皮砖或将一砖侧砌并悬挑60mm，也可以是预制混凝土窗台（见图3-17）。窗台表面用1∶3水泥砂浆抹面做出坡度，挑砖下缘做出滴水槽，以引导雨水沿滴水槽口下落，以防雨水影响窗下墙体。由于悬挑窗台下部容易积灰，并容

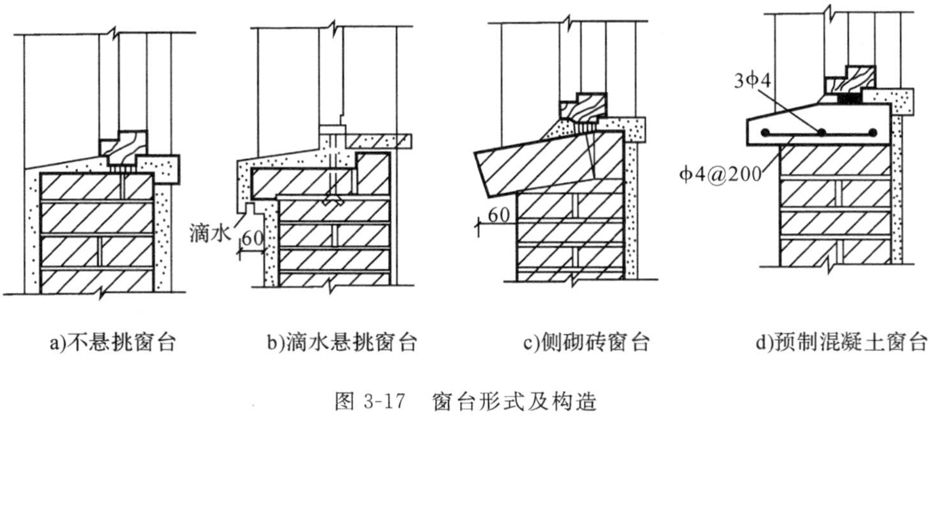

a)不悬挑窗台 b)滴水悬挑窗台 c)侧砌砖窗台 d)预制混凝土窗台

图 3-17 窗台形式及构造

易污染窗下墙面，影响建筑物的美观，因此，大部分建筑物都设计为不悬挑的窗台，外墙为贴面砖时墙面反而易被雨水冲刷干净。此外，在做窗台排水坡度面时，必须注意抹灰与窗下槛的交界处里，防止雨水沿窗下槛处向室内渗透。

9. 防火墙

为减少火灾的发生或阻止其蔓延，除了设计时考虑防火分区的分隔、选用难燃或不燃材料作为建筑构配件、增加消防设施等之外，在墙体构造上，还要考虑防火墙的设计问题。

防火墙的作用是截断火源，防止火灾蔓延。现行的防火规范规定，防火墙的耐火等级不低于 4h；防火墙上不应开设门窗洞口，必须开设时，应采用甲级防火门，并应能够自动关闭。防火墙的最大间距应根据建筑物的耐火等级而定，当建筑物的耐火等级为一、二级时，其间距为 150m；三级时其间距为 100m；四级时为 75m。

防火墙应截断燃烧体或难燃烧体的屋顶，并高出非燃烧体屋顶 400mm；高出燃烧体或难燃烧体屋顶 500mm（见图 3-18）。

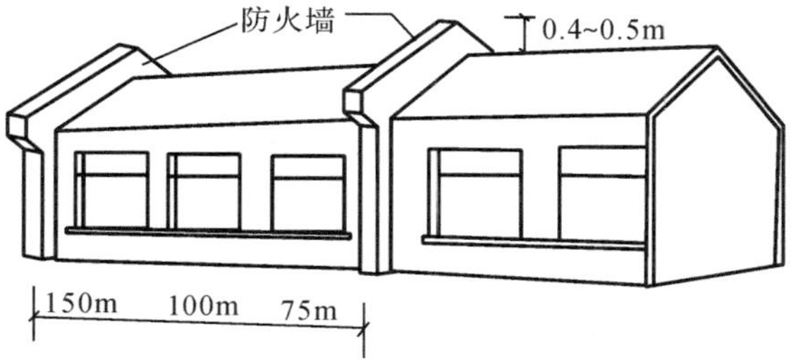

图 3-18　防火墙位置

3.3　砌块墙构造

砌块是利用混凝土、工业废料（炉渣、粉煤灰等）或地方材料制成的人造块材。砌块墙是指用尺寸大于普通黏土砖的预制块材砌筑的墙体（见图 3-19）。房屋的其他承重构件，如楼板、屋面板、楼梯等与砖混结构基本相同。其最大优点是可以采用素混凝土或能充分利用工业废料和地方材料，且制作方便，施工简单，不需大型的起重运输设备，且具有较大的灵活性。既容易组织生产，又能减少对耕地的破坏，节约能源。因此在缺砖地区的大、中城镇，应大力发展砌块墙体。

3.3.1　砌块的材料与类型

砌块的类型很多，按材料分有普通混凝土砌块、轻骨料混凝土砌块、加气混凝土砌块以及利用各种工业废料制成的砌块。按构造分有空心砌块和实心砌块；空心砌块有单排方孔、单排圆孔和多排扁孔等形式，其中多排扁孔对保温较为有利（见图 3-20）。按砌块在砌体中的作用和位置可分为主砌块和辅砌块。按砌块的质量和尺寸分有小型砌块、中型砌块、大型砌块。

在考虑砌块规格时，首先应该符合《建筑统一模数制》的规定；其次是砌块的型号愈少愈好；主砌块使用率愈多愈好；砌块的尺度应考虑到生产工艺条件，施工和起重、吊装的能力以及砌筑时错缝、搭接的可能性；最后，在确定砌块时既要考虑到砌体的强度和稳定性，同时也

图 3-19 砌块建筑

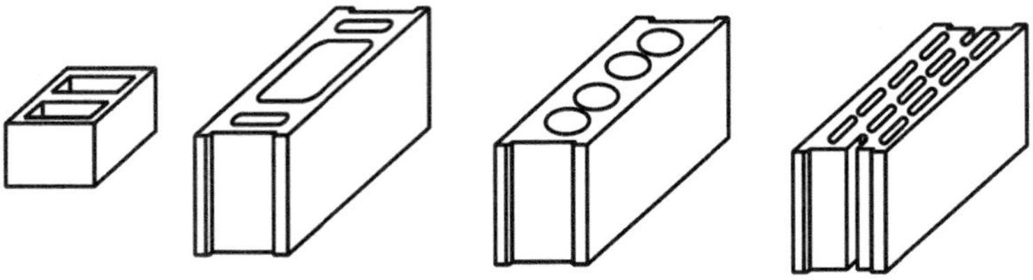

(a)单排方孔 (b)单排方孔 (c)单排圆孔 (d)多排扁孔

图 3-20 空心砌块的形式

要考虑墙体的热工性能。

我国各地生产的砌块，其规格、类型极不统一，从使用情况来看，中、小型砌块和空心砌块居多。

目前我国采用的小型砌块，有实心砌块和空心砌块之分。外形尺寸多为 190mm×190mm×390mm，辅助砌块尺寸为 90mm×190mm×190mm 和 190mm×190mm×190mm，每块砌块的质量在 20kg 以内，适用于人工搬运和砌筑，施工方法与砖混结构相同。

当前在我国采用的中型砌块同样有空心砌块和实心砌块之分，各地的尺寸也不统一。常见的空心砌块尺寸有 180mm×630mm×845mm、180mm×1280mm×845mm 和 180mm×2130mm×845mm，实心砌块的尺寸有 240mm×280mm×380mm、240mm×430mm×380mm 和 240mm×580mm×380mm。中型砌块质量较大，施工时需要用较大型的吊装设备。

3.3.2 砌块墙的排列

为使砌块墙合理组合并搭接牢固，必须根据建筑的初步设计，做好砌块的试排工作。即按建筑物的平面尺寸、层高，对墙体进行合理的分块和搭接，以便正确地选择砌块的规格、尺寸。为此，要在砌块的平面图和立面图上进行砌块的排列，并注明每一砌块的型号，以便施工时按排列图进行进料和砌筑。设计时，必须考虑砌块的整齐、统一以及规律性，不仅要考虑到大面积的错缝、搭接，一定要避免通缝，而且要考虑内、外墙的交接、咬砌，此外应当尽量使用主砌块，减少施工的复杂性。砌块的排列设计具体应符合以下要求：

（1）排列应力求整齐，具有规律性，既要考虑建筑物的立面美观，又要考虑建筑施工的简单性。

（2）上下皮砌块应错缝搭接，尽量减少通缝，内外墙和转角处砌块应彼此搭接，以加强整体性。

（3）尽量减少砌块的使用种类，并使主规格砌块总数量在 70%以上。在砌块墙体中允许使用少量的普通砖镶砖填缝，镶砖时应尽可能分散、对称，当然也应当注意立面的美观和整体性。

（4）空心砌块上下皮之间应孔对孔、肋对肋，以保证有足够的受压面积。图 3-21 为砌块排列示意图。

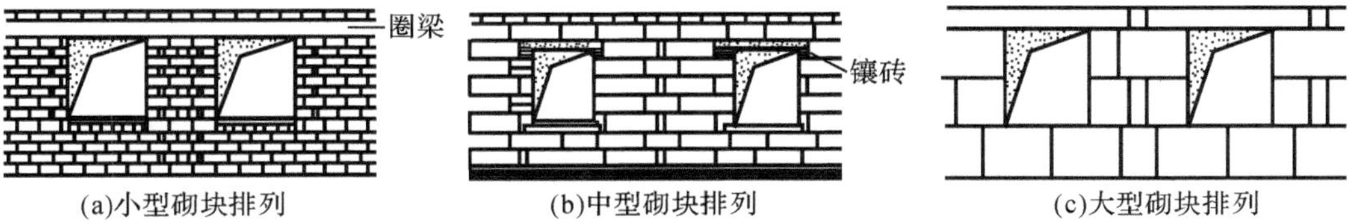

图 3-21　砌块排列组合示意图

3.3.3　砌块墙构造要点

砌块尺寸较大，垂直缝砂浆不易灌实，相互粘结较差，因此砌块建筑需采取加固措施，以提高房屋的整体性。砌块墙构造要点如下：

（1）中型砌块两端一般有封闭的灌浆槽，在砌筑、安装时，必须使竖缝填灌密实，水平缝砌筑饱满，使上、下、左、右砌块能更好地连接。一般砌块采用 M5 级砂浆砌筑，水平灰缝、垂直灰缝一般为 15～20mm。当垂直灰缝大于 30mm 时，须采用 C20 的细石混凝土灌实。有时可以采用普通黏土砖填嵌。

（2）当砌块墙上下皮砌块出现通缝或错缝距离不足 150mm 时，应在水平通缝处加 $2\phi4$ 的钢筋网片，使之拉结成整体。

（3）为加强砌块建筑的整体刚度，常于外墙转角和必要的内、外墙交接处设置墙芯柱。墙芯柱多利用空心砌块将其上下孔洞对齐，在孔中配置 $\phi10$ 或 $\phi12$ 的钢筋分层插入，并用 C20 细混凝土分层夯实（见图 3-22）。墙芯柱与圈梁、基础须有较好的连接，对抗震有利。

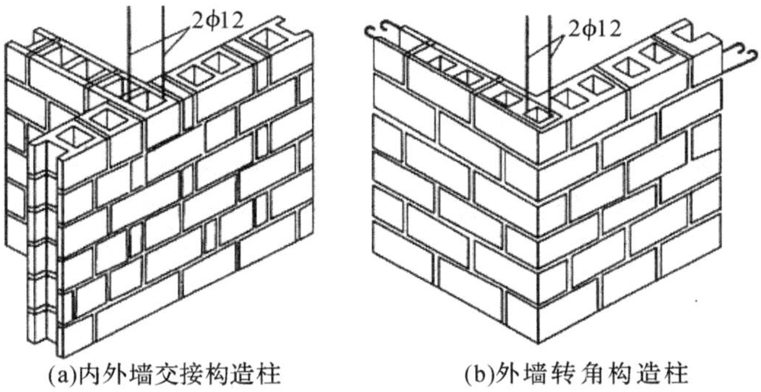

图 3-22　砌块墙构造柱

(4)砌块建筑每层都应设置圈梁,用以加强砌块墙的整体性。但是圈梁通常与过梁统一考虑,有现浇和预制钢筋混凝土圈梁两种做法。现浇圈梁整体性强,对加固墙身较为有利,但施工支模较烦。故不少地区采用U形预制构件,在槽内配置钢筋,并浇筑混凝土。预制圈梁时,预制构件端部伸出钢筋,拼装时将端部钢筋绑扎在一起,然后局部现浇形成整体(见图3-23)。

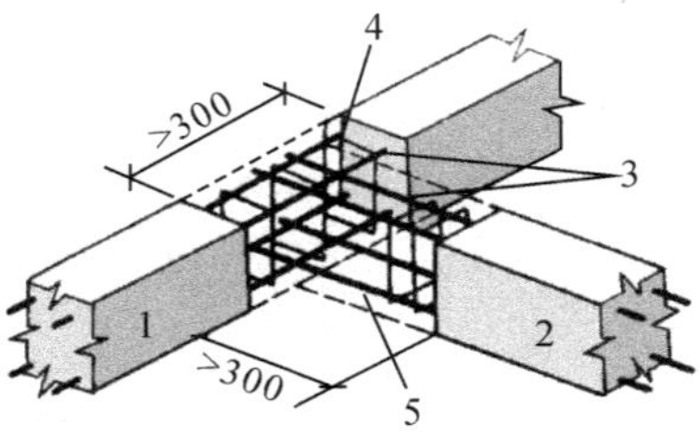

图3-23 预制圈梁现浇整体接头

(5)合理选择砌块墙的拼缝做法,砌块墙的拼缝有平缝、凹槽缝和高低缝,平缝制作简单,多用于水平缝;凹缝灌浆方便,多用于垂直缝。缝宽视砌块尺寸而定,砂浆强度等级不低于M5。

(6)砌块墙外面宜做饰面,以提高防渗水能力和改善墙体热工性能;室内底层地坪以下,室外明沟或散水以上的墙体内,应设置水平防潮层。一般采用防水砂浆或配筋混凝土。同时,应以水泥砂浆作勒脚摸面。

3.4 隔墙和隔断构造

3.4.1 隔墙

隔墙是分隔建筑物内部空间的非承重内墙,其本身重量由楼板或梁来承担。设计要求中隔墙自重轻,厚度薄,尽量少占空间,但是必要时能够为机械和电力设施分布及出口提供一定的空间,并且有隔声和防火性能,便于拆卸,浴室、厕所的隔墙应当具有防潮、防水的性能。常用的隔墙有砌筑隔墙、立筋隔墙和板材隔墙三种。

1. 立筋隔墙

立筋隔墙又称轻骨架隔墙,它由骨架和面层两部分组成。

骨架的种类很多,常用的是木骨架和轻钢骨架。近年来为了节约木材和钢材,各地出现了不少利用地方材料和轻金属制成的骨架,如铝合金骨架。

木骨架是由上槛、下槛、墙筋、横撑或斜撑组成,上、下槛和墙筋断面为50×70mm或50×100mm,具体做法:先立边框墙筋,撑住上、下槛,并在上下槛之间每隔400～600mm立墙筋,墙筋之间每隔1.5m左右设一横撑或斜撑,两端钉牢,构成木骨架。木骨架具有自重轻、构造简单、便于拆装等优点,但防水、防潮、防火、隔声性能较差。木骨架形式如图3-24所示。

轻钢骨架是由各种形式的薄壁压型钢板加工制成,也称轻钢龙骨。它具有强度高、刚度大、重量轻、整体性好、易于加工和大批量生产以及防火、防潮性能好等优点。轻钢骨架和木骨架一样,也是有上槛、下槛、墙筋、横撑或斜撑组成(见图3-25)。骨架的安装过程是先用射钉将上、下槛固定在楼板上,然后安装轻钢龙骨。

隔墙的面层有抹灰面层和人造板面层,抹灰面层一般采用木骨架,如传统的木板条抹灰隔墙。人造板面层则是在木骨架或轻钢龙骨上铺钉各种人造板材,如装饰吸声板、钙塑板以及各种胶合板、纤维板等。

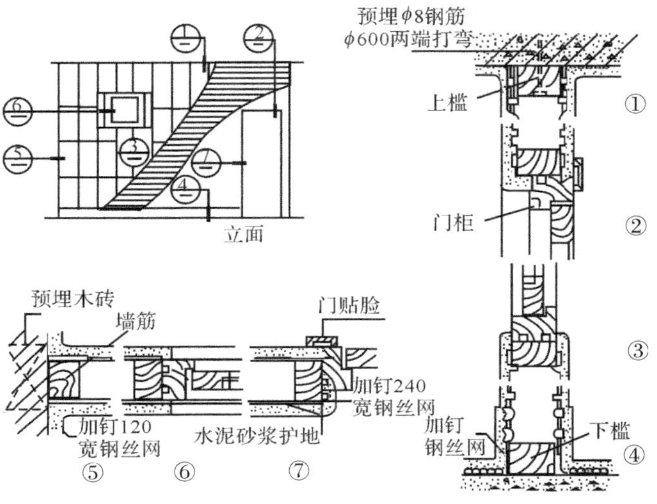

图 3-24 木骨架板条抹灰隔墙

2. 板条抹灰隔墙

板条抹灰隔墙是先在木骨架两侧钉上灰板条，然后抹灰。灰板条的尺寸一般为 1200mm×24mm×6mm 和 1200mm×38mm×9mm 两种，当墙筋间距为 400mm 时用前者，立筋间距为 600mm 时用后者。灰板条之间的水平灰缝为 7～8mm，以利于抹灰时底灰能挤到板条背面，咬住板条，如图 3-26 所示。板条的接头要留出 3～5mm 的缝隙，以利于板条伸缩。在同一立筋上连续接头的长度不超过 500mm 左右，以免裂缝出现在同一个位置上。

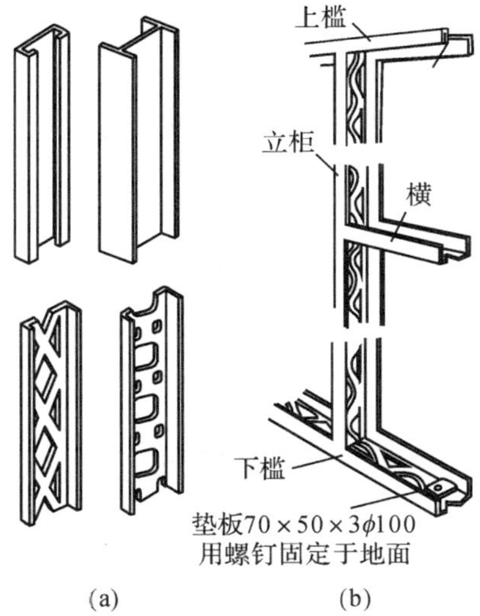

图 3-26 轻钢骨架

灰板条抹灰多用纸筋灰或麻刀灰，在抹灰的底层中应加入适量的草筋、麻刀或其他纤维，以加强抹灰与板条的联结。

隔墙上设置门窗时，门窗框四周的墙筋可适当加大，并应在门窗框上部加设斜撑。灰板条隔墙与砖墙交接的转角处应加设一条 150mm 宽的钢丝网，以防抹灰层开裂。为使隔墙与砖墙连接牢固，在两侧墙内应预埋间距 600mm 的防腐木砖，以便固定边框墙筋。由于灰板条墙重量轻，容易拆除，施工简单，故目前仍在应用，但浪费木材，湿作业多。

为提高隔墙的防潮、防火性能，可在稀铺的板条(板条中距 60mm)上钉一层钢丝网或取消板条，在立筋上直接钉钢丝网，然后在钢丝网上直接抹灰，此时抹灰可选用水泥砂浆或其他防潮性能好的材料。

3. 人造板面层骨架隔墙

人造板面层骨架隔墙是骨架两侧铺钉胶合板、纤维板、石膏板或其他由轻质薄板构成的隔墙。骨架间距除了满足受力要求外，还要与所用板材的规格相适应。接缝处也要留出 5mm 左右伸缩余地，并可用铝压条或木压条盖缝。

板材与骨架的关系有两种：一种是钉在骨架两面或一侧，叫贴面法；另一种则是镶在骨架中间，叫镶板法。面板可用镀锌螺钉或铁夹子固定在骨架上，为提高隔墙的隔声能力，可在面板间填岩棉等轻质又有弹性的材料。这种隔墙重量轻，易拆除，且湿作业少。

胶合板、硬质纤维板等以木材为原料的板材多用木骨架，石膏板多用轻钢骨架（见图3-27）。

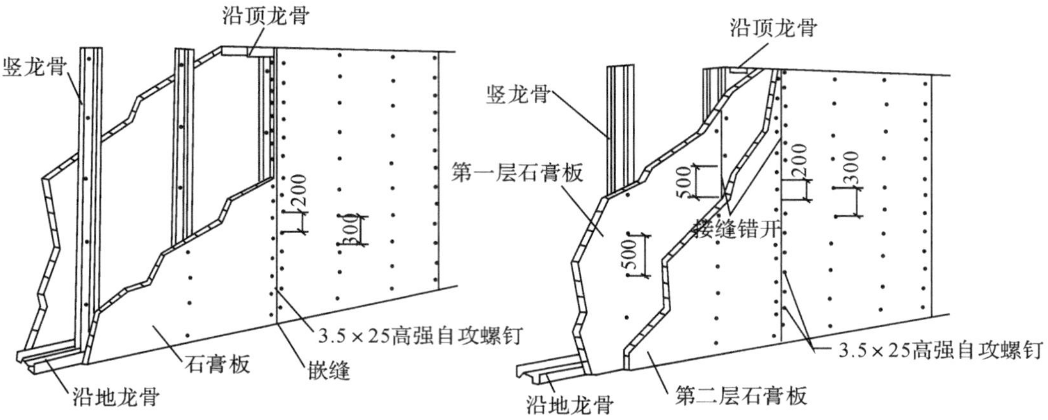

(a) 单层纸面石膏板安装 (b)双层纸面石膏板安装

图 3-27 轻钢龙骨石膏板隔墙

隔墙必要时要为机械和电力设施分布及出口提供一定的空间。所有管道及电线等，在纸面石膏板中间安装，必须在一面的石膏板安装好后，立即安装管道、电线等，如图 3-28 所示。管道、电线等安装好随后进行验收，做好隐蔽工程记录，方可铺设安装另一侧的石膏板。

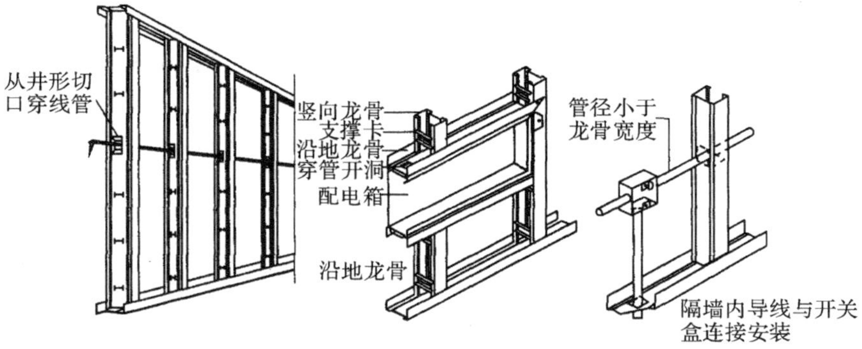

(a)隔墙管道线路安装 (b)墙体配电箱安装 (c)隔墙内导线与开关盒连接

图 3-28 轻钢龙骨石膏板隔墙

4. 砌筑隔墙

块材隔墙是用普通黏土砖、空心砖、以及各种轻质砌块等块材砌筑而成，常用的有普通黏土砖隔墙和砌块隔墙两种。

砖砌隔墙有半砖隔墙和 1/4 砖隔墙之分，对半砖墙，当采用 M2.5 的砂浆砌筑时，其高度不宜超过 3.6m，长度不宜超过 5m。当采用 M5 级砂浆砌筑时，其高度不宜超过 4m，长度不宜超过 6m，否则在构造上除砌筑时应与承重墙牢固搭接外，还应该在墙身每隔 1.2m 高处加 2ϕ6 的拉结钢筋予以加固，此外，砖隔墙顶部与楼板或梁相接处，不宜过于填实，一般将上两皮砖侧砌，俗称“立砖斜砌”，或留有 30mm 的空隙，以防楼板结构产生挠度，使隔墙被压坏。然后填塞墙与楼板间的空隙。

对 1/4 砖隔墙，是利用标准砖侧砌，其高度不宜超过 3m，需用 M5 级砂浆砌筑。多用于厨房和卫生间之间的隔墙等面积不大的墙体的砌筑。

为减轻隔墙自重，可采用轻质砌块，如加气混凝土块、粉煤灰砌块、水泥炉渣砌块。墙厚由砌块尺寸决定，一般为 90～120mm。加固措施同 1/2 砖隔墙的做法。砌块不够整块时宜用普通黏土砖填补。因砖块大多具有质轻、孔隙率大、隔热性能好等优点，但吸水率大，故在砌筑时先在墙下实砌 3～5 皮实心黏土砖再砌砌块（见图 3-29）。

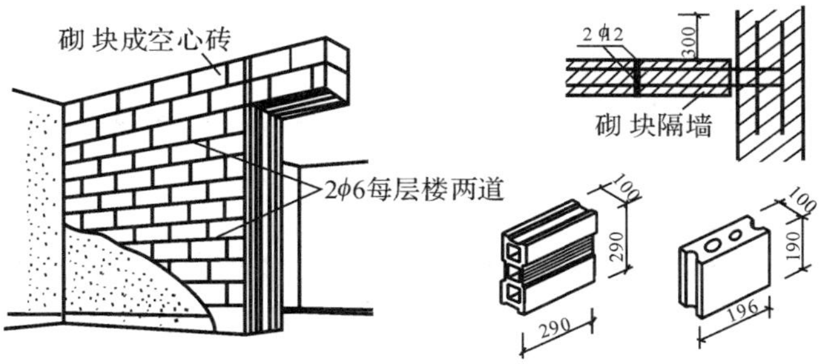

图 3-29　砌块隔墙构造

5. 板材隔墙

板材隔墙是指相当于房间净高，面积较大，不依赖于骨架直接装配而成的隔墙。具有自重轻、安装方便、施工速度快、工业化程度高等特点。常采用的预制条板有加气混凝土条板，碳化石灰板，石膏珍珠岩板，此外还有水泥钢丝网夹芯板等复合墙板。

预制条板的厚度大多为 60～100mm，宽度为 600～1000mm，长度略小于房屋净高。安装时，条板下部选用小木楔顶紧，然后用细石混凝土堵严板缝，用胶结剂粘接，并用胶泥刮缝，平整后再做表面装修，如图 3-30 所示。

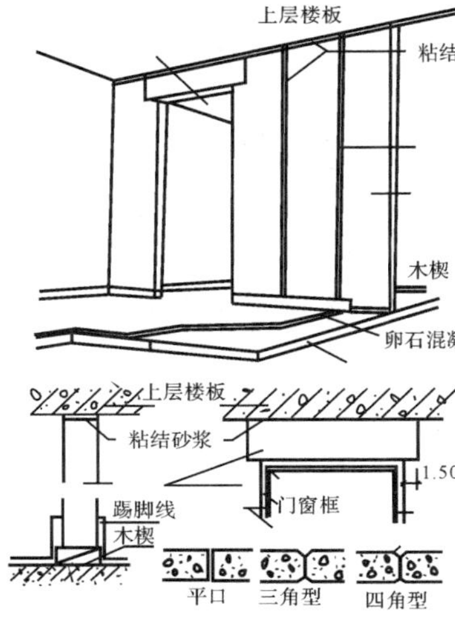

图 3-30　板材隔墙构造

水泥钢丝网夹芯复合墙板（又称泰柏板）是以直径是 2mm 的低碳冷拔镀锌钢丝焊接成三维空间网笼，中间填充 50mm 厚的阻燃聚苯乙烯泡沫塑料构成的轻质板材，两侧钢丝网间距 70mm，钢丝网格间距 50mm，每个网格焊一根腹丝，腹丝倾角 45°，两侧喷摸 30mm 厚水泥砂浆或小豆石混凝土，总厚度为 110mm。定型产品规格为 1200mm×2400mm×70mm。它自重轻、强度高、保温隔热性能好，具有一定的隔声和防火性能，故广泛应用于工业与民用建筑中的内、外墙、轻屋面。

水泥钢丝网夹芯板复合墙板安装时，先放线，然后在楼面和顶板处设置锚筋或固定U形码，将复合墙板与之可靠连接，并用锚筋及钢筋网加强复合墙板与周围墙体、梁、柱的连接。

3.4.2 隔断

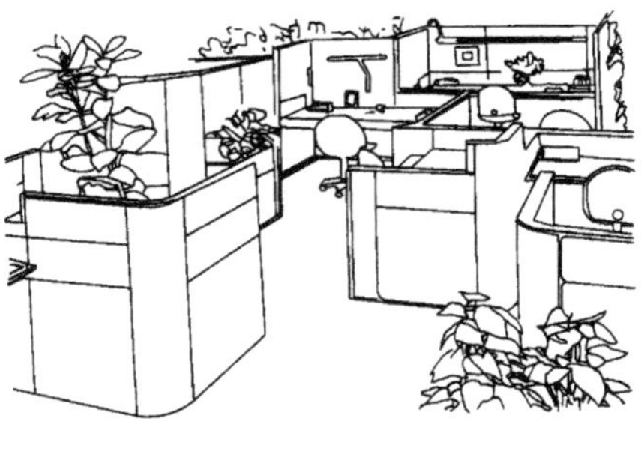

图3-31 办公室灵活隔断示意

隔断是指分隔室内空间的装修构件。与隔墙有相似之处，但也有根本区别。隔断的作用在于变化空间或遮挡视线。利用隔断分隔空间，在空间的变化上，可以产生丰富的意境效果，增加空间的层次和深度，是当今的居住和公共建筑，如住宅、办公楼、旅馆、展览馆、餐厅等设计中的一种常用空间处理方法，尤其在现代办公建筑中应用很多(见图3-31)。隔断对于隔音要求较低。

隔断的形式很多，常见的有屏风式隔断、镂空式隔断、玻璃墙式隔断、移动式隔断、以及家具式隔断等。

1. 屏风式隔断

屏风式隔断通常是不隔到顶的，使空间具有良好的通透性。隔断与顶棚保持一定的距离，起到分隔房间和遮挡视线的作用。屏风式隔断常用于办公室、餐厅、展览馆以及门诊部等公共建筑中。住宅建筑中浴室、厕所也常采用这种形式，隔断高一般为1050mm、1350mm、1500mm、1800mm等，可根据不同使用要求进行选用。

从构造上，屏风式隔断有固定式和活动式两种。固定式又可分为立筋骨架式和预制板式。预制板式隔断借预埋件与周围墙体、地面固定。而立筋式屏风隔断则与隔墙相似，它可在骨架两侧铺钉面板，亦可镶嵌玻璃。玻璃可用磨砂玻璃、彩色玻璃、菱花玻璃等(见图3-32)。

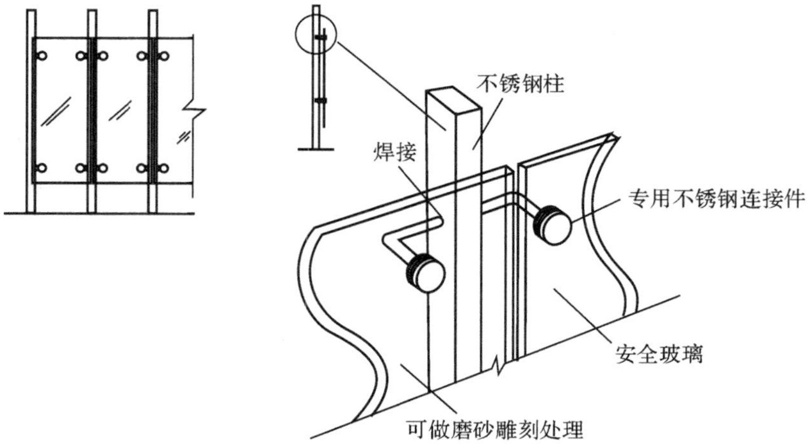

图3-32 屏风式隔断

活动式屏风隔断可以移动放置。最简单的支撑方式是在屏风下安装一金属支架，支架可以直接放在地面上，也可在支架下安装橡胶滚动轮或滑动轮(见图3-33)。

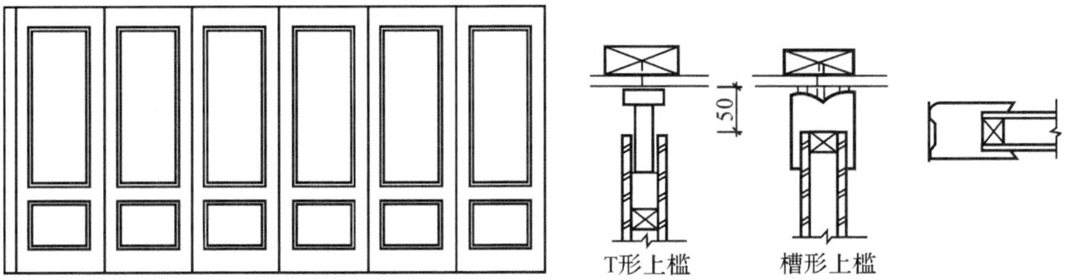

图 3-33 活动式隔断

2. 镂空式隔断

镂空花格式隔断是公共建筑的门厅、客厅等处分隔空间常用的一种形式，有竹、木制的，也有混凝土预制构件，形式多样(见图 3-34)。

隔断与地面、顶棚的固定也根据材料的不同而变化，可以采用钉、焊等方式连接。

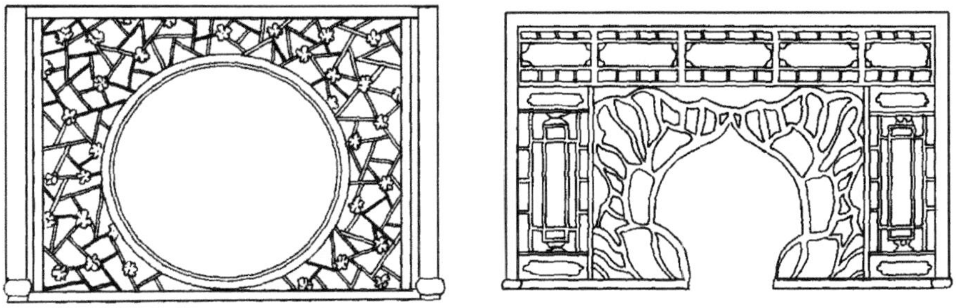

(a)梅花冰纹月洞式落地罩　　(b)灯笼框莲叶莲瓣洞式落地罩

图 3-34 镂空式隔断

3. 玻璃隔断

玻璃隔断有玻璃砖隔断和透空式隔断两种。透空玻璃隔断系采用普通平板玻璃、磨砂玻璃、刻花玻璃、彩色玻璃以及各种颜色有机玻璃等嵌入木框或金属框的骨架中，具有透光性。当采用普通玻璃时，还具有可视性。

玻璃砖隔断是由玻璃砖砌筑而成，既分隔空间，又透光。常用于公共建筑的接待室、会议室等处。

4. 其他隔断

如移动式隔断可以随意闭合、开启，使相邻空间随之变化成独立的或合一的空间的一种隔断形式；家具式隔断是利用各种适用的室内家具来分隔空间的一种设计处理方法。

3.5 幕墙构造简介

在框架结构中，非承重墙有填充墙和幕墙两种。幕墙指的是悬挂于外部骨架或楼板间的轻质外墙，在公共建筑中应用比较广泛。

3.5.1 幕墙种类

在框架结构中，建筑幕墙根据材料不同，可以分为混凝土幕墙、钢板幕墙、铝板幕墙、石材幕墙、塑料幕墙和玻璃幕墙，其中玻璃幕墙应用最多。

3.5.2 玻璃幕墙种类

玻璃幕墙根据立面形式不同又可以分为明框玻璃幕墙、全隐玻璃幕墙、半隐玻璃幕墙、全玻玻璃幕墙和点支玻璃幕墙。明框玻璃幕墙属于元件式幕墙，将玻璃板用铝框镶嵌，形成四边有铝框的幕墙元件，将幕墙元件镶嵌在横梁上，横梁和立柱在室内可见。明框玻璃幕墙应用量大面广、应用最早，施工简单，形式传统(见图 3-35)。全隐玻璃幕墙的玻璃采用硅酮结构密封胶粘结在铝框上，一般不加金属连接件，铝框全部被玻璃遮挡，形成大面积玻璃墙面(见图 3-36)。

图 3-35 明框玻璃幕墙

图 3-36 全隐玻璃幕墙

半隐玻璃幕墙，指的是幕墙元件的玻璃板其中两边镶嵌在铝框内，另外两边采用硅酮结构密封胶粘结在铝框上。半隐玻璃幕墙根据隐藏部位不同又可以分为竖隐横框玻璃幕墙和横隐竖框玻璃幕墙(见图 3-37)。

(a)竖隐横框玻璃幕墙

(b)横隐竖框玻璃幕墙

图 3-37 半隐玻璃幕墙

为了加强玻璃幕墙的通透性，不仅是玻璃面板，包括支撑结构也采用玻璃肋，这类幕墙称为全玻玻璃幕墙。全玻玻璃幕墙一般只用于一个楼层，根据功能要求大多在建筑的首层或者顶层(见图 3-38)。由玻璃面板、点支撑装置和支撑结构构成的玻璃幕墙称为点支式玻璃幕墙(见图 3-39)。根据支撑结构不同，点支式玻璃幕墙又分为金属支撑结构点支式玻璃幕墙、点支式全玻璃幕墙和杆(索)式玻璃幕墙。

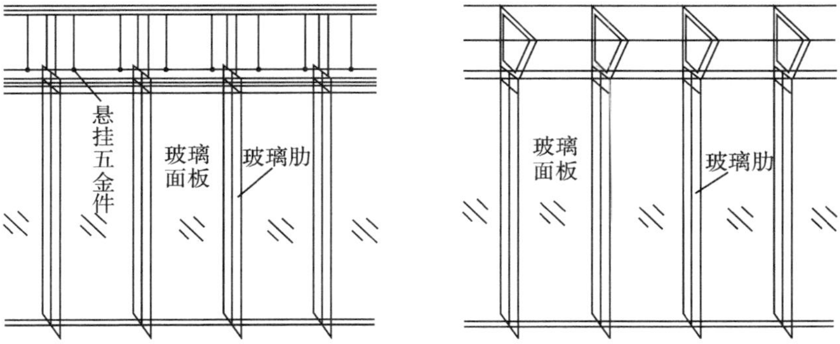

图 3-38 全玻玻璃幕墙

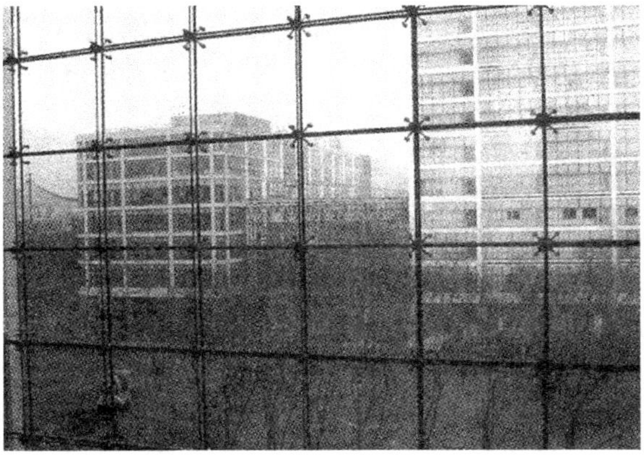

图 3-39 点支式玻璃幕墙

3.5.3 玻璃幕墙与建筑设计

从 20 世纪 80 年代开始我国出现了第一个采用玻璃幕墙的建筑——北京长城饭店，此后玻璃幕墙在建筑中被广泛应用，尤其在饭店、商场、写字楼等公共建筑中。玻璃幕墙是将大面积玻璃应用于建筑物的外墙面，展示建筑物的现代风格。尤其是点支式玻璃幕墙的出现，使建筑师对建筑立面有了一种新的思考。点支式玻璃幕墙是建筑师和结构师通力合作的成果。结构本身就是一种美的结构，支撑构件加工精密、表面光滑，具有良好的工艺感和艺术感。同时由于玻璃本身的特性，使建筑物显得更加别具一格：光亮、明快、挺拔、具有现代感。玻璃面板和支撑结构融为一体，组成建筑立面，使建筑具有现代感。透过玻璃，人们可以看到支撑玻璃的整个结构体系，将单纯的支撑结构转化为具有可视性、观赏性和表现性的体系。金属结构的坚固结实和玻璃的晶莹剔透形成完美的组合，体现了“力”与“美”、“虚”与“实”的效果。玻璃面板和玻璃肋构成的全玻玻璃幕墙视野开阔、结构简单，使人耳目一新，最大限度地消除了建筑室内外的感观差异。如今，有越来越多的公共建筑采用了玻璃幕墙。当然,玻璃幕墙也有它的弊端。

3.5.4 玻璃幕墙存在的问题

首先,玻璃幕墙引起光污染。由于玻璃幕墙广泛采用膜玻璃或镀膜玻璃,它一方面可以遮蔽太阳的直射光,改善室内热环境,降低空调使用频率,节约能源,减轻或防止室内“眩光”,创造舒适幽雅的室内环境;而另一方面,当灿烂阳光照在玻璃幕墙时,由于玻璃幕墙的反射作用,往往产生反射“眩光”。这种反射“眩光”对人会产生强烈的刺激,不仅给在邻近建筑物内工作生活的人们造成诸多不便和心理难以承受的恐惧感和眩晕,而且最重要的是会造成行进中的汽车司机和行人视觉的极度不适,影响视线和交通安全,容易出现交通事故。但是如果我们进行科学合理的规划、设计,光污染的问题是可以避免的。比如说提高玻璃幕墙离地面的高度;在一街的规划中,限制在并列的和相对的建筑物上采用玻璃幕墙,在建筑物的低处采用石材幕墙等。

其次,玻璃幕墙安全性的可靠度。玻璃幕墙由于地震受振,或由于风力过大不能抵御水平荷载;或在高温下膨胀变形;或结构密封胶老化等因素都可能导致玻璃破裂或破碎甚至脱落。在20世纪90年代末期,我国也出台了关于玻璃幕墙的技术和施工的一些规范,规范对于玻璃幕墙中玻璃面板的重量和性质做了明确的要求。玻璃应当选用钢化玻璃,其强度为普通平板玻璃的3倍以上,损坏时裂而不碎,大大提高了玻璃幕墙使用的安全性。

3.6 墙面装饰构造

3.6.1 墙面装饰的作用

墙面装饰的作用有:

(1)保护墙体

墙体直接受到风、霜、雨、雪的侵蚀,墙面装饰可提高墙体的防潮、抗风化的能力,增加墙体的坚固性、耐久性,延长墙体的使用寿命。

(2)改善墙体的性能,满足房屋的使用功能

墙面装饰增加了墙体的厚度以及密封性,提高了墙体的保温、隔热、隔声性能。平整、光滑、色浅的内墙装饰,可增加光线的反射,提高室内照度和采光均匀度,改善室内舒适度。对有吸声要求的房间的墙面进行吸声处理,还可改善室内音质效果。

(3)美化和装饰作用

进行墙面装饰,对提高建筑物的功能质量、艺术效果、美化建筑环境起重要作用;它将给人们创造一个优美、舒适的生活、学习和工作环境。

3.6.2 墙面装饰的分类

墙面装饰按其所在部位的不同,可以分为外墙面装饰和内墙面装饰。室外装饰应选择强度高、耐水性好、抗冻性强、抗腐蚀、耐风化的建筑材料;室内装饰应根据房间的功能要求及装修标准来选择材料。

按材料和施工方法的不同,常见的墙面装饰可分为清水勾缝、抹灰类、贴面类、涂料类、

裱糊类和铺钉类等(见表 3-2)。

表 3-2　墙面装饰分类

类别	外墙装饰	内墙装饰
抹灰类	水泥砂浆、混合砂浆、聚合物水泥砂浆、拉毛、水刷石、干粘石、斩假石、拉假石、喷涂、滚涂等	纸筋灰、麻刀灰粉面、石膏粉面、膨胀珍珠岩灰浆、混合砂浆、拉毛、拉条等
贴面类	外墙面砖、马赛克、玻璃马赛克、人造水磨石板、天然石板等	釉面砖、人造石板、天然石板等
涂料类	石灰浆、水泥浆、溶剂型涂料、乳胶涂料、彩色胶砂涂料、彩色弹涂等	大白浆、石灰浆、油漆、乳胶漆、水溶性涂料、弹涂等
裱糊类		塑料墙纸、金属面墙纸、木纹壁纸、花纹玻璃纤维布、纺织面墙纸等
铺钉类	各种金属饰面板、石棉水泥板、玻璃	各种木夹板、木纤维板、石膏板及各种装饰面板等

3.6.3　墙面装饰构造

1. 清水墙面

清水墙面是不做抹灰和饰面的墙面。为防止雨水渗入墙内、保持墙面整齐美观，可用 1∶1或 1∶2 水泥砂浆勾缝，勾缝的形式有平缝、凹缝、斜缝、V 形缝等(见图 3-40)。

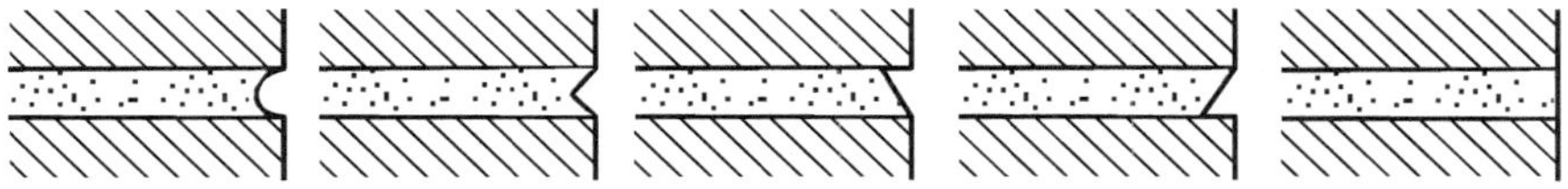

(a)凹缝　(b)V形缝　(c)斜勾缝　(d)敲接缝　(e)平缝

图 3-40　砖墙勾缝形式

2. 抹灰类墙面装饰

抹灰又称粉刷，是我国传统的饰面做法，是以水泥、石灰膏为胶结材料加入砂或石渣与水拌和成砂浆或石渣浆，抹到墙面上的一种操作工艺，属湿作业。其材料来源广泛，施工操作简便，造价低廉，通过改变工艺可获得不同的装饰效果，因此在墙面装修中应用广泛。缺点是耐久性低，易干裂、变色；多为手工湿作业施工，工效较低。

抹灰分为一般抹灰和装饰抹灰两类。一般抹灰为石灰砂浆、混合砂浆、水泥砂浆等；装饰抹灰有水刷石、干粘石、斩假石等。

墙面抹灰有一定的厚度，一般外墙为 20～25mm；内墙为 15～20mm。为避免抹灰出现裂缝，使抹灰层与墙面粘结牢固，抹灰层不宜过厚，且要分层施工，对于普通标准的抹灰，一般分底层、面层两层构造；高标准的抹灰分为底层、中间层、面层三层构造。

底层厚一般为 5～15mm，底层抹灰的作用是使装饰层与墙面基层粘结牢固和起初步找平的作用，又称找平层和打底层，施工上称为刮糙。底灰的选用与基层的材料有关，对砖、石墙可采用水泥砂浆或混合砂浆打底；当基层为板条时，应采用石灰砂浆做底灰，并在砂浆中掺入麻刀或其他纤维。轻质混凝土砌块墙的底灰多用混合砂浆或聚合物砂浆。对混凝土墙或湿度大的房间或有防水、防潮要求的房间，底灰宜选用水泥砂浆。

面层抹灰又称罩面，对墙体的使用质量和美观起重要作用，要求表面平整、色彩均匀、无裂痕，可以做成光滑、粗糙等不同质感的表面。

中间层厚5～15mm，主要作用是进一步找平，减少底层砂浆开裂导致面层开裂的可能。其所用材料与底层基本相同，也可以根据装修要求选用其他材料。常见抹灰的具体构造做法如表3-3所示。

表3-3 墙面抹灰的做法举例

抹灰名称	做法说明	适用范围
水泥砂浆抹灰	①a:清扫积灰，适量洒水 b:刷界面处理剂一道 ②12厚1∶3水泥砂浆打底扫毛 ③8厚1∶2.5水泥砂浆抹面	a:砖石基层的墙面 b:混凝土基层的外墙
	①13厚1∶3水泥砂浆打底 ②5厚1∶1.25水泥砂浆抹面，压实赶光 ③刷(喷)内墙涂料	砖基层的内墙涂料
	①刷界面处理剂一道 ②6厚1∶0.5∶4水泥石灰膏砂浆打底扫毛 ③5厚1∶1∶6水泥石灰膏砂浆扫毛 ④5厚1∶2.5水泥砂浆抹面，压实赶光 ⑤刷(喷)内墙涂料	加气混凝土等轻型材料内墙
水刷石	①a:清扫积灰，适量洒水 b:刷界面处理剂一道 ②12厚1∶3水泥砂浆打底扫毛 ③刷素水泥浆一道 ④8厚1∶1.5水泥石子罩面，水刷露出石子	a:砖石基层的墙面 b:混凝土基层的外墙
	①刷加气混凝土界面处理剂一道 ②6厚1∶0.5∶4水泥石灰膏砂浆打底扫毛 ③5厚1∶1∶6水泥石灰膏砂浆抹平扫毛 ④刷素水泥浆一道 ⑤8厚1∶1.5水泥石子罩面，水刷露出石子	加气混凝土等轻型材料外墙
斩假石(垛釜石)	①a:清扫积灰，适量洒水 b:刷界面处理剂一道 ②10厚1∶3水泥砂浆打底扫毛 ③刷素水泥浆一道 ④10厚1∶1.25水泥石子抹灰(米粒石内掺30%石屑) ⑤垛斧斩毛两遍	a:砖石基层的墙面 b:混凝土基层的外墙
纸筋(麻刀)抹灰	①10厚1∶3∶9水泥石灰膏砂浆打底 ②6厚1∶3石灰膏砂浆 ③2厚纸筋(麻刀)灰抹面 ④刷(喷)内墙涂料	砖基层内墙
	①刷加气混凝土界面处理剂一道 ②5厚1∶3∶9水泥石灰膏砂浆打底划出纹理 ③9厚1∶3石灰膏砂浆 ④2厚纸筋(麻刀)灰抹面 ⑤刷(喷)内墙涂料	加气混凝土等轻型内墙
	①刷混凝土界面处理剂一道 ②10厚1∶3∶9水泥石灰膏砂浆打底划出纹理 ③6厚1∶3石灰膏砂浆 ④2厚纸筋(麻刀)灰抹面 ⑤刷(喷)内墙涂料	混凝土内墙

内墙抹灰中，对于容易受碰撞和有防潮、防水要求的墙面，如浴室、厕所、门厅、走廊等应做墙裙，墙裙的高度一般为 1.2～1.8m。具体做法是用 1∶3 水泥砂浆打底，1∶2 水泥砂浆或水磨石罩面，也可以贴面砖、刷油漆、或铺钉胶合板等。

内墙面与楼地面交接处，为了保护墙身及防止擦洗地面时弄脏墙面常做成踢角线，高度为 120～150mm，其材料一般与楼地面相同，常见做法可与墙面粉刷相平、凸出或凹进。

为加强室内美观，在内墙面与顶棚的交接处可做成各种装饰线。

对于经常易受磕碰的内墙阳角或门窗两侧，常抹以高 1.5m 的 1∶2 水泥砂浆打底，以素水泥浆抹成圆角，每侧宽度不大于 50mm。

外墙抹灰因抹灰面积较大，由于材料的干缩和温度的变化，容易产生裂缝，常在抹灰面层做分格处理，称为引条线。引条线的做法是在底灰上埋放不同形式的木引条，面层抹灰完毕后及时取下引条，再用水泥砂浆勾缝，以提高抗渗能力。

3. 贴面类墙面装饰

贴面类装饰是将各种天然或人造板、块，通过绑、挂或直接粘贴于基层表面的装修做法。它具有耐久性好、装饰性强、容易清洗等特点。常用的贴面材料有花岗岩和大理石板等天然石板；水磨石板、水刷石板、剁斧石板等人造石板；以及各种面砖、陶瓷锦砖、墙砖等。其中质感细腻的瓷砖、大理石板一般用于内墙装修；而质感粗放、耐候性好的面砖、锦砖、花岗岩板等适用于外墙装修。

(1)陶瓷面砖、陶瓷锦砖贴面装修

面砖多数是以陶土或瓷土为原料，压制成型后煅烧而成的饰面块。由于面砖不仅可以用于墙面，也可以用于地面，所以也可以称为墙地砖。釉面砖色彩艳丽、装饰性强，多用于内墙；无釉面砖质地坚硬、防冻、防腐蚀，主要用于外墙面的装饰。釉面砖常用的规格有 108mm×108mm×5mm、152mm×152mm×5mm、100mm×200mm×7mm、200mm×200mm×7mm 和 152mm×75mm×5mm 等多种；无釉面砖常用的规格有 300mm×300mm×9mm、200mm×100mm×9mm、240mm×52mm×11mm 和 150mm×150mm×6mm 等多种。

一般面砖背面留有凹凸的纹路，以利于面砖粘贴牢固。

面砖应先放入水中浸泡，安装前取出晾干或擦干净，安装时先抹 10mm 的 1∶3 水泥砂浆打底并刮毛，再用 1∶0.3∶3 水泥石灰砂浆或用掺有 107 胶(水泥用量 5%～7%)的 1∶2.5的水泥砂浆满刮 10mm 厚使面砖背面紧贴于墙面。对贴于外墙的面砖常在面砖之间留有一定的缝隙，以便排除湿气；而内墙面砖不留缝隙，要求安装紧密，以便擦洗和防水。面砖如被污染，可用浓度为 10%的盐酸洗刷，再用清水洗净。

陶瓷锦砖也称为马赛克，与面砖相比，其优点是表面致密光滑而不透明，坚硬耐磨、耐酸碱，质轻不易变色，造价低。马赛克尺寸较小，根据其花色品种，可拼成各种花纹图案，工厂先按设计的图案将小块材正面向下贴在 500mm×500mm 大小的牛皮纸上，铺贴时牛皮纸面向外将马赛克贴于饰面基层上，用木板压平，待凝固后将纸洗掉(见图 3-41)。

还有一种玻璃锦砖又叫玻璃马赛克，是半透明的玻璃质饰面材料。与陶瓷马赛克一样，生产时将小玻璃瓷片铺贴在牛皮纸上。它质地坚硬、色调柔和典雅，性能稳定，具有耐热、耐寒、耐腐蚀、不龟裂、表面光滑、不退色等特点；且背面带有凸棱线条，可与基层粘接牢固，是室外墙粘接较为理想的材料。它具有白色、咖啡色、棕色等多种颜色，亦可组成各种花饰。

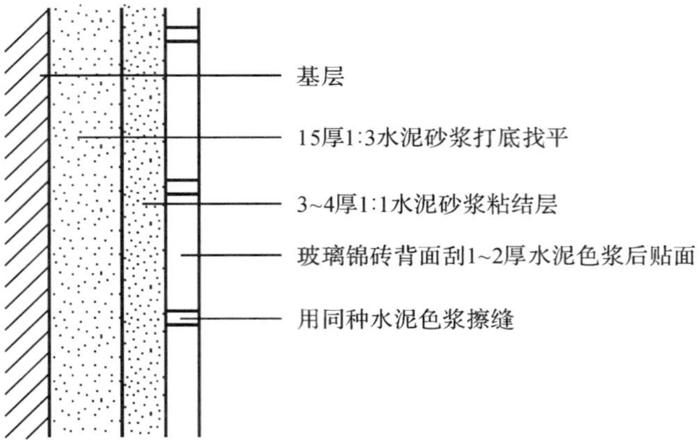

图 3-41 玻璃锦砖饰面构造

(2)天然石板、人造石板贴面装修

通常使用的天然石板有花岗岩板、大理石板两类,大理石又称云石,表面经磨光后纹理雅致、色泽鲜艳,常用于重要的民用建筑的内墙面;花岗岩质地坚硬、不易风化,常用于民用建筑的主要外墙面、勒脚等部位,给人以庄严稳重之感。它们都具有强度高、结构密实、不易污染和装修效果好等优点,但是加工复杂、价格昂贵,故用于高级墙面装修中。

大理石板和花岗岩板有方形和长方形两种,常用的尺寸有 600mm×600mm、600mm×800mm、800mm×800mm 和 800mm×1000mm,厚度为 20mm,也可按所需尺寸加工。

人造石板一般由水泥、彩色石子、颜料等配合而成,具有天然石材的花纹和质感、重量轻、表面光洁、造价较低等优点。常见的有水磨石板、人造大理石板。

天然石材和人造石材的安装方法基本相同,由于石材重量和面积较大,为保证石材饰面牢固耐久,先在墙内或柱内预埋 $\phi6$ 的钢箍,间距依石材的规格而定,而箍筋内立 $\phi6$ 或 $\phi8$ 的竖筋和横筋,形成钢筋网。在石板上下钻小孔,用双股 16 号钢丝绑扎固定在钢筋网上。上下两块石板用不锈钢卡销固定。板与墙之间留有 20～30mm 的缝隙,上部用定位活动木楔做临时固定,校正无误后,在板与墙之间浇筑 1∶3 水泥砂浆,待砂浆初凝后,取掉定位活动木楔,继续上层石板的安装(见图 3-42)。

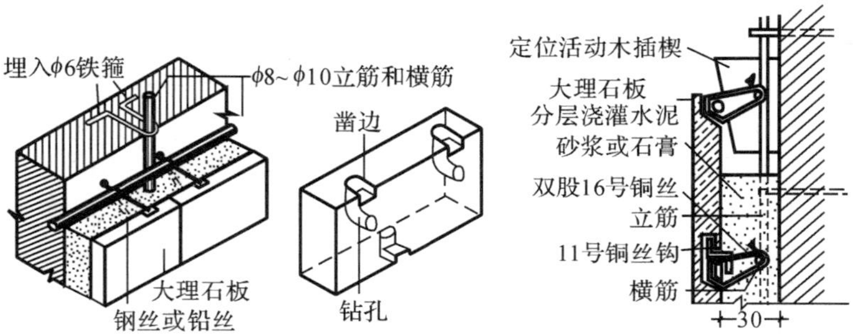

图 3-42 石材贴面构造

以上所采用的方法为湿挂石材法,目前,国内外石材高级装修中,普遍采用干挂石材法。

干挂石材法又叫连接件挂接法，是使用一组高强度耐腐蚀的金属连接件，将石材饰面与结构可靠地连接，其间的空期间层不做灌浆处理。主要优点：饰面效果好，石材在使用过程中不出现泛碱；无湿作业，施工不受季节限制，施工速度快，效果好，现场清洁；石材背面不灌浆，既形成了一空气间层，有利于隔热，又减轻了建筑物的自重，有利于抗震；饰面石材与结构连接（或与预埋件焊接）构成有机整体，可用于地震区和大风地区。但采用干挂石材法造价比湿挂石材法高 30%以上。

根据干挂构造方案的不同，可分为有龙骨体系和无龙骨体系。

1）有龙骨体系的石板固定在龙骨上，龙骨由竖向龙骨和横向龙骨组成，主龙骨可选用镀锌方钢、槽钢、角钢，其间距可视石材尺寸、墙面大小、结构验算等因素而定，该体系适用于各种结构形式。用于连接件的舌板、销钉、螺栓一般均采用不锈钢，其他构件视具体情况而定。密封胶应具有耐水、耐溶剂和耐大气老化及低温弹性、低气孔率等特点，且密封胶应为中性材料，不会对连接件构成腐蚀（见图 3-43）。

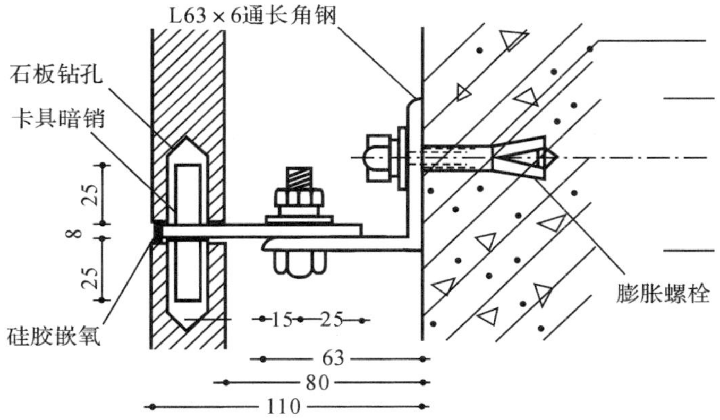

图 3-43　天然石材干挂有龙骨体系

2）无龙骨体系根据立面石材设计要求，全部采用不锈钢的连接件，与墙体直接连接（焊接或栓接），通常用于钢筋混凝土墙面。

4. 涂料类墙面装饰

涂料是指涂敷于物体表面后，能与基层有很好地粘接，从而形成完整而牢固的保护膜的面层物质。这种物质对被涂物体有保护、装饰作用。它具有造价低、装饰效果好、工期短、工效高、自重轻、以及操作简单、维修方便、更新快等特点，因而在建筑上得到广泛应用。

建筑涂料的品种很多，应根据建筑物的使用功能、所处部位、基层材料、地理环境、施工条件等，选择装饰效果好、粘结力强、耐久性好、对大气无污染和造价低的涂料。如外墙涂料要求具有足够的耐久性、耐候性、耐污染性和耐冻融性；而内墙涂料对颜色、平整度、丰满度等有一定的要求外，还应具有一定的硬度，既能耐干擦又能耐湿擦；基层对涂料有一定的要求。如用于水泥砂浆和混凝土基层的涂料，须具有较好的耐碱性，并能有效地防止基层的碱析出涂膜表面，引起“返碱”现象而影响装饰效果；对于钢铁等金属构件，则应防止生锈。此外，在选择涂料时，还应考虑地区、环境以及施工季节。由于建筑物所处的地理位置不同，其饰面所经受的气候条件也不同。炎热多雨的南方选用的涂料不仅要有良好的耐水性、耐温性，而且要有良好的耐霉性；严寒的北方对涂料的抗冻性有较高的要求；雨季施工应选能迅速干燥具有较好初期耐水性的涂料;冬季施工则应特别注意涂料的最低成膜温度,选用成膜温度低的涂料。总之,只有了解、熟悉涂料的性能,才能合理、正确地使用。

建筑涂料按其主要成膜物的不同可以分为有机涂料和无机涂料及有机和无机复合涂料三大类。分述如下:

(1)无机涂料

无机涂料有普通无机涂料和无机高分子涂料。普通无机涂料如石灰浆、大白浆、可赛银等,是以生石灰、碳酸钙、滑石粉等为主要原料,这类涂料涂膜质地疏松、易起粉,且耐水性差,多用于一般标准的装修。无机高分子涂料有JH80-1型、JH80-2型、JHN84-1型、HT-1、F832型等。其中JH80-1型涂料具有硬度高、附着力强、耐水性好以及耐酸、耐碱、耐污染、耐候性好等优点,适用于水泥砂浆抹面、预制板、水泥石棉板、清水墙面、面砖等多种基层,更适合作外墙装修涂料。JH80-2型涂料具有光滑、细腻、粘结好、耐酸、耐碱、耐高温、耐冻融等特点,多用于外墙饰面和要求耐擦洗的内墙面饰面。

(2)有机涂料

有机涂料依其要成膜物质和稀释剂的不同可分为溶剂型涂料、水溶性涂料、乳液涂料三类。

溶剂型涂料是以合成树脂为主要成膜物质,有机溶剂为稀释剂,经研磨而成的涂料,它形成的涂膜细腻、光洁而坚韧,有较好的硬度、光泽和耐水性,气密性好,但施工时会挥发出有害气体,污染环境。基层不干燥会引起脱皮。常见的溶剂型涂料有传统的油漆涂料、苯乙烯内墙涂料、聚乙烯醇缩丁醛涂料、过氯乙烯内墙涂料等。

水溶性涂料是以水溶性合成树脂为主要成膜物质,以水为稀释剂,经研磨而成的涂料。它的耐水性差、耐候性不强、不耐洗刷,故只适用作内墙涂料。

水溶性涂料价格便宜、无毒无怪味,具有一定的透气性,基层潮湿时亦可施工,施工时温度不宜太低。

常见的水溶性涂料有聚乙烯醇水玻璃内墙涂料(106涂料)、聚合物水泥砂浆饰面涂料、改性水玻璃内墙涂料、108内墙涂料等等。

乳胶涂料又称乳胶漆,它是由合成树脂借助乳化剂的作用,以极细微的粒子溶于水中构成乳液为主要成膜物而研磨成的涂料,它以水为稀释剂,价格便宜,具有无毒、无味、不易燃烧、不污染环境等特点,同时具有一定的透气性,基层潮湿亦可施工,多用于外墙饰面。

常见的有乙-丙乳胶涂料、苯-丙乳胶涂料、氯-偏乳胶涂料等。其中以氯-偏乳胶涂料质量较好,具有防潮、防霉效果,但是老化后易泛黄,对外墙饰面有一定的影响。近年来研制的PA-1乳胶涂料主要特点为耐紫外线性能优良,耐水性、耐碱性、耐候性均较好,是外墙饰面中较为理想的涂料。

无机和有机复合涂料是为了取有机涂料和无机涂料的优点而研制的,如聚乙烯醇水玻璃内墙涂料。

建筑涂料的施涂方法,一般分刷涂、滚涂和喷涂三种。施涂溶剂型涂料时,后一遍涂料必须在前一遍涂料干燥后进行,否则易发生皱皮、开裂等质量问题。施涂水溶性涂料时,要求与做法同上。每遍涂料应施涂均匀,各层应结合牢固。

在湿度较大,特别是遇明水部位的外墙和厨房、厕所、浴室等房间内施涂涂料时,为确保涂层质量,应选用耐水刷性较好的涂料和耐水性较好的腻子。涂料工程使用的腻子,应坚实牢固，不得粉化、起皮和裂纹。

用于外墙的涂料，应具有良好的耐水性、耐碱性、耐水刷性、耐冻融性、耐久性、耐沾污性等等。

5. 裱糊类墙面装饰

裱糊类墙面装修是将各种装饰性的墙纸、墙布、织棉等装饰性材料裱糊在墙面上的一种装修做法。

常用的装饰材料有 PVC 塑料墙纸、复合壁纸、金属面墙纸、天然木纹面墙纸、玻璃纤维装饰墙布、织棉墙布等。

其中塑料墙纸是当今流行的室内墙面装饰材料之一，它是由面层和衬底层在高温下复合而成。面层是由聚氯乙烯塑料或发泡塑料为原料，经配色、喷花或压花等工序与衬底进行复合；墙纸的衬底分为纸底和布底两类。纸底价格低，抗拉能力差。布底有较好的抗拉能力，不易开裂，多用于高级装修。

纺织物面墙纸是采用各种动、植物的纤维以及人造纤维等纺织物作面料复合于纸质衬底而制成的墙纸，多用于高档装修。

玻璃纤维装饰墙布是以玻璃纤维织物为基材，表面涂布合成树脂，经印花而成的一种装饰材料，具有效果好、耐水、防火、抗拉力强、可擦洗以及价格低等特点，应用较广。缺点是易泛色、日久呈黄色。

织棉墙布装修是采用锦缎裱糊于墙面的一种装饰材料，颜色艳丽、色调柔和、古朴典雅，有吸声作用，仅用作高级装修。

裱糊类墙面装饰性强、经济、施工方法简捷高效、材料更换方便，无论是在曲面还是在转折处均可获得连续饰面效果。

墙面应采用整幅裱糊，并统一预排对花拼缝。裱糊的顺序为先上后下、先高后低，应使饰面材料的长边对准基层上弹出的垂直准线，用刮板或胶辊赶平压实。

6. 铺钉类墙面装饰

铺钉类墙面装修是以天然的木板或各种人造薄板借助于镶、钉、胶等固定方式对墙面进行装修处理。铺钉类墙面装修是由骨架和面板组成的，骨架有木骨架和金属骨架，面板有硬木板、胶合板、纤维板、石膏板等各种装饰面板以及近年来应用日益广泛的金属面板。常见的构造方法如下：

硬木条或硬木板装修是指将装饰性木条或凹凸型木板竖直铺钉在骨架上。背面衬以胶合板，使墙面产生凹凸感，以丰富墙面。

石膏板是以建筑石膏为原料，加入各种辅助材料，经拌和后两面用纸板滚压成薄板，俗称纸面石膏板。它具有质量轻、变形小，施工时可钉、可锯、可粘贴等特点。石膏板与木质骨架的连接构造主要是靠镀锌铁钉和木螺丝与骨架固定。

胶合板系采用原木经旋切、朔纹分层胶合等工序制成的。硬质纤维板是用碎木加工而成。胶合板、纤维板等均借圆钉或木螺丝与骨架固定。板与板之间留有 5～8mm 的缝隙，以保证板的伸缩。缝隙可以是方形、也可以是三角形，缝隙之间可用木压条或金属压条嵌固。

3.7 墙体保温隔热

墙体的保温和隔热是对墙体尤其是外墙最基本的热工要求，尤其在北方，冬天室内采暖，室内外温差较大，这时就要求外墙具有良好的保温能力。

3.7.1 墙体保温

建筑在使用中对热工环境的舒适性的要求带来一定的能耗，为了节约能源，降低建筑长期的运营费用，外墙应当具有良好的热稳定性，使室内温度在外界温度变化很大的情况下保持相对的稳定性。节能保温墙体施工技术主要分为外墙内保温和外墙外保温两大类(见图3-44)。

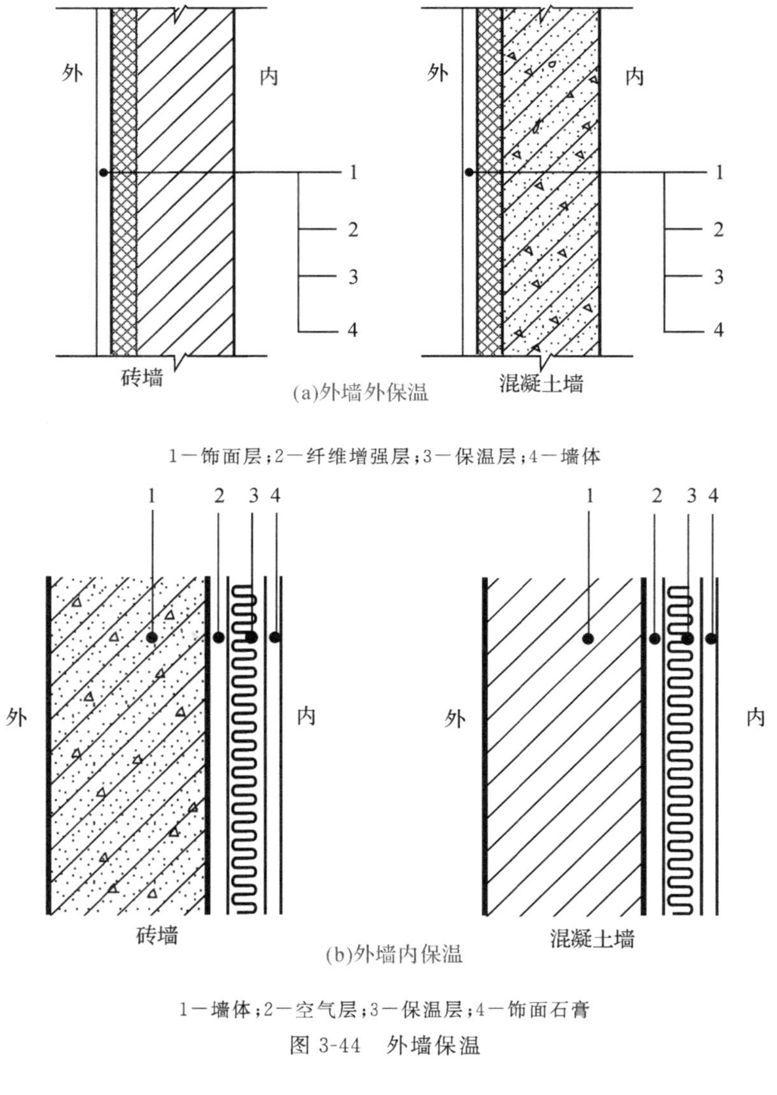

图 3-44 外墙保温

外墙内保温施工，是在外墙结构的内部加做保温层。内保温施工速度快，操作方便灵活，可以保证施工进度。同时内保温技术应用时间较长，技术成熟，施工技术及检验标准是比较完善的。但内保温会多占用很多的使用面积，“热桥”问题不易解决，容易引起开裂，还会影响施工速度，影响居民的二次装修，且内墙悬挂和固定物件也容易破坏内保温结构。

外保温与内保温相比，技术合理，有其明显的优越性，使用同样规格、同样尺寸和性能的保温材料，外保温比内保温的效果好。外保温技术适用范围广，技术含量高；外保温包在主体结构的外侧，能够保护主体结构，延长建筑物的寿命；有效减少了建筑结构的热桥，增加建筑的有效空间，同时消除了冷凝，提高了居住的舒适度。

3.7.2　墙体隔热

为了满足热工要求，寒冷地区的外墙，可以采用砖与其他保温材料结合而成的复合墙。一般有在砖墙内贴保温材料和中间填充保温材料以及在墙外侧贴保温材料等形式（见图3-45）。

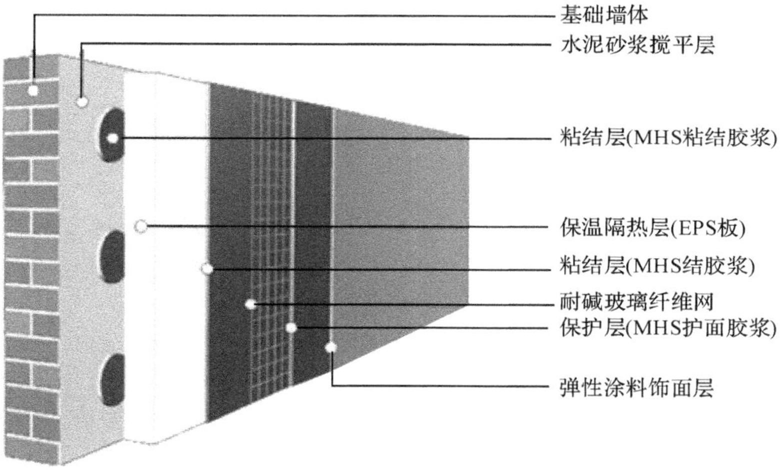

图 3-45　复合墙构造

从保温方面讲，把保温材料布置在靠低温一侧，而把容重大、蓄热系数也大的材料布置在靠高温一侧为好。这是因为保温材料的容重小、空隙多、导热系数小，所以单位时间所能吸收或放出的热量也小。而蓄热系数大的材料布置在内侧时，由于材料层的蓄热能力大，当外界温度有变化时，它能释放一部分贮藏的热量自动进行调节，从而降低了外界温度变化对内表面的影响，增强了保温效果。

目前常用的保温材料很多，如矿渣、泡沫混凝土、蛭石、玻璃棉、膨胀珍珠岩、泡沫塑料等。

本章小结

墙体既是房屋的围护构件，也是建筑的主要承重构件。墙体设计有结构强度、稳定的要求、热工要求和隔热隔声等方面的要求。应当把墙体分成几个部分从下到上以各个节点为重点系统地学习。

散水与明沟是为沿外墙的四周所做的防水处理；勒脚主要起到避免墙根部分受雨水的侵袭而受潮，防止机械碰撞而破坏墙面和美化立面的作用；墙角处受地表水和地下水的影响，会致使墙身受潮，所以要在墙体适当的位置设置防潮层；当在墙体上开设门窗等洞口时，常在门窗洞口两侧设置横梁，即门窗过梁；为了保证墙体的稳定性和强度要求，应该设置构造柱和圈梁；对于大面积墙体应该设置变形缝。

另外的一个重点是砌块墙和玻璃幕墙的构造。砌块是利用混凝土、工业废料或地方材料制成的人造块材。砌块尺寸较大，垂直缝砂浆不易灌实，相互粘结较差，因此砌块建筑需采取加固措施，以提高房屋的整体性。在框架结构中，建筑幕墙根据材料不同，可以分为混凝土幕墙、钢板幕墙、铝板幕墙、石材幕墙、塑料幕墙和玻璃幕墙，其中玻璃幕墙应用最多。

复习思考题

1. 墙体的分类情况如何？
2. 试述墙体的设计要求。
3. 何为门窗过梁？它们的适用范围和构造特点如何？
4. 勒脚的处理方法有哪几种？其各自的构造特点如何？
5. 墙身水平防潮层有哪几种做法？各有何特点？水平防潮层应设在何处为好？
6. 在什么情况下设垂直防潮层？其构造做法如何？
7. 何为圈梁？有何作用？
8. 何为构造柱？有何作用？
9. 砌块的组砌要求是什么？
10. 常见的隔墙有哪些？简述各种隔墙的特点及构造要求。
11. 墙面装修有哪些作用？墙面装修又分哪几类？试举例说明每一类墙面装修的一至两种构造做法及适用范围。
12. 墙身构造设计。已知：室内外高差600mm，窗台距室内地面900mm，室内地坪从上至下分别为20mm厚的1∶2水泥砂浆面层，C10素混凝土80mm厚，100厚的3∶7灰土，素土夯实。要求沿外墙窗纵剖，从楼板以下至基础以上，绘制墙身剖面图。重点表示清楚以下部位：

(1)窗过梁与窗；

(2)窗台；

(3)勒脚及墙身防潮层；

(4)明沟与散水。

各种节点的构造方法很多，可以任选一种做法绘制。图中必须标明材料、做法、尺寸。图中线条、材料符号等，按建筑制图标准表示。字体应工整，线条粗细分明。比例：1∶10。用一张竖向3号图纸完成。

第 4 章　楼层和地面构造

学习要点

本章主要学习钢筋混凝土楼板构造，地坪构造，楼地层的防潮防水，阳台和雨篷构造，地面与吊顶装饰构造，楼层的隔声等。重点掌握钢筋混凝土现浇楼板构造，地坪构造，并且与设计相结合，灵活掌握。学习中应当注意节点的构造做法和在实际工程中的应用情况。

4.1　概述

楼板的功能，可以分隔垂直空间，承受垂直荷载，作墙或框架结构的水平支撑，具有隔声、防火等防护功能。地坪层分隔地基与底层空间。

4.1.1　楼板要求

(1)要有足够的抗压强度、抗弯强度。

(2) 具有足够的刚度。

刚度是抵抗变形的性能，足够的刚度是指楼板的变形应在允许的范围内。如钢丝网有好的抗拉强度，但易弯曲变形，即抗弯刚度低，只能用作蹦弹运动工具用。

(3) 要有足够的隔声、防火等防护性能。

为了防止噪声通过楼板传到上层或下层的房间，影响使用者的私密性，楼盖层应具有一定的隔声能力。不同使用性质的房间对隔声的要求不同，我国对公用建筑和民用建筑都有相应的允许噪声标准。

(4) 施工可行性。

(5) 经济合理性。

在设计中，应结合建筑物的质量标准、使用要求以及施工技术条件，选择经济合理的结构形式，尽量减少材料的消耗和楼板的自重，经济合理。

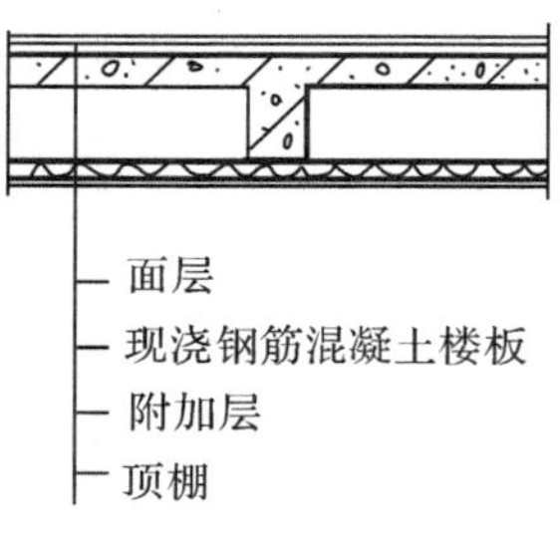

图 4-1　楼板的组成

4.1.2　组成

楼板层的组成：分为面层、承重层、附加层和顶棚，如图 4-1 所示。

(1) 面层：直接与人和设备接触，必须坚固耐磨，具有必要的热工、防水、隔声等性能及光滑平整等。

(2) 承重层：由梁及拱、板等构件组成。承受整个楼板层的荷载，要求具有足够的强度和刚度，以确保安全和正常使用，一般采用钢筋砼为承重层的材料。

(3) 附加层：由于建筑物功能不同，设置附加层。

(4) 顶棚：又称天花板，在承重层底部。

4.2 钢筋混凝土楼板构造

钢筋混凝土楼板材料是钢筋和混凝土。我们知道，钢筋的抗拉性能较好，混凝土的抗压性能较好，所以钢筋在楼板中的作用主要是抗拉和抗剪，其布置在板的抗拉区——下部，而楼板上部是抗压区，由混凝土抗压。

根据钢筋混凝土楼板的施工方法不同，楼板分为现浇式、预制式、组合式楼板。现浇钢筋混凝土楼板整体性好、刚度大、能适用于各种不规则形状和需留孔洞等有特殊要求的建筑。预制钢筋混凝土楼板能加快施工进度、减少现场湿作业，但楼板的整体性差，刚度较小。各种组合式楼板一般用于高层建筑中，为节省模板、增强楼板的整体性，一般组合式楼板的做法是在预制板上做整体现浇层。

4.2.1 现浇钢筋混凝土楼板构造

在施工现场支模板、绑扎钢筋和浇灌混凝土而施工成形的楼板称现浇钢筋混凝土楼板。根据楼板的受力情况分为现浇无梁楼板、梁板式楼板。

(1) 现浇无梁楼板

现浇无梁楼板为平板直接支撑在柱和墙上，适用于在居住建筑、公共建筑中跨度较小的房间，如住宅中的厨房、卫生间、走道等。对于其跨度有一定限制，普通砼楼板不大于6m，预应力砼楼板不大于9m，厚度不小于120mm。对穿越楼板的各种设备的立管，一般采取预留孔洞的方式，待管子安装就位后用C20细石混凝土灌缝。对卫生间等楼板层防水质量要求较高的地方，可在现浇板上面先做一层防水材料，如防水砂浆、防水涂料、卷材等，然后再做楼面面层。有柱帽式和无柱帽式两种形式。图4-2所示为有柱帽式无梁楼板。

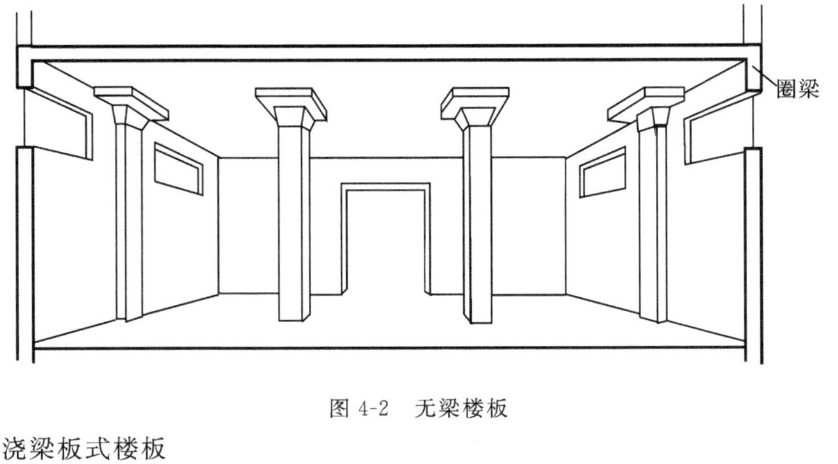

图4-2 无梁楼板

(2)现浇梁板式楼板

现浇梁板式楼板是由板、主梁、次梁组成(见图4-3)。梁板式楼板构件常用尺度如下：

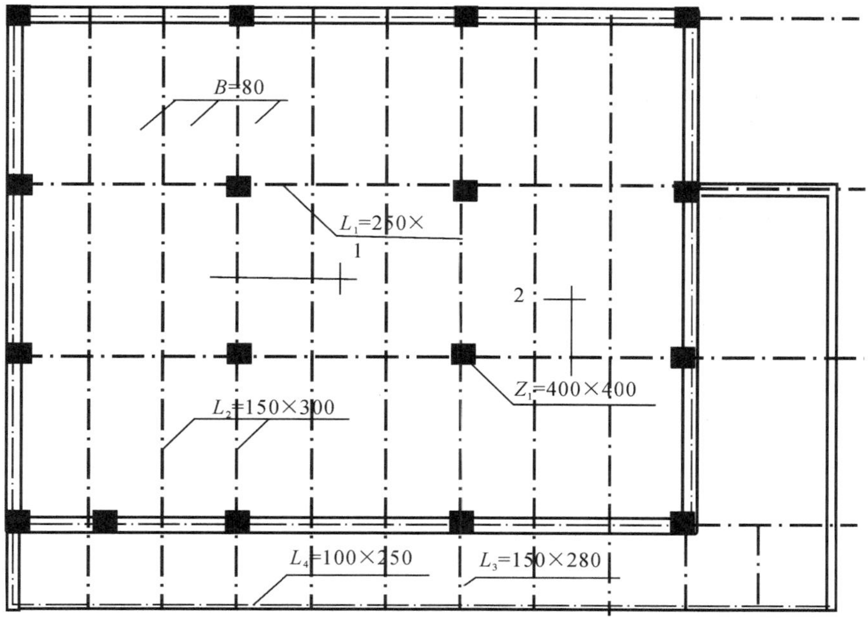

图 4-3　梁板式楼板

主梁跨度 5～8m，梁的构造高度为跨度的 1/8～1/12，梁宽为梁高的 1/2～1/3（常用 250 或 300mm）；次梁跨度即主梁间距，一般为 4～7m，梁高为跨度的 1/12～1/16，梁宽为梁高的 1/2～1/3（常用 250mm）；板的跨度即次梁（或主梁）的间距，一般为 1.5～2.5m，楼板厚度应根据计算即施工和使用要求确定：

长边 L_2 ∶ L_1 ＞2 为单向板，屋面板板厚 60～120mm，一般为板跨（短跨）的 1/35～1/30；民用建筑楼板板厚 70～120mm；工业建筑楼板的板厚 80～180mm；当混凝土强度等级不小于 C20 时，板厚可减少 10mm，但不得小于 60mm。

长边 L_2 ∶ L_1 不大于 2 为双向板，楼板厚为 80～160mm，一般为板跨（短跨）的 1/40～1/35；

密肋梁间距不大于 1.5m 的肋梁楼板为密肋楼板，跨度限制：普通砼密肋楼板不大于 9m，预应力砼楼板不大于 12m，如图 4-4 所示。

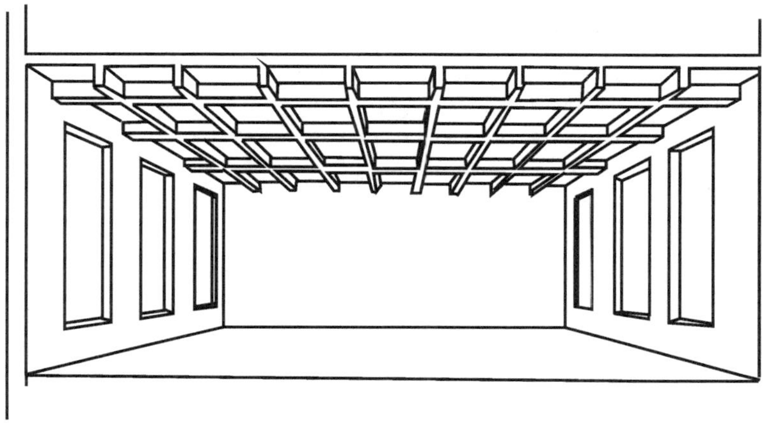

图 4-4　密肋楼板

4.2.2 预制钢筋混凝土楼板构造

预制钢筋混凝土楼板构造如图 4-5 所示。

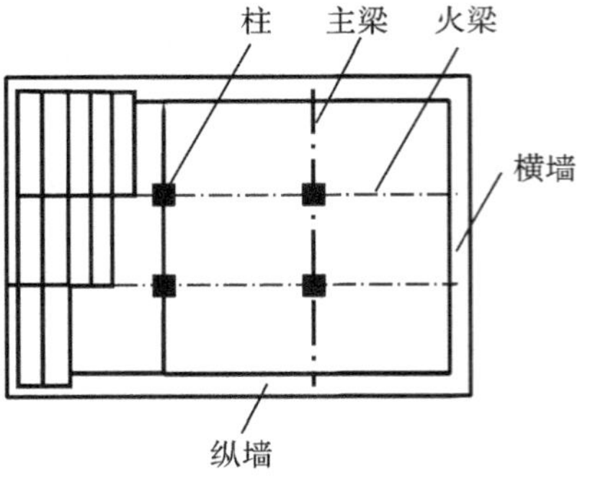

图 4-5 预制钢筋混凝土楼板

图 4-6 压型钢板施工现场

4.2.3 组合式楼板构造

(1)压型钢板组合楼板(见图 4-6、4-7)

组合楼板跨度一般为 2～3m。

(2)预制薄板叠合楼板(见图 4-8)

叠合楼板跨度一般为 4～6m,最大达 9m,以 5.4m 内最经济。预应力薄板厚 50～70mm,板宽 1.1～1.8m,为使两层板很好地结合,预制板面刻一系列凹槽。

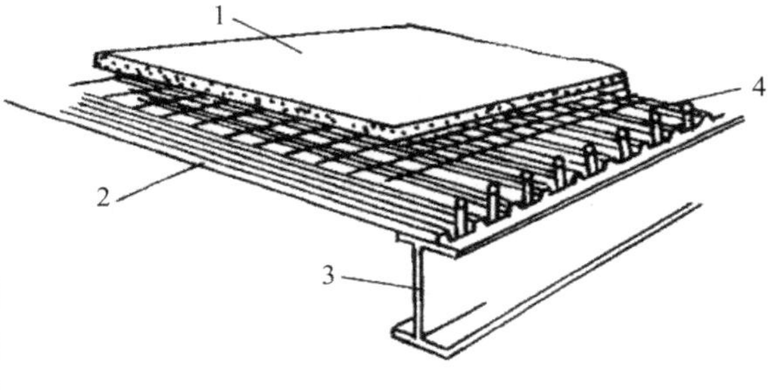

1—现浇钢筋混凝土层;2—压型钢板;
3—钢梁;4—剪力钢筋

图 4-7 压型钢板

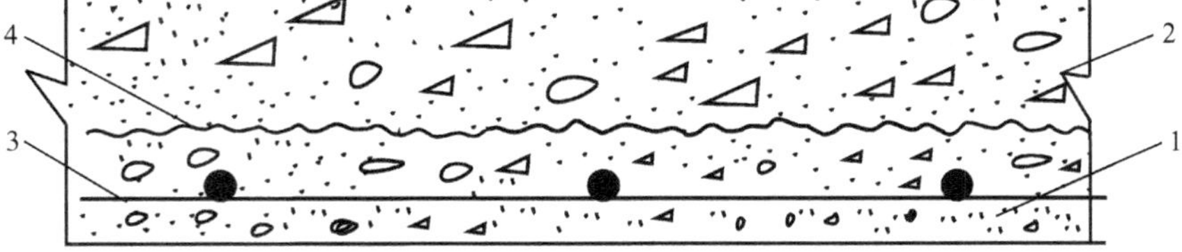

1—预制薄板;2—现浇叠合层;3—预应力钢丝;4—叠合面

图 4-8 叠合楼板组成

4.3　地坪构造

建筑物底层室内与土壤相接触的部分为地坪层，地坪层一般分实铺和架空两种。架空地层一般用钢筋混凝土板支承在承重墙或地梁上。实铺地层一般由面层和基层两部分组成。地坪面层对室内起装饰作用，采用不同的装修材料。基层主要起结构作用，一般做法是：素土夯实后，填不小于 100mm 厚的三合土，再做不小于 60mm 的 C10 素混凝土。在地面面层与结构层之间，可增加附加层，以解决室内地面的保温层、防水层、埋管线层等的设置，并遵守相应的规范要求。其组成如图 4-9 所示。

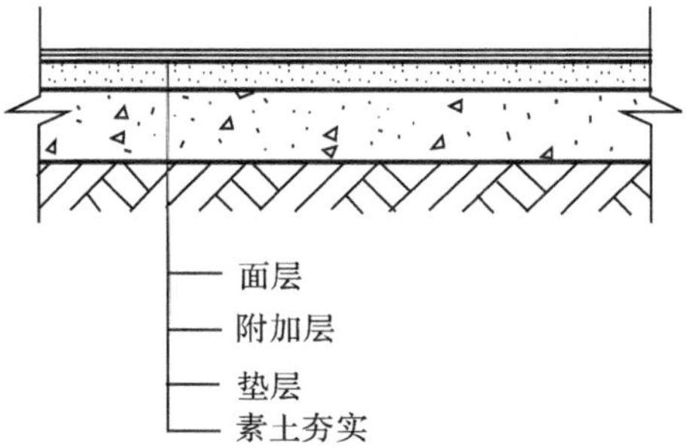

图 4-9　地坪构造

4.3.1　整体类地面

整体类地面面层是一个整体，包括水泥砂浆地面、细石混凝土地面、水磨石地面、涂布地面等，构造做法为基层和面层(见图 4-10)。

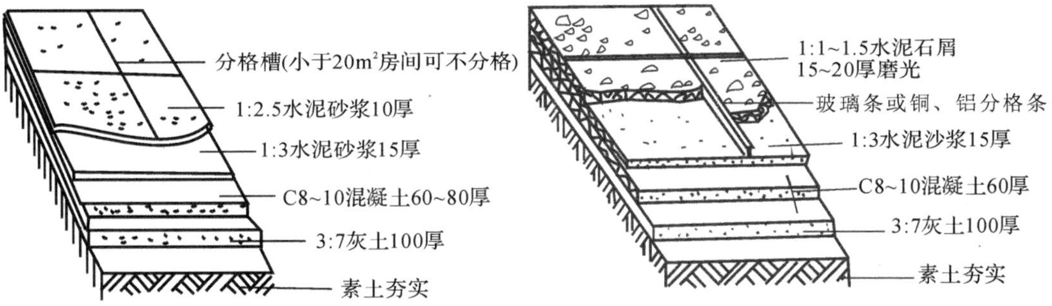

(a)水泥地面　　(b)水磨石地面

图 4-10　整体类地面

混凝土地面一般使用细石混凝土，等级大于 C20，厚度约 40mm，比水泥砂浆地面强度高，但厚度较大；涂布地面是指以合成树脂代替水泥，再加入颜料填料等混合而成的材料，在现场涂布施工硬化后形成的整体无接缝地面，其耐水性、耐磨性好，常用于卖场和工业厂房等。

4.3.2　块材类地面

块材类地面是指以块状材料(包括各种铺地砖、马赛克、天然石材、玻化石等)铺砌而成的地面。具有耐磨、强度高、刚性大等优点，适用于人流量较大的公共场所，但舒适度较木质地板、地毯等差一点。其构造如图 4-11 所示。

其中陶瓷地砖、锦砖是以陶土和其他材料高温烧制而成，耐磨、防水性能好，其基本构造是基层、找平层、粘结层和面层。基层指的是楼板层或 C10 混凝土层(地坪层时)，找平层一

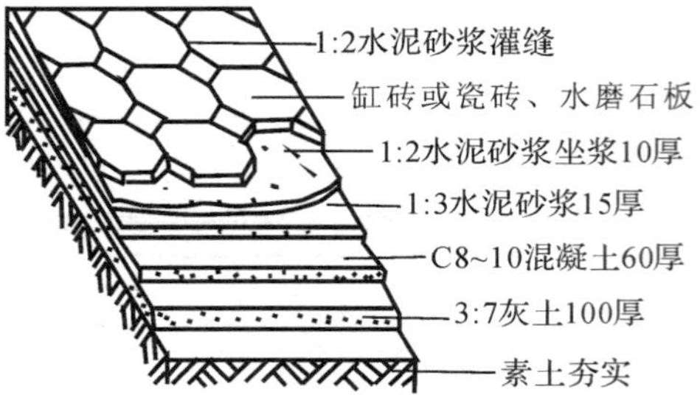

(a)缸砖地面

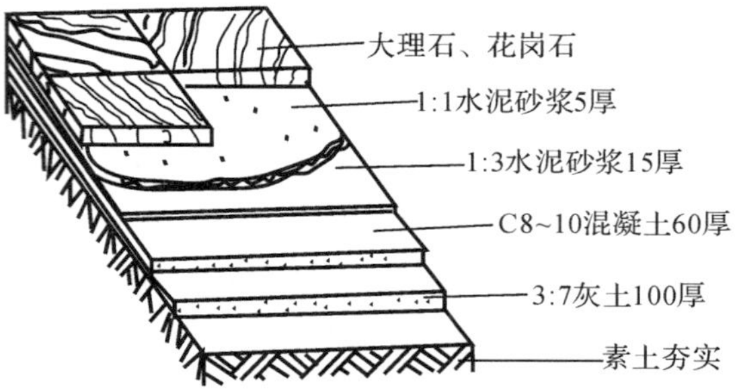

(b)石材地面

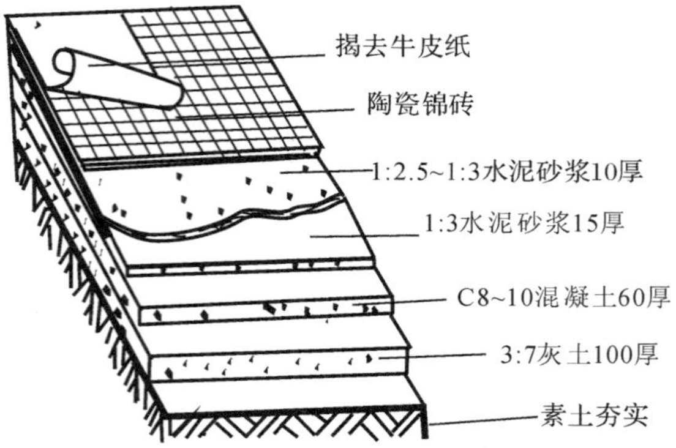

(c)马赛克地面

图 4-11 块材类地面

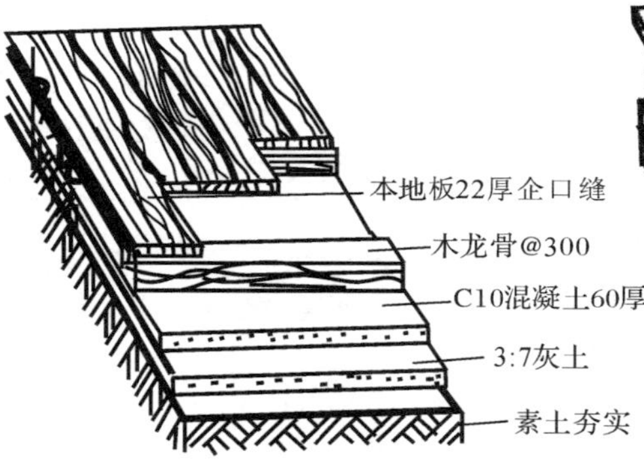

(a) 实铺木地板

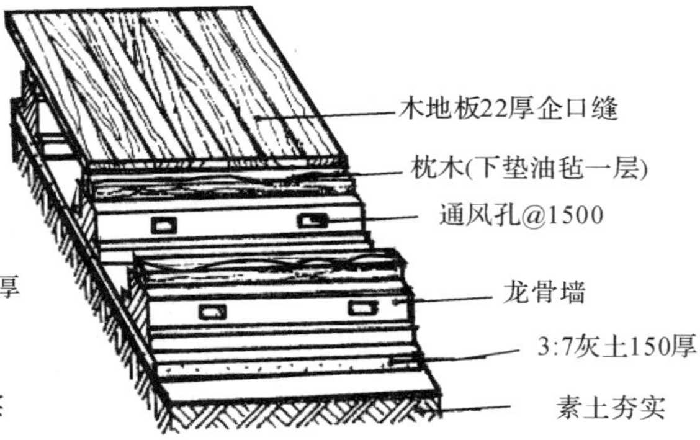

(b) 架空木地板

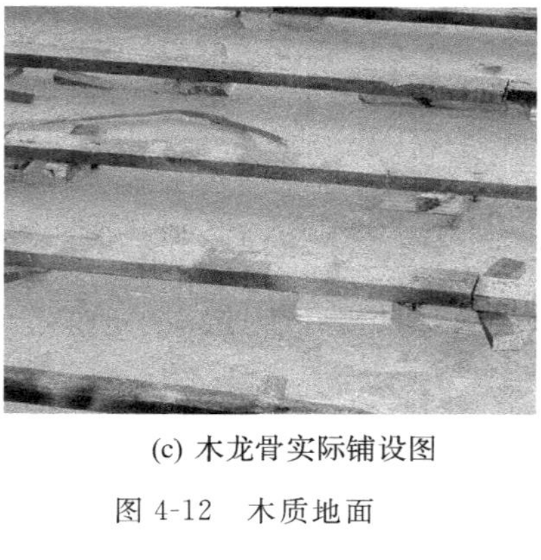
(c) 木龙骨实际铺设图

图 4-12 木质地面

般指 1∶3 水泥砂浆，不小于 10mm，铺设面层时再用 1∶2 的水泥砂浆粘贴，最后用砂浆扫缝等。

对于天然石材和玻化石的铺贴，要依据设计的地面详图铺设，其楼地面的装修构造依次为楼板、水泥浆(内掺建筑胶)一道、1∶1～1∶3 干硬性水泥砂浆结合层 20 厚、花岗岩板、水泥浆擦缝。石材铺设广泛，颜色丰富，效果好，广泛应用于宾馆、饭店、纪念堂、银行等公共建筑。

4.3.3　木质地面

木质地面包括实铺木地板地面、拼花木地板地面、架空木地板地面，如图 4-12(a)，(b)所示。

实铺木地板是指直接在实体基层上铺设木格栅的地面。其中木格栅直接放在结构层上，一般截面在 30mm×40mm 左右，间距@300mm。在木格栅上面板材料下增加的一层木板称为毛地板，在毛地板上加铺的油毡纸起防潮作用，而面层的固定通过企口的连接及专用的胶粘剂。

架空木地板相比实铺地板在木格栅下增加了地垄墙，通常用砖砌成，高度不超过 2m。图 4-12(c)所示为龙骨实际铺设照片。

4.3.4　粘贴类地面

粘贴类地面包括橡胶地毡、塑料地毡、地毯等，如图 4-13 所示。其中地毯分为天然纤维地毯和合成纤维地毯两类，地毯的安装也包括不固定式和固定式两种方法。而我国常采用的塑料地板为聚氯乙烯塑料地板(简称 PVC 地板)、钙塑地板、聚丙烯塑料地板等，铺贴方式有两种，一种是将塑料地面直接铺在基层上，一种是胶粘铺贴，用粘结剂与基层固定。

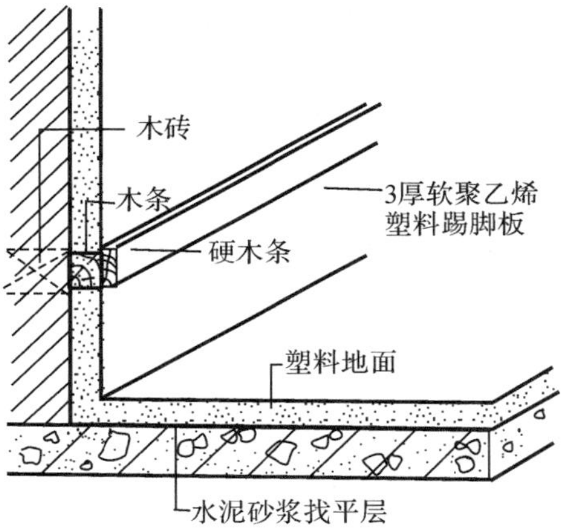

图 4-13　塑料毡地面

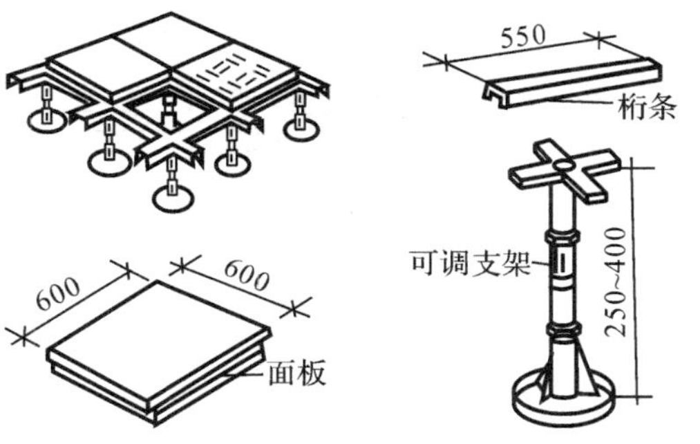

图 4-14　防静电地板

4.3.5 特种地面

特种地面包括弹性木地板、隔声地面、防静电地板(见图 4-14)。

弹性木地板是用弹性材料如橡皮、木弓、钢弓等来支撑整体式骨架的木地板,常用于体育用房、排练厅、舞台等具有弹性要求的地面。

隔声楼板主要用于声学上要求较高的建筑,如播音室、录音室等(见图 4-15),具体见本章 4.7 节楼层的隔声。

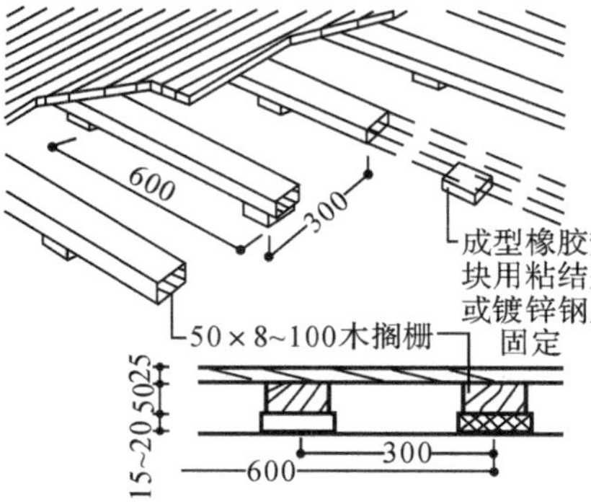

图 4-15 隔声楼板

防静电地板是活动地板的一种,是由各种规格型号和材质的面板块、龙骨、可调支架等组合拼装而成的一种架空装饰地面。其架空空间不仅可以满足敷设纵横交错的电缆和各种管线的需要,而且在适当位置可安装通风百叶或设置通风型地板,以满足净压送风等空调方面的要求。

4.4 楼地层的防潮防水

楼地面防水的重点部位是有水的房间及有管道穿越楼层的场所及地下室,楼地层的防水应和墙面防水结合设置。

4.4.1 有水房间楼板层的防水构造

有水房间最好能较相连房间地面落低 30～50mm。在做面层之前,先满做防水层(见图 4-16),防水层宜用高聚物改性沥青油毡(如 SBS 防水卷材)或高分子合成卷材(如三元乙)。

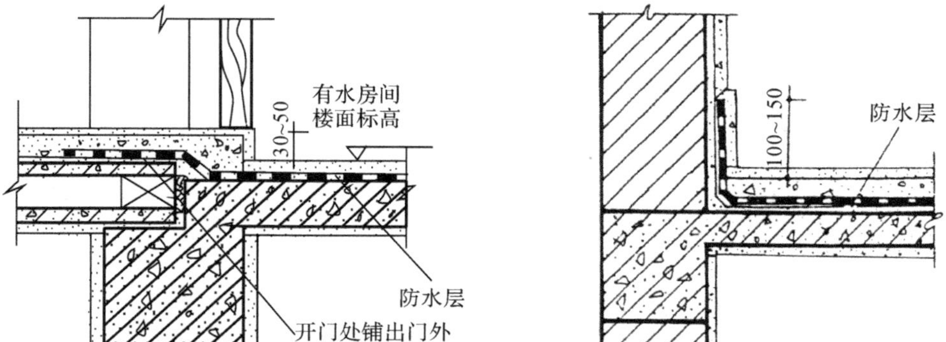

图 4-16 楼板层的防水

4.4.2 有管道穿越层处的防水构造

在管道穿越的部位,孔沿以 C20 干硬性细石混凝土捣实修补,要求平整处可以两布二油橡胶酸性沥青防水涂料作密封处理,或参照女儿墙泛水作防水处理。热力管通过时应先做套管，以防止混凝土热胀冷缩开裂(见图 4-17)。

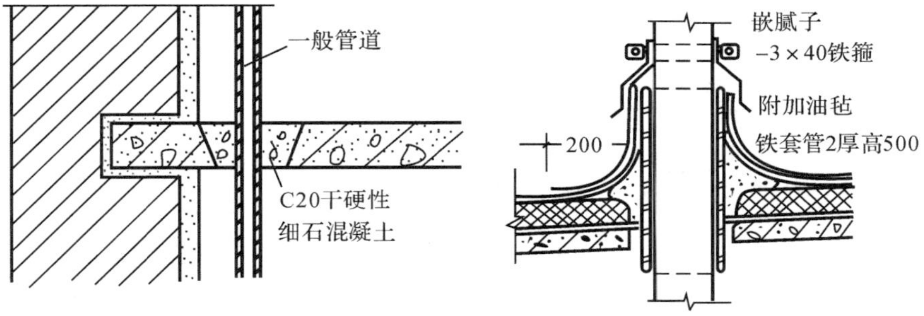

普通管道的处理　　热力管道的处理

图 4-17　楼板层有管道穿越

4.4.3　地下室防水构造

地下室宜采用防水混凝土建造。当常年地下水位有可能高过地下室底板时，要承受地面垂直荷载，还要受地下水的浮力荷载，应采用钢筋砼底板，双层配筋，底板下垫层上应设置防水层；底板处于最高地下水位之上时，一般地面工程做法为：垫层上现浇砼层 60～80mm 厚，再做面层。

外防水时底板的防水构造参见地基与基础一章。

图 4-18 所示为集水沟内排水法。

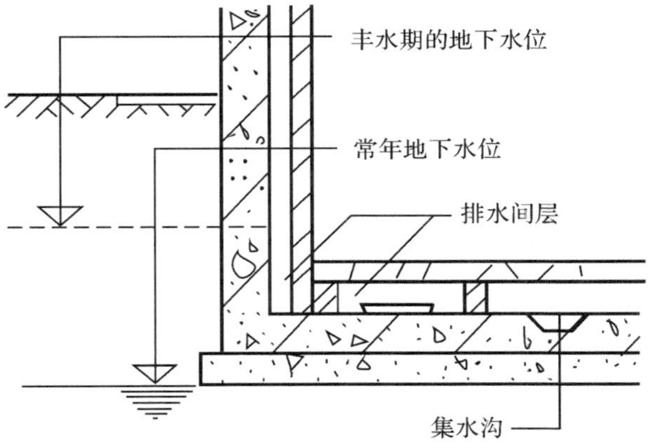

内排法(用集水沟将渗入地下室底板的水导至排水系统内排除)

图 4-18　集水沟内排水

4.5　阳台和雨篷构造

阳台在建筑中具有休息、眺望及丰富立面效果的功能，同时也具有作为通道的服务功能，可以提供晾晒空间，同时阳台上的绿化能吸收空间的二氧化碳、提供氧气，可增强生态正效应。

4.5.1 阳台构造

阳台在结构布置中分为挑阳台、凹阳台、半凸半凹阳台等几种(见图 4-19)。阳台由承重结构(梁、板)、栏板(栏杆)组成,要求安全、适用。

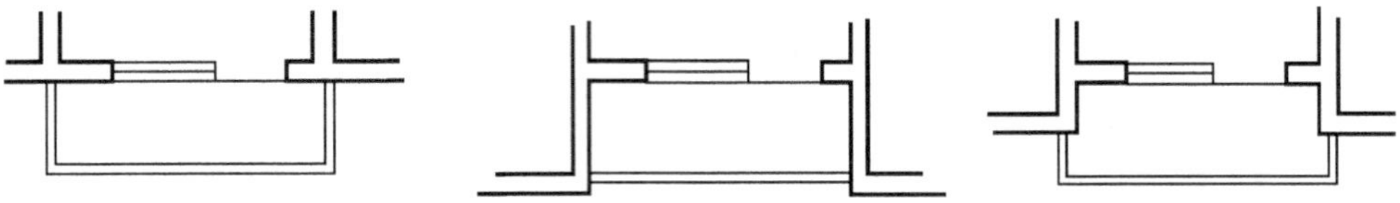

(a)挑阳台　(b)凹阳台　(c)半凸半凹阳台

图 4-19　阳台种类

阳台的承重结构是由楼板挑出的阳台板组成,阳台板可以是楼板悬挑出,也可以和梁整浇在一起(见图 4-20)。海边建筑阳台实景见图 4-21。

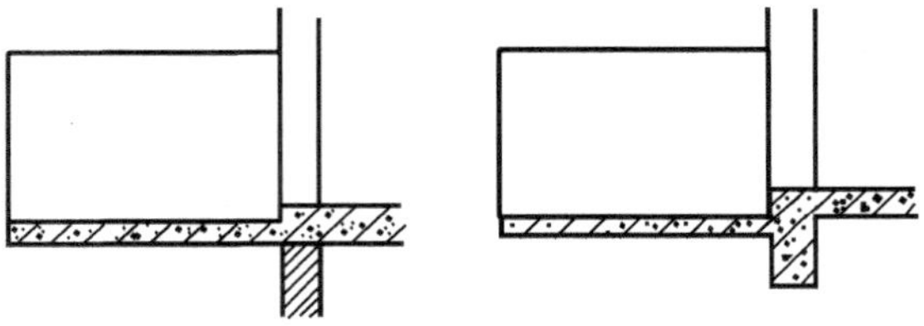

(a)楼板悬挑阳台板　(b)墙梁悬挑阳台板

图 4-20　阳台的承重结构

图 4-21　海边造型别致的眺望阳台

阳台的挑出长度一般为 1.5m 左右,当挑出长度超过 1.5m 时,应采取可靠的防倾覆措施。为保证阳台的安全使用,阳台的栏板或栏杆高度有一定要求,低层、多层建筑要求不低于 1050mm;高层建筑不低于 1100mm,但不宜高于 1200mm;栏杆离地面、屋面 100mm 以内不应留空,阳台的镂空栏杆设计应防儿童攀登,垂直栏杆间净距不应大于 110mm。

阳台的地面一般比室内地面要低 50mm,并应设雨水管和地漏,阳台地面要有 1%～2%

的排水坡度；多层、高层住宅有的还将屋面雨水管与连接阳台地漏的雨水管分开设置，使排水通畅；此外应考虑到居民安装空调，有的还专门设置排出空调冷凝水的管子，排水管可采用聚氯乙烯雨水管(见图 4-22)。

图 4-22　阳台排水图

4.5.2　雨篷构造

雨篷是在建筑物出入口上方设置的挡雨构件，有入口提示指引作用，同时可以起保护门和丰富建筑立面造型的作用(见图 4-23)。雨篷多采用钢筋砼悬臂板。悬挑长度一般为 1.0～1.5m，板面需做防水处理，在靠墙处做泛水。为防止雨篷倾覆，常将雨篷与出入口上部的过梁或圈梁现浇在一起，并设置必要的排水措施(见图 4-24)。

近年来，通常用金属和玻璃材料，对建筑入口的烘托和建筑立面的美化有很好的作用。

图 4-23　新颖的点式雨篷

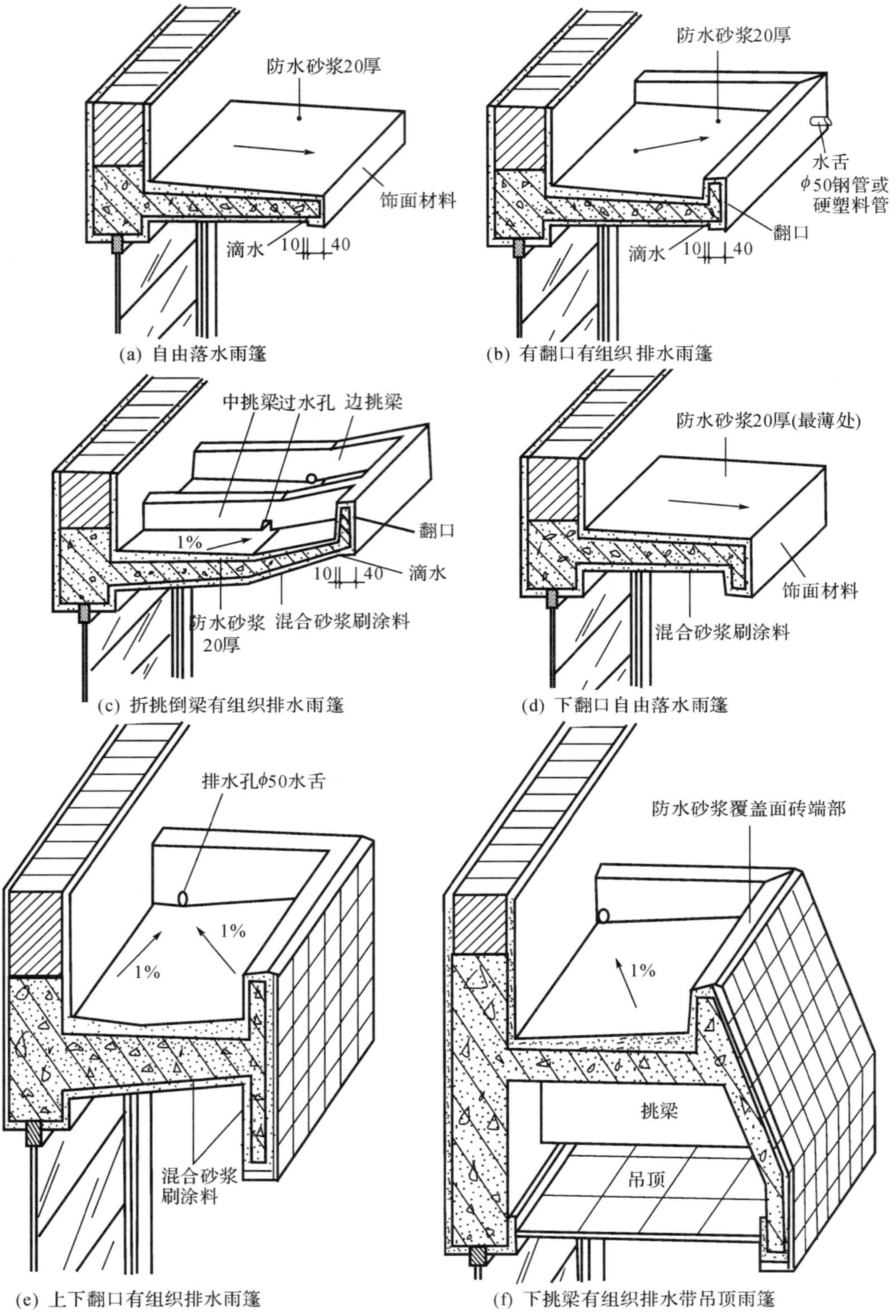

(a) 自由落水雨篷　(b) 有翻口有组织排水雨篷

(c) 折挑倒梁有组织排水雨篷　(d) 下翻口自由落水雨篷

(e) 上下翻口有组织排水雨篷　(f) 下挑梁有组织排水带吊顶雨篷

图 4-24　雨篷构造

4.6　地面与吊顶装饰构造

地面装饰详见地坪构造，需要先做素土夯实层、灰土层和细石混凝土层，再做装修层的基层和面层；若为楼板层，则在楼板层上直接做基层和装修面层。

吊顶装饰是现代建筑室内装饰中非常重要的组成部分，由于建筑对美观、舒适、隔声的要求越来越多，另外室内各种管网线路越来越复杂，为检修方便，一般将管网设于室内空间的上部，此时就需对顶棚管网有一定的遮挡。因此，顶棚的设计应该根据功能、安全、艺术、建筑物理性能要求、经济和构造等方面进行综合考虑。按照构造的方式不同，顶棚有直接式顶棚和悬吊式顶棚之分。

4.6.1　直接式顶棚

直接式顶棚是指直接把楼板底面进行粉刷、粘贴而成的顶棚形式，不占据室内空间高度，如图 4-25 所示。

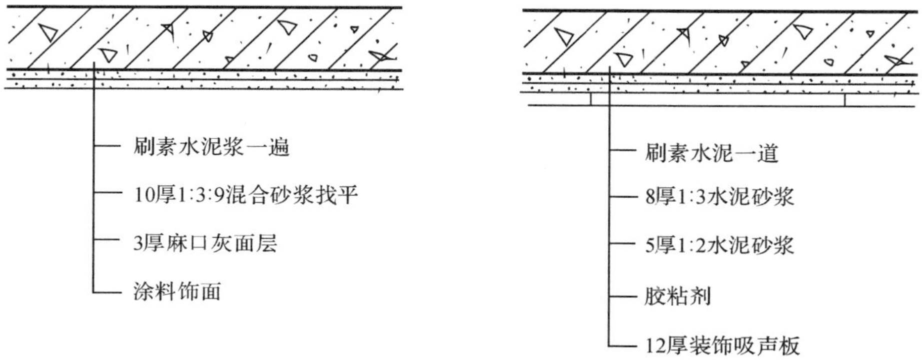

(a)抹灰顶棚　(b)贴面顶棚

图 4-25　直接式顶棚

直接式顶棚造价低、效果好，但容易剥落，只适用于教学楼、家庭住宅等的简单装修，不能用于有大量管线和设备的多功能厅、办公楼等的室内设计。

若屋盖结构直接暴露，不另做吊顶，称为结构顶棚。结构顶棚装饰的重点是通过巧妙地组合照明、通风、防火、吸声等设备，形成统一、优美的空间景观。结构顶棚广泛应用于体育馆、展览馆等大型公共空间。常见的有网架结构、膜结构等。

4.6.2　悬吊式顶棚

悬吊式顶棚是通过吊筋、主副龙骨、面板所构成的顶棚，广泛应用于各类建筑中。

（1）吊筋的固定

在现浇钢筋混凝土楼板上的吊筋，一般采用 $\phi6$ 的钢筋吊杆（需要检修时用 $\phi8$），在现浇钢筋混凝土楼板时，按吊筋间距（900～1200mm），将吊筋的一端折成钩状与楼板内钢筋相连，另一端伸出板底，这是最广泛采用的一种方法；也可以在吊筋位置做预埋件，待混凝土拆模后，通过吊杆上安设的插入销头将预埋件和吊筋连接起来；也可以将射钉打入板底，然后在射钉上穿钢丝来绑扎吊筋，或者用膨胀螺栓来固定。如图 4-26 所示。

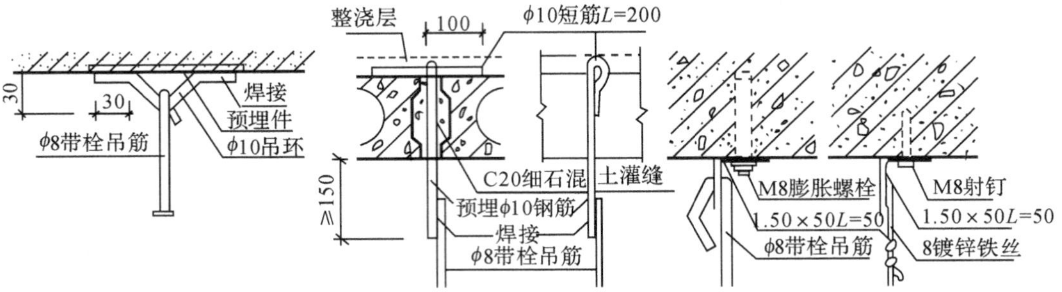

图 4-26　吊筋的固定

（2）龙骨

龙骨分主龙骨、次龙骨和横撑龙骨。龙骨的材料可以是木质龙骨、型钢龙骨、铝合金龙骨、轻钢龙骨等。主龙骨是与吊筋直接连接的龙骨，连接方式可以是焊接、螺栓连接、铁钉连接、挂钩连接等，主龙骨的间距一般不超过 1200mm；与主龙骨直接相连的即为次龙骨，一般与主龙骨垂直方向设置，间距一般为 400～600mm，主次龙骨的连接可以是钉接或采用专用连接件。不同的面板选用不同的龙骨材料，同时，吊顶金属龙骨也分为上人和不上人两种规格，在设计时是要特别注意的。如图 4-27 所示。

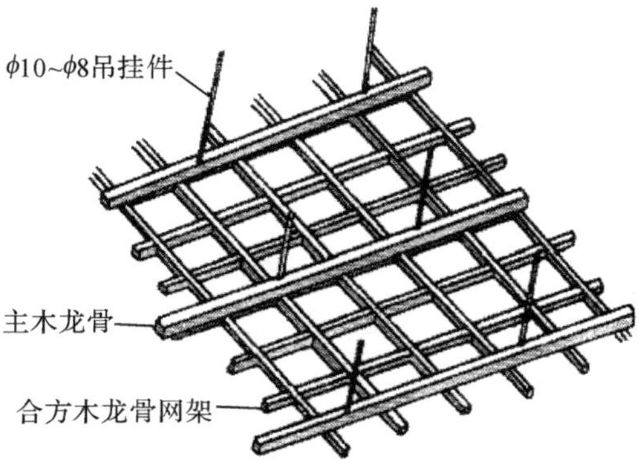

木龙骨安装图

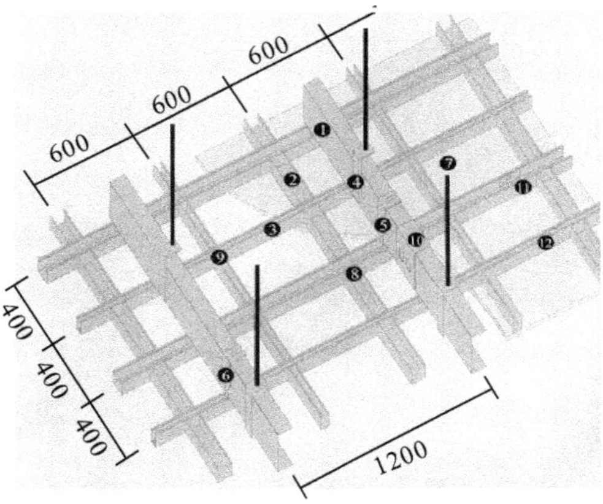

龙牌石膏板安装示意

铝合金龙骨施工实景

图 4-27　龙骨

(3)面板

面板有纸面石膏板、矿棉板、铝合金板、胶合板、纤维板、塑料板等。一般的固定办法是用自攻螺钉固定于次龙骨下;也可以根据面板的特点,将次龙骨及横撑做成露明的,然后可直接将各类轻质面板如铝合金板搁在次龙骨和横撑之上,并设置一定的压卡面板的装置(见图 4-28)。

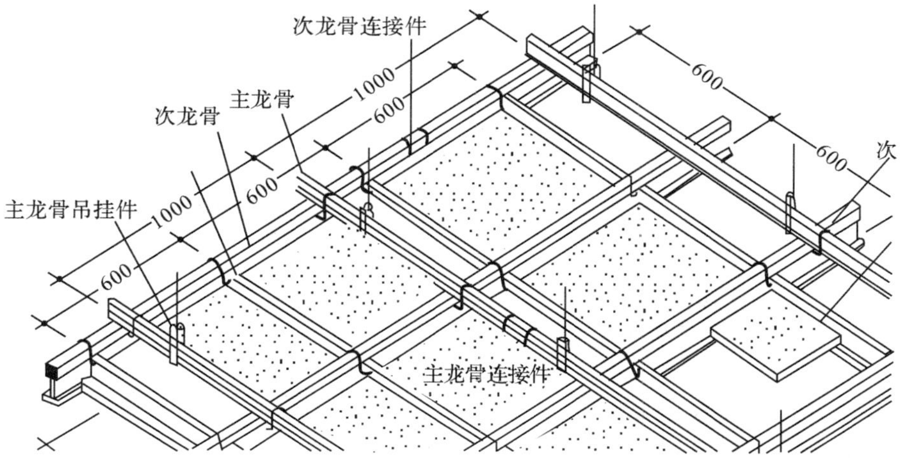

图 4-28 主次龙骨、板之间的关系

(4)顶棚与照明灯具、空调风口等设备的关系

小型吊灯可固定在主龙骨上或横撑龙骨上,大型的灯具和吊扇等均不能和吊顶龙骨相连,应单独设吊钩;吸顶灯不得空挂于面板上,在布置龙骨时应事先考虑好吸顶灯的连接点位置和连接的方法;嵌入式的灯具在顶棚构造设计时不但要解决排列问题和尺度协调问题,而且其构造必须使灯具节点与龙骨节点直接接触,并处理好灯具与顶棚面交接处的检修和接缝的矛盾。

吊顶内各种设备管线较多,其平面走向应结合室内装饰设计作统一考虑,所有电源线均应穿管保护。吊顶上各种设备口如空调口、烟感器、喷淋、广播等必须处理好接缝、设备与龙骨之间的关系问题(见图 4-30)。

4.7 楼层的隔声

钢筋混凝土楼板较厚重,有足够的隔空气声能力,但隔撞击声能力弱。要有效降低撞击声的声级,应首先对振源进行控制,在此基础上再来改善楼板层隔绝撞击声的性能。如铺设地毯、做弹性垫层以及做隔声吊顶等。

最简单有效的隔声方法是在楼板面上直接铺设地毯、橡胶地毡、塑料地毡、软木板等有弹性的材料,以降低楼板本身的振动,使撞击声声能减弱。

做弹性垫层即在楼板结构层和面层之间增设一道弹性材料作垫层,以减少声源导致结构层的振动。弹性材料有泡沫塑料、木丝板、甘蔗板、软木、矿棉毡等。使用这些材料使楼板

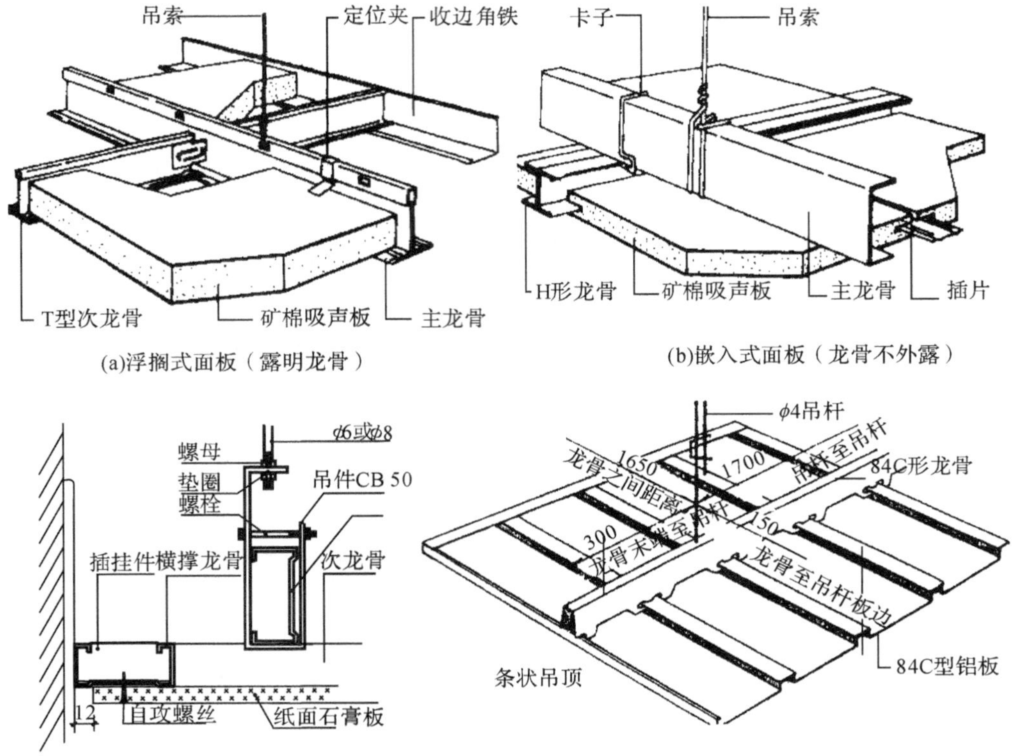

(a)浮搁式面板（露明龙骨）　(b)嵌入式面板（龙骨不外露）

(c)石膏板细部图　(d)条形铝合金吊顶

图 4-29　吊顶细部构造

图 4-30　空调风口龙骨设置图

与楼面完全隔开，形成浮筑楼板，如图 4-31 所示。

另一种办法是做隔声吊顶，即通过在楼板下增加吊顶的形式及在吊顶内铺设吸声材料，以降低楼板层的空气传声以及楼板层由于撞击所产生的空气传声问题（见图 4-32）。

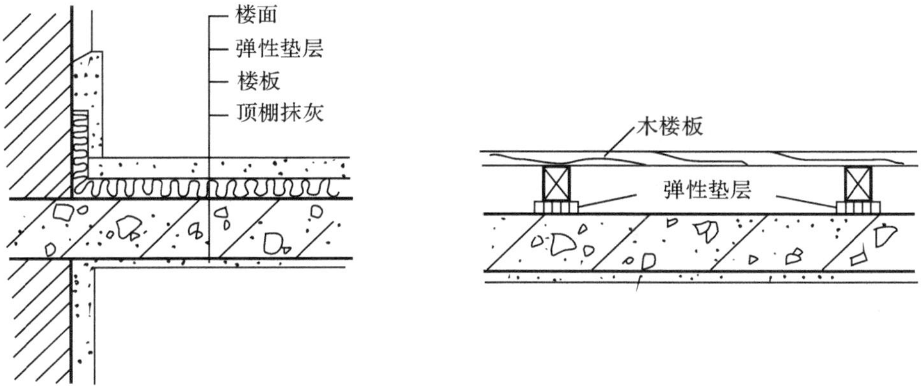

图 4-31　浮筑楼板

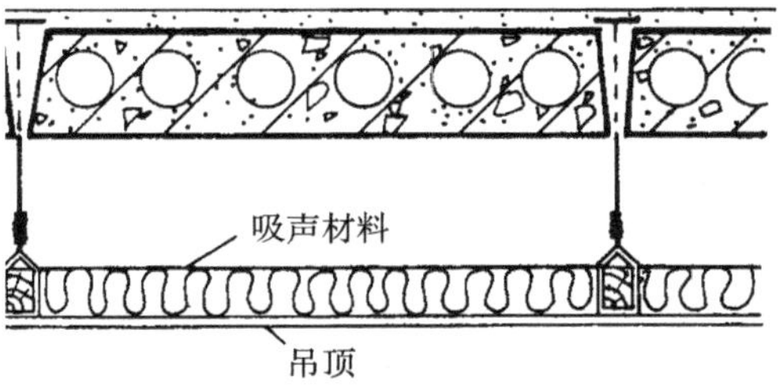

图 4-32 利用吊顶隔声

本章小结

本章包括的内容比较多，主要有钢筋混凝土楼板构造、地坪构造、楼地层的防潮防水构造、阳台和雨篷构造、地面与吊顶装饰构造、楼层的隔声等内容。其中，楼板的形式、地坪的几种构造、阳台和雨篷构造、吊顶装饰构造都是非常重要的。同时本章中有一些在造或已造的实景照片，在学习中要适当注意，在平时要注意积累。

复习思考题

1. 楼板层和地坪层的基本组成有哪些?
2. 钢筋混凝土楼板按照施工方法不同分哪几种? 各有何特点?
3. 楼板的隔声方法有哪些? 试绘图说明。
4. 简述阳台的种类以及结构布置。
5. 阳台栏杆和栏板的布置相应有哪些具体要求?
6. 雨篷的形式有哪些? 新型的雨篷形式有哪些? 试绘出相应的施工图。

第 5 章　楼梯及其他垂直交通设施

学习要点

本章节着重讲述楼梯的设计、楼梯的构造、台阶和坡道、电梯及自动扶梯构造。钢筋混凝土楼梯构造是本章的重点。此外，还应重点掌握以下四个方面的内容：

(1)有关楼梯设计方面的知识，包括楼梯的组成及其功能；常见楼梯的形式；楼梯段的宽度；梯段的坡度以及与楼梯有关的净空高度；

(2)有关钢筋混凝土楼梯的构造要求，包括现浇钢筋混凝土楼梯的特点、楼梯的结构形式，中小型预制装配式钢筋混凝土楼梯的构造特点与要求，以及楼梯的细部处理等；

(3)有关室外台阶与坡道，要求了解台阶与坡道的设计要求以及构造要求；

(4)电梯及自动扶梯部分要求了解有关基本知识，井道设计要求以及构造。

5.1　概述

建筑空间的竖向组合交通联系，依托于楼梯、电梯、自动扶梯、坡道、台阶及爬梯等垂直交通设施。其中，楼梯是最主要的垂直交通设施，它满足人们正常的垂直交通、搬运家具设备和紧急情况下安全疏散的要求，其数量、位置、形式应符合有关规范和标准的规定。楼梯的作用不仅在于垂直交通作用，还有组织建筑空间流线的重要作用。建筑师无不在楼梯的处理上下功夫，以表现建筑特征和设计技巧。楼梯的形式与设计技巧丰富多彩，它是人们观赏的空间艺术品。楼梯是建筑中的建筑！

电梯也是现代多层、高层建筑中常用的垂直交通设施。在高层建筑中，电梯更是解决垂直交通的主要设备，但楼梯作为安全疏散通道仍然不能取消。

根据建筑的规模、功能及使用的要求，有时设置自动扶梯、坡道、台阶和爬梯。自动扶梯常用于人流量大而且使用要求高的公共建筑；台阶用于室内外高差间及室内局部高差间的联系；坡道则用于有无障碍设计要求的高差间的联系，也应用于多层车库中通行汽车和医疗建筑中通行担架车；爬梯专用于使用频率低的检修梯等(见图 5-1)。

本章重点讲述楼梯的组成及类型、楼梯的设计、楼梯的构造、台阶与坡道构造、无障碍设计及电梯与自动扶梯。在学习中要重点掌握楼梯的组成及其功能，常见楼梯形式，楼梯有关的尺度，现浇钢筋混凝土楼梯的特点和结构形式，楼梯细部构造。熟悉台阶、坡道与电梯井道的设计要求及构造要求，了解电梯与自动扶梯的组成及构造。

（a）室外台阶

（b）坡道与台阶

（c）室外楼梯

（d）铁艺楼梯

（e）旋转楼梯

（f）观光电梯

（g）电梯厅

（h）自动扶梯

（i）自动步道

图 5-1 各种楼梯、坡道、电梯及自动扶梯

5.1.1 楼梯要求

楼梯作为建筑空间竖向联系的主要部件，其位置应明显，起到提示引导人流的作用，并要充分考虑其造型优美、通行顺畅、行走舒适、结构坚固、防火安全，同时还应满足施工经济条件要求。楼梯应满足的几点要求：

(1)功能方面的要求。主要指楼梯的数量、宽度尺寸、平面样式、细部做法等均应满足功能要求。

(2)防火、安全方面的要求。根据《建筑设计防火规范》GB 50016—2006 和《高层民用建筑设计防火规范》GB 50045—95(2005 年版)的规定,楼梯间距、楼梯数量均应符合有关规定。

公共建筑和走廊式住宅一般应设置两部楼梯(单元式住宅可以例外),且相邻两部楼梯最近边缘之间的水平距离不小于 5m。2～3 层的建筑(医院、疗养院、老年人建筑及幼儿园、托儿所的儿童用房和儿童游乐厅等儿童活动场所除外)符合表 5-1 要求时,可设置一部疏散楼梯。

18 层及 18 层以下,每层不超过 8 户、建筑面积不超过 $650m^2$ 的塔式住宅,可只设一部防烟楼梯间和消防电梯。18 层及 18 层以下满足防火要求的单元式住宅,可只设一部屋顶相通的疏散楼梯。

设有不少于两部疏散楼梯的一、二级耐火等级的公共建筑,如顶层局部升高时,其高出部分不超过两层,每层面积不超过 $200m^2$,人数之和不超过 50 人时,可设置一部楼梯,但应另设置一个直通平屋面的安全出口。

(3)结构、构造方面的要求。楼梯应有足够的承载能力:住宅按 $1.5kN/m^2$,公共建筑按 $3.5kN/m^2$ 考虑;足够的采光能力:采光系数不能小于 1/12;较小的变形:允许挠度值为 1/400L等。

(4)施工、经济要求。在选择装配式做法时,应使构件重量适当,不宜过大。

表 5-1 设置一部散楼梯的条件

耐火等级	最多层数	每层最大建筑面积(m^2)	人　数
一、二级	3 级	500	第二层和第三层的人数之和不超过 100 人
三级	3 层	200	第二层和第三层的人数之和不超过 50 人
四级	2 级	200	第二层人数不超过 30 人

5.1.2 楼梯形式

1. 楼梯的类型

按所在位置分:室外楼梯、室内楼梯。

按使用性质分:主要楼梯、辅助楼梯、疏散楼梯、消防楼梯等。

按楼梯间形式分:开敞楼梯间、封闭楼梯间、防烟楼梯间。

按空间形式分:直跑式、双跑式、双分式、双合式、转角式、三跑式、四跑式、八角式、螺旋式、剪刀式、交叉式等。

按结构材料分:木楼梯、钢筋混凝土楼梯、金属楼梯及混合式楼梯等(见图 5-2)。

① 木楼梯——全部或者主体结构为木制的楼梯,常用于住宅建筑的室内。木楼梯典雅古朴,但其防火性较差,施工中需做防火处理。

② 钢筋混凝土楼梯——有现浇和装配式两种。钢筋混凝土楼梯强度高,耐久和防火性能好,可塑性强,可满足各种建筑使用要求,被普遍采用。

③ 金属楼梯——最为常见的是钢制楼梯。金属楼梯强度大,有独特的美感。

④ 混合式楼梯——主体结构由两种或多种材料组成，如钢木楼梯等，它可兼有各种楼梯的优点。

（a）木楼梯　（b）钢筋混凝土楼梯　（c）金属楼梯

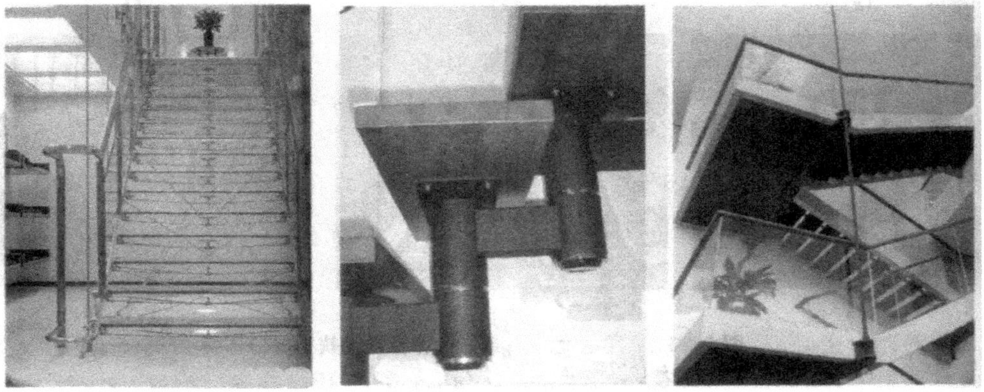

（d）混合式钢玻璃楼梯　（e）混合式钢木楼梯　（f）混合式钢木悬挂楼梯

图 5-2　各种结构材料的楼梯

2. 楼梯平面形式的选择

楼梯平面形式的选择取决于其使用要求、建筑功能、平面和空间的特点及所处的位置、楼梯间的平面形状及大小、楼层高低与层数、人流多少与缓急等因素，设计时需综合权衡这些因素（见图 5-3）。

（1）单跑直楼梯

如图 5-3（a）所示，此种楼梯无中间平台，踏步数不超过 18 级，因此仅用于层高不高的建筑。

（2）多跑直楼梯

如图 5-3（b）所示，此种楼梯是单跑直楼梯的延伸，只是增加了中间平台，将单梯段变成了多梯段。一般为双跑，适用于层高较大的建筑。

多跑直楼梯导向性强，给人顺畅、直接的感觉，在公共建筑中多用于人流较多的大厅。

但是，由于缺乏方位上回转上升的连续性，当用于需上下多层楼面的建筑时会增加交通面积和人流行走距离。

(3)双跑平行楼梯

如图 5-3(c)所示，此种楼梯由于上完一层楼刚好回到原起步方位，相较于直跑楼梯节约面积并缩短人流的行走距离，因此是最常用的楼梯形式之一。

(4)双分平行楼梯

如图 5-3(d)所示，此种楼梯形式是在双跑平行楼梯的基础上演变产生的。其梯段平行而行走方向相反，第一跑在中部上行，然后在其中间平台处往两边以第一跑梯段宽的二分之一，各自上一跑到楼层面。通常在人流多，梯段宽度较大时采用。由于其造型的对称性，常用作办公类建筑的主要楼梯。

(5)双合平行楼梯

如图 5-3(e)所示，此种楼梯与双分平行楼梯类似，区别仅在于前者的起步第一跑梯段在中间而后者在两边。

(6)折行多跑楼梯

如图 5-3(f)所示，此种楼梯人流导向较自由，折角可变，可为 90°也可以是大于或小于 90°。当折角大于 90°时，由于其行进方向性类似于双跑直楼梯，故常用于仅上一层楼面的体育馆、影剧院等建筑的门厅中。当折角小于 90°时，其行进方向回转延续性有所改观，形成三角形楼梯间，可用于上多层楼面的建筑中。

如图 5-3(g)所示，此种楼梯中部形成较大梯井，经常在门厅中结合中庭或景观进行设计，此时应注意加高栏杆高度或采取其他防护措施以确保安全，并且不能用于少年儿童使用的建筑中。

(7)交叉 (剪刀)楼梯

如图 5-3(h)所示交叉楼梯，可认为是由两个直行单跑楼梯交叉并列布置而成，通行的人流量较大，且为上下楼层的人流提供了两个方向，对于空间开敞、楼层人流多方向进入有利。但仅适合层高小的建筑。

如图 5-3(i)所示交叉(剪刀)楼梯，当层高较大时，设置中间平台，为人流变换方向提供了条件，适用于层高较大且有楼层人流多向性选择要求的建筑，如商场等。

交叉(剪刀)楼梯中间要加上防火分隔墙，并且在楼梯周边设防火墙、防火门形成楼梯间。其特点是两边的梯段空间相互独立不连通，因此这种楼梯可以视作为两部独立的疏散楼梯，满足双向疏散要求。广泛应用在有双向疏散要求的高层居住建筑中。

(8)螺旋楼梯

如图 5-3(j)所示，螺旋楼梯一般是围绕一根单柱布置，平面呈圆形。其休息平台和踏步均为扇形平面，踏步内侧宽度很小，形成较陡的坡度，行走不安全，且构造较复杂。由于其造型优美，常作为建筑小品布置在中庭内，但是这种楼梯不能作为疏散楼梯和主要人流交通楼梯。

(9)弧形楼梯

如图 5-3(k)所示，弧形楼梯与螺旋楼梯的不同之处在于它围绕一个较大的轴心空间旋转，其平面不是圆，而是一段弧环，且曲率半径较大。其扇形踏步的内侧宽度也较大，使坡度不至于太陡。现通常采用现浇钢筋混凝土结构。其造型优美轻盈，常布置在公共建筑门厅中，但其结构难度较大。

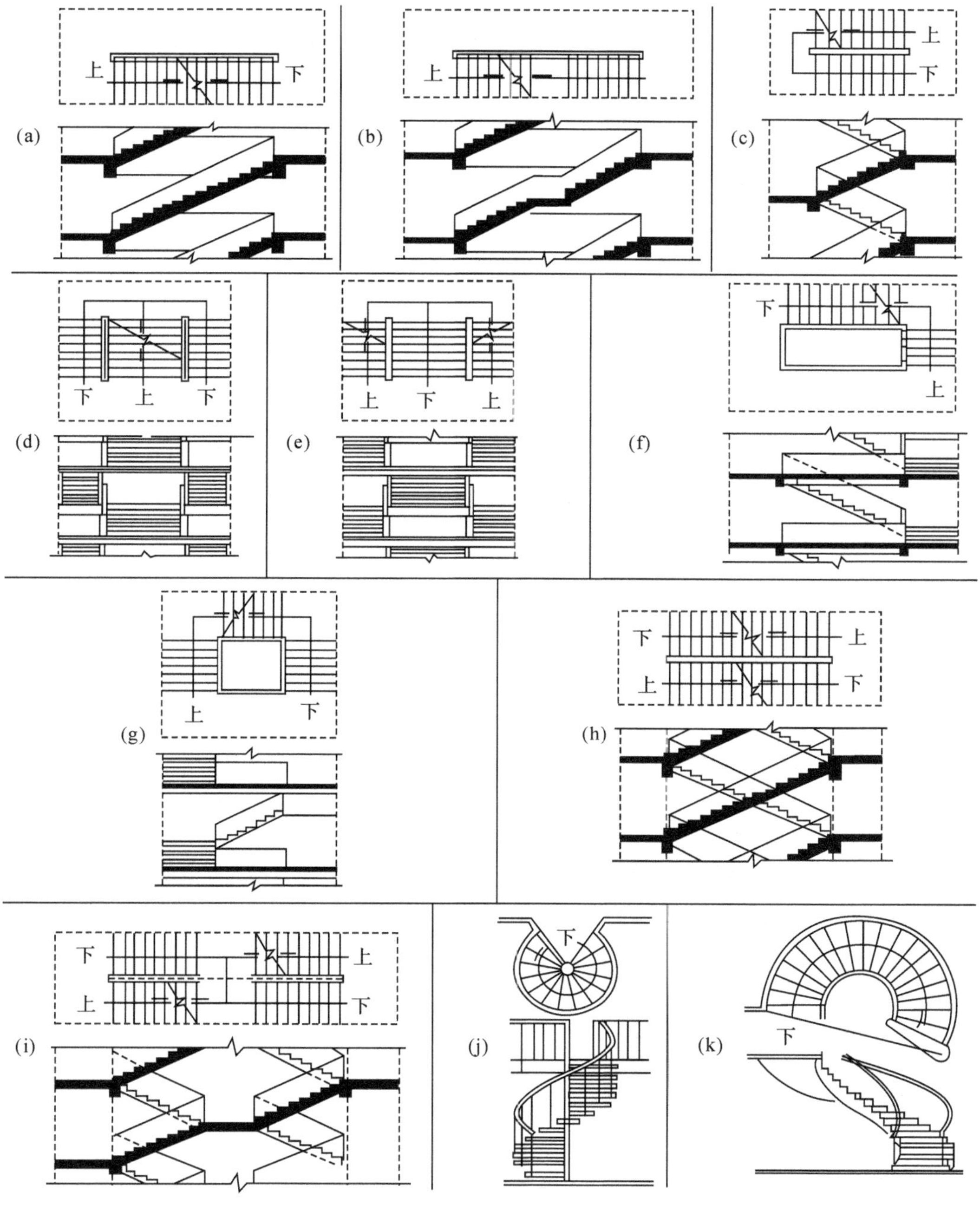

(a)单跑直楼梯；(b)多跑直楼梯；(c)双跑平行楼梯；(d)双分平行楼梯；
(e)双合平行楼梯；(f)折行多跑楼梯；(g)折行三跑楼梯；(h)单跑交叉（刀）楼梯；
(i)双跑交叉（剪刀）楼梯；(j)螺旋楼梯；(k)弧形楼梯

图 5-3　楼梯形式

3. 开敞楼梯间、封闭楼梯间和防烟楼梯间等楼梯间形式的设置

设置开敞楼梯间的情况：适用于规范未要求设置封闭楼梯间和防烟楼梯间的情况

设置封闭楼梯间的情况：(1)档案馆库区和图书馆书库超过防火分区面积规定时的疏散梯；(2)汽车库、修车库中人员疏散梯；(3)高层建筑裙房；建筑高度不超过 32m 的二类建筑；(4)12 层至 18 层的单元式住宅；(5)11 层及 11 层以下的通廊式住宅。要注意的是超过六层的塔式住宅应设置封闭楼梯间，如户门用乙级防火门时，可不设。楼梯间首层紧邻主要出入口时，可设符合规定的扩大楼梯间。

应设置防烟楼梯间的情况：(1)一类高层建筑；(2)建筑高度超过 32m 的二类建筑(单元式和通廊式住宅除外)；(3)10 层及 10 层以上的塔式住宅；(4)超过 11 层的通廊式住宅；(5)19 层及 19 层以上的单元式住宅。

防烟楼梯间的设置要求：

(1)楼梯间入口处应设置前室、阳台或凹廊；

(2)前室的面积，公共建筑不应小于 $6m^2$，居住建筑不应小于 $4.5m^2$；与消防电梯合用前室，公共建筑不应小于 $10m^2$，居住建筑不应小于 $6m^2$；无自然排烟的前室应设置机械排烟。防烟楼梯间前室或合用前室，利用敞开的阳台，凹廊或前室有不同朝向的开启外窗自然排烟时，该楼梯可不设防烟楼梯；

(3)通向楼梯间和前室的门均应为乙级防火门，并向疏散方向开启；

(4)高度超过 50m 的公共建筑和高度超过 100m 的住宅的楼梯间应设置机械排烟。

5.1.3 楼梯组成

通常情况下楼梯是由楼梯段、楼梯平台以及栏杆和扶手组成(见图 5-4)。

1. 楼梯段

楼梯段是由若干个踏步构成的。每个踏步一般由两个相互垂直的平面组成，供人们行走时踏脚的水平面叫踏面，与踏面垂直的平面叫踢面。踏面与踢面之间的尺寸关系决定了楼梯的坡度。楼梯通常为板式梯段，也可以是由踏步板和梯斜梁组成的梁板式梯段。为了使人们上下楼梯时不致过度疲劳以及保证每段楼梯均有明显的高度感，我国规定每段楼梯的踏步数量应在 3～18 步。

2. 楼梯平台

平台是联系两个梯段的水平构件，主要是为了解决楼梯段的转折和与楼层连接，同时也使人们在上下楼时能在此稍稍休息。平台分两种，位于两个楼层之间的叫中间平台，与楼层标高一致的平台叫楼层平台，除起着中间平台的作用外，还用来分配人流。

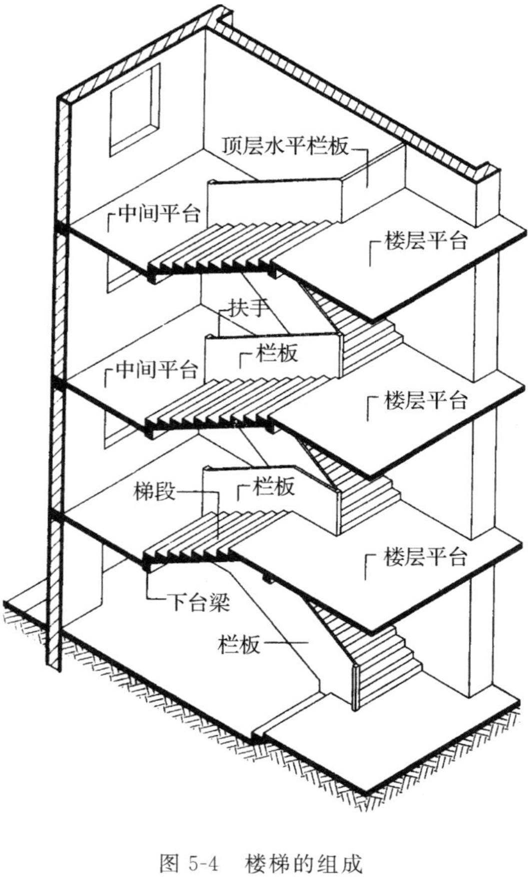

图 5-4 楼梯的组成

3. 栏杆和扶手

大多数楼梯段至少有一面临空，为了确保使用安全，应在楼梯临空边缘设置栏杆或栏板。而梯段宽度较大时，需在梯段中间加设中间栏杆。栏杆、栏板上部供人们用手扶持的连续斜向配件称为扶手。

5.2　楼梯的尺寸与设计

5.2.1　楼梯的坡度

楼梯的坡度是指楼梯段沿水平面倾斜的角度。一般来讲，楼梯的坡度小，踏步相对平缓，行走就比较舒适。反之，行走比较吃力。但是楼梯段坡度越小，它的水平投影面积就越大，即楼梯占地面积就越大，就会增加投资，经济性差。因此要兼顾实用性和经济性两方面的要求，根据具体情况合理进行选择。对于人流量大的建筑，楼梯的坡度应小些，如医院、影剧院等。对使用人数少的建筑，楼梯的坡度可以大些，如住宅、别墅等。

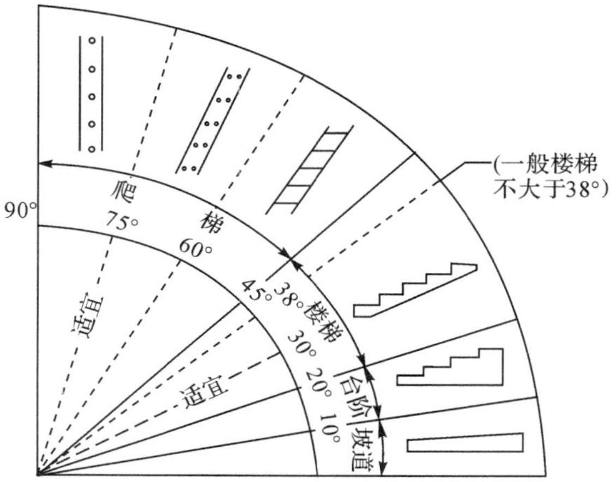

图 5-5　楼梯的坡度

楼梯的允许坡度范围在 20°～45°之间，正常情况下应把楼梯坡度控制在 38°以内，一般认为 30°是适宜的坡度。坡度大于 45°，人们已经不能自如上下，需要借助扶手的助力扶持，此时称为爬梯。坡度小于 10°时，只需把其处理成斜面就可以解决通行问题，此时称为坡道(如图 5-5 所示)。

楼梯的坡度有两种表示方法：一种是用楼梯段和水平面的夹角表示；另一种是用踏面和踢面的投影长度之比表示。在实际工程中采用后者的居多。

5.2.2　楼梯段尺寸及平台宽度

1. 楼梯段的尺寸

楼梯段的尺寸分为梯段宽度和梯段长度。楼梯段的宽度是根据紧急疏散时要求通过的人数的多少(设计人流股数)和建筑防火要求确定的。通常情况下，作为主要通行用的楼梯，其梯段宽度至少应满足两个人相对通行(即大于等于两股人流)。每股人流按[0.55＋(0～0.15)]m 宽度考虑，其中 0～0.15m 为人在行进中的摆幅。单人通行：不小于 900mm；双人通行：1100～1400mm；三人通行：1650～2100mm(见图 5-6)。非主要通行的楼梯，梯段宽度不应小于 900mm。住宅套内楼梯的梯段净宽，当一边临空时，不应小于 750mm；当两侧有墙时，不应小于 900mm。

高层建筑中作为主要通行用的楼梯，其梯段宽度指标高于一般建筑。《高层民用建筑设计防火规范》规定，高层建筑每层疏散楼梯总宽度按其通过人数每 100 人不小于 1.00m 计

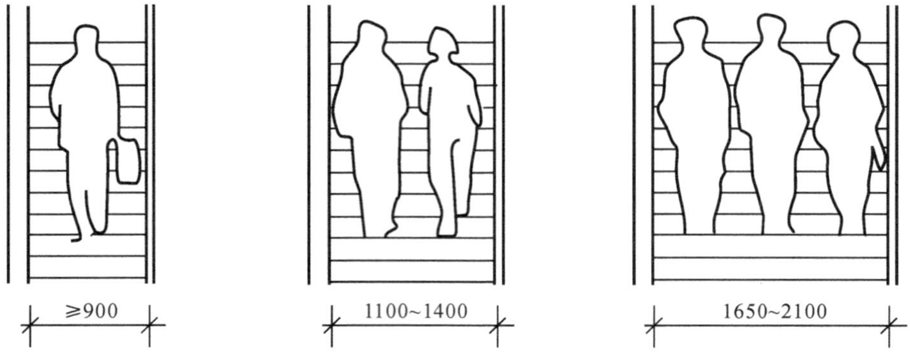

(a) 单人通行　　(b) 双人通行　　(c) 三人通行

图 5-6　楼梯段宽度

算。各层人数不相等时，楼梯的总宽度可分段计算，下层疏散楼梯总宽度按其上层人数最多的一层计算。

梯段长度(L)是每一梯段的水平投影长度，其值为 $L=b\times(N-1)$，其中 b 为踏面水平投影步宽，N 为梯段踏步数，此处需注意踏步数为踢面高步数。

2. 平台宽度

平台宽度分为中间平台宽度 D_1 和楼层平台宽度 D_2，对于平行和折行多跑等类型楼梯，其中间平台宽度不应小于梯段宽度，并且不小于 1.2m。对于多跑道楼梯，中间休息平台≥1.1m，要保证通行和梯段同股数人流，同时应便于家具搬运。

某些建筑为满足特定的需要，在上述要求的基础上，对楼梯及平台的尺寸另作了具体的规定。详见有关规范。

开敞楼梯间的楼层平台已经和走廊连在一起，此时平台净宽可以小于上述规定，使梯段起步点自走廊边线后退一段距离即可。

5.2.3　踏步尺寸

踏步是由踏面与踢面组成，二者的投影长度之比决定了楼梯的坡度。常用的坡度为 1∶2左右。由于踏步是楼梯中与人直接接触的部位，因此其尺度是否合适就显得十分重要。

踏步尺寸一般根据建筑的使用功能、使用者的特征及楼梯的通行量综合确定，具体规定见表 5-2。

表 5-2　踏步常用尺寸

名　称	住　宅	幼儿园	学校、办公楼	医　院	剧院、会堂
踏步高 h(mm)	150～175	120～150	140～160	120～150	120～150
踏步宽 b(mm)	260～300	260～280	280～340	300～350	300～350

踏步的高度，成人以 150mm 左右较适宜，不应高于 175mm。踏步宽度以 300mm 左右为宜，不应窄于 260mm(见表 5-3)。由于踏步的宽度往往受到楼梯间进深的限制，可以在踏步的细部进行适当变化来增加踏面的尺寸，如采取加做踏步檐或使踢面倾斜。踏步檐的挑出尺寸一般不大于 20mm，挑出尺寸过大则踏步檐容易损坏，而且会给行走带来不便(见图 5-7)。

表 5-3　楼梯踏步最小宽度和最大高度(m)

楼 梯 类 别	最小宽度	最大高度
住宅共用楼梯	0.26	0.175
幼儿园、小学校等楼梯	0.26	0.15
电影院、剧场、体育馆、商场、医院、旅馆和大中学校等楼梯	0.28	0.16
其他建筑楼梯	0.26	0.17
专用疏散楼梯	0.25	0.18
服务楼梯、住宅套内楼梯	0.22	0.20

注：无中柱螺旋楼梯和弧形楼梯离内侧扶手中心 0.25m 处的踏步宽度不应小于 0.22m。

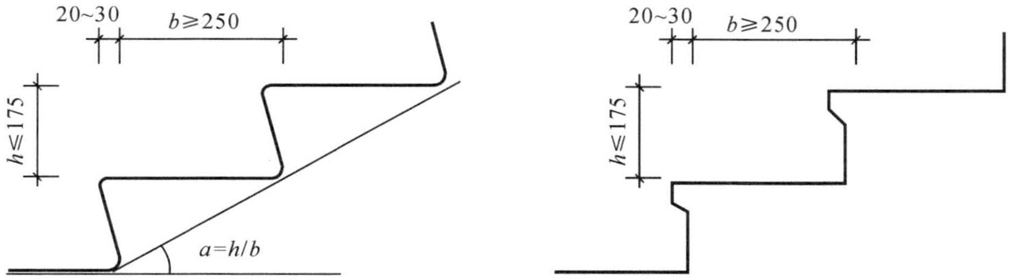

图 5-7　踏步出挑形式

螺旋楼梯的踏步平面通常是扇形的。当螺旋楼梯上下两级所形成的平面角度不超过10°，且每级离扶手 0.25m 处踏步宽度超过 0.22m 时，螺旋楼梯才可以用于疏散。

5.2.4　梯井宽度

两段楼梯段之间的空隙称为楼梯井。在公共建筑中楼梯井净宽不宜小于 150mm。有儿童经常使用的楼梯，当楼梯井净宽大于 200mm 时，必须采取安全措施，防止儿童坠落。

5.2.5　栏杆和扶手尺寸

一般室内楼梯的扶手高度，自踏步前缘线量起不宜小于 0.9m，儿童扶手 0.6～0.7m；低层和多层建筑室外或凌空处扶手高度不应小于 1.05m；高层建筑室外或凌空处扶手高度不应小于 1.1m。如果水平段长度大于 0.5m 时，扶手高度同室外扶手(见图 5-8)，有儿童活动的楼梯栏杆垂直杆件间净空不大于 0.11m(见图 5-8)。

楼梯栏杆应选用坚固、耐久的材料制作，并且具有一定的强度和抵抗侧向推力的能力：住宅、宿舍、办公楼、旅馆、医院、托儿所、幼儿园等建筑的栏杆顶部侧向推力为 0.5kN/m；学校、食堂、电影院、车站体育场为 1.0kN/m。

5.2.6　楼梯的净空高度

楼梯各部位的净空高度应保证人流通行和家具搬运，一般要求平台部位净高不小于2000mm，梯段范围内净空高度应大于 2200mm(见图 5-9)。

当在平行双跑楼梯底层中间平台下需设置通道时，为保证平台下净高满足通行要求，一般可采用以下方式解决。

如图 5-10(a)所示，在底层变等跑梯段为长短跑梯段，起步第一跑为长跑，以提高中间平台标高。这种方式仅在楼梯间进深较大，底层平台宽 D_2 富裕时适用。

如图 5-10(b)所示，局部降低底层中间平台下地坪标高，使其低于底层室内地坪标 ±0.000，以满足净空高度要求。但降低后的中间平台下地坪标高仍应高于室外地坪标高，以免雨水内溢。这种处理方式可保持等跑梯段。使构件统一。但中间平台下地坪标高降低，常依靠底层室内地坪 ±0.000 标高绝对值的提高来实现，可能增加填土方量或将底层地面架空。

如图 5-10(c)所示，综合以上两种方式，在采取长短跑梯段的同时，又降低底层中间平台下地坪标高。此种处理方式兼有前两种方式的优点，而减少了其缺点。

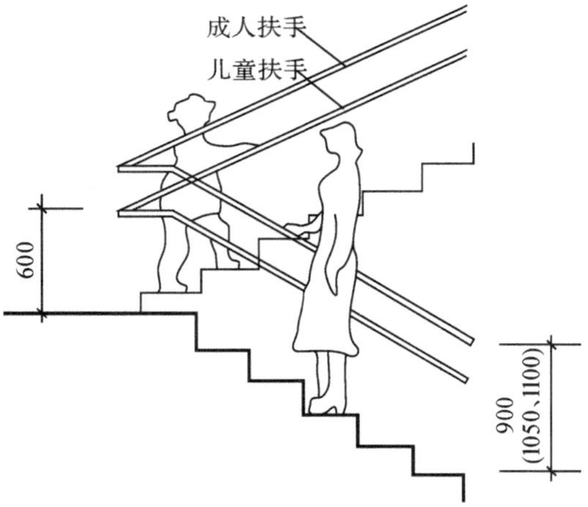

图 5-8　扶手高度位置

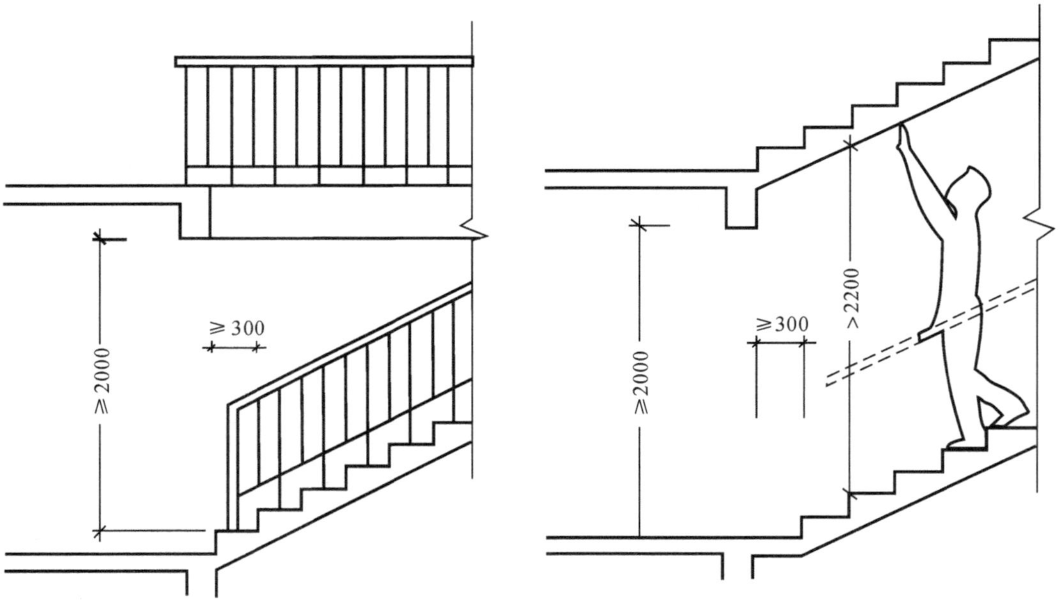

图 5-9　楼梯净空高度

如图 5-37(d)所示，底层用直行单跑或直行双跑楼梯直接从室外上二层。这种方法常用于住宅建筑，设计时需注意入口处雨篷底面标高的位置，保证净空高度在 2.2m 以上。

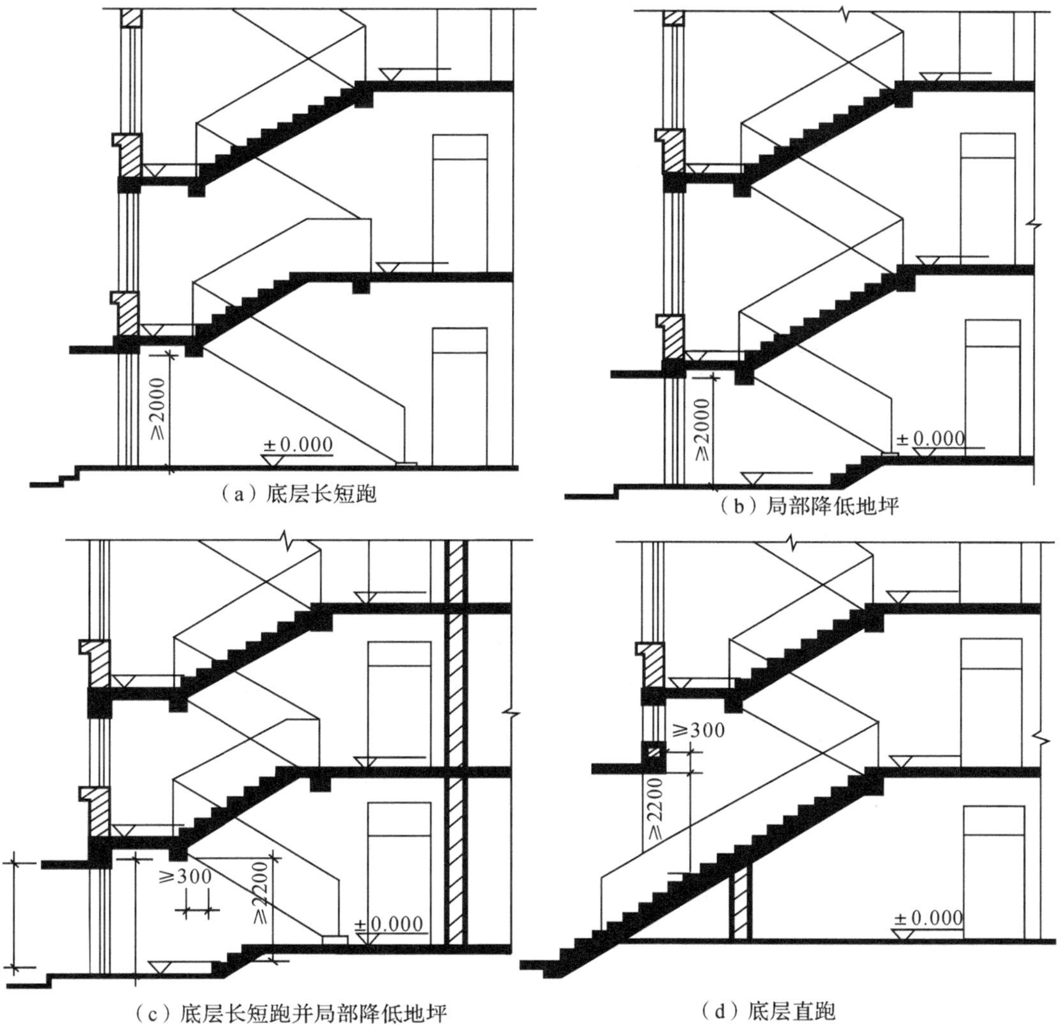

图 5-10　底层中间平台下做出入口时的处理方式

5.2.7　楼梯的设计

1. 设计步骤(如图 5-11)

1) 根据建筑物的类别和楼梯在平面中的位置，确定楼梯的形式。

2) 根据楼梯的性质和用途，确定楼梯的坡度，初步选择步高 h 与步宽 b。

3) 根据通过的人数、梯井宽度 C 和楼梯间的开间净宽 A 确定楼梯间的梯段宽度 a。

4) 确定踏步级数 $N=H/h$。(踏步为整数，最好为偶数)再结合楼梯形式，确定每个梯段的级数 n。

5) 确定楼梯平台的宽度 D。$D\geqslant a$。

6) 进行梯段长度 L 计算，验证楼梯间进深净长度 B 是否够用。

7) 进行楼梯净空的计算，使之符合净空高度的要求。

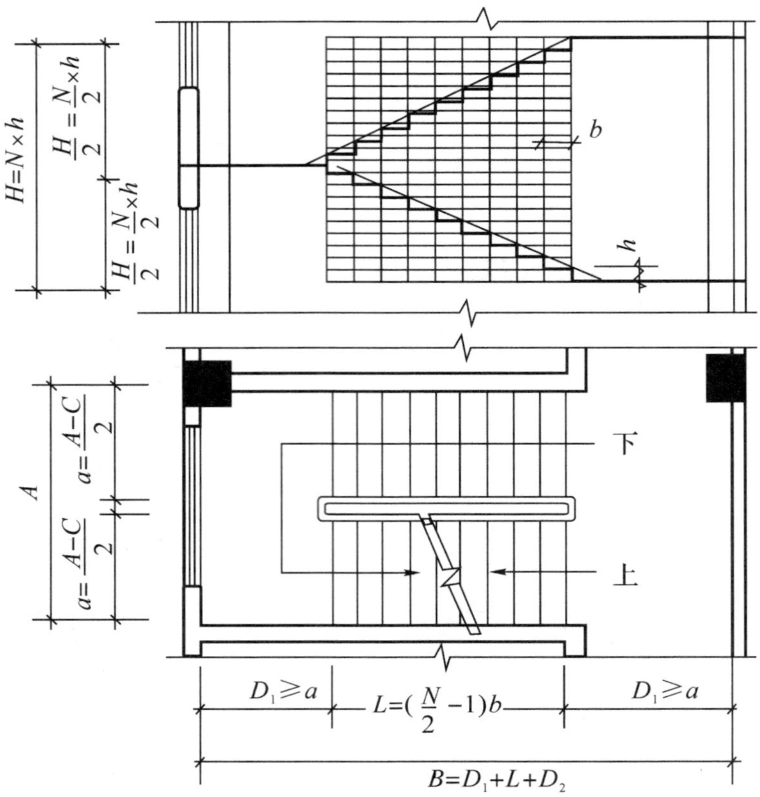

图 5-11 楼梯尺寸计算

8）最后绘制楼梯间平面图与剖面图（如图 5-12）。

［例题 1］ 选 $b=300\text{mm}, h=150\text{mm}$

$B=(4000-2\times120-60)/2=1850(\text{mm})>1100(\text{mm})$

$D\geqslant B$ 取 1850mm

$N=H/h=3300/150=22$ $n=N/2=11$

$L=(11-1)\times300+1850+550=4850(\text{mm})<6600-120\times2=6360(\text{mm})$

下面我们来解决平台下做出入口的问题。

按上面设计，第一平台此时标高：$11\times150=1650(\text{mm})$

首先我们考虑将室内外高差内移，但最多只有 450mm，留下 150mm 以防雨水留入室内。显然这是不够的。

若将平台梁高看成在 350mm 左右，则第一平台至少向上抬高两个台级，即第一梯段 13 级，第二梯段 9 级。

此时第一平台标高：$13\times150=1950(\text{mm})$

那么平台下净空为：$1950-350+450=2050(\text{mm})>2000(\text{mm})$

验证进深：$12\times300+1850+500=5450(\text{mm})<6600-120\times2=6360(\text{mm})$

符合要求。

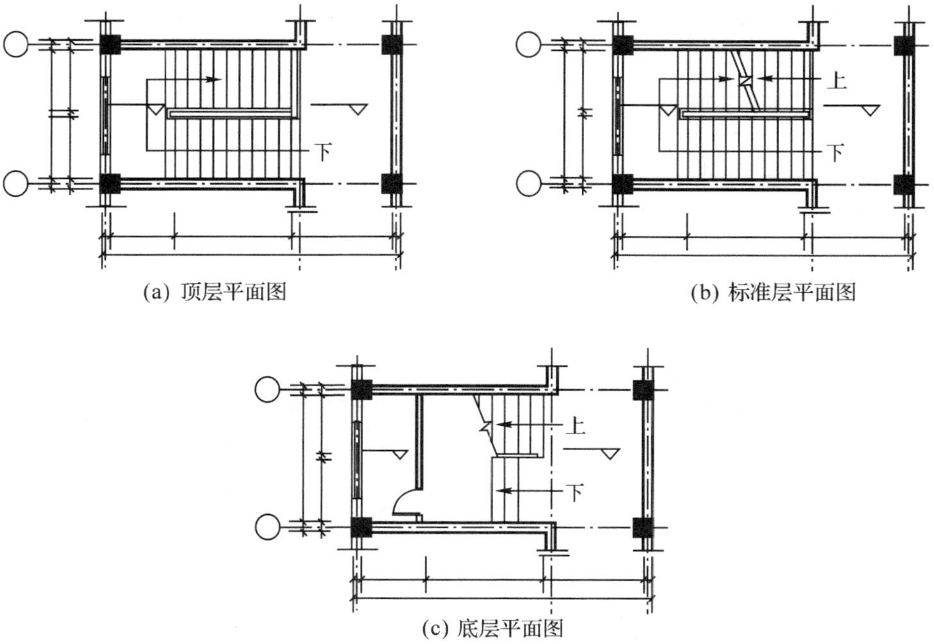

(a) 顶层平面图　(b) 标准层平面图　(c) 底层平面图

图 5-12　楼梯各层平面结构

作平面图、剖面图。

[例题 2]　某办公楼的层高为 3.3m，开敞楼梯间开间 3.6m，进深 6.0m，室内外高差 600mm。试设计一双跑平行楼梯，要求在楼梯平台下作出入口。

解　选踏步宽 $b=300\text{mm}$，踏步高 $h=150\text{mm}$，梯井 $C=100\text{mm}$

梯段宽 $a=(3600-2\times120-100)/2=1630\text{mm}>1100\text{mm}$

中间平台 $D_1\geqslant a$　　取 1650mm

$N=H/h=3300/150=22$　　$n=N/2=11$

标准层梯段长 $L=(11-1)\times300=3000\text{mm}$

楼层平台 $D_2=6000-120-1650-3000=1230\text{mm}$

下面我们来解决平台下作出入口的问题

按上面设计，第一平台此时标高：$11\times150=1750\text{mm}$

首先我们考虑将室内外高差内移，但最多只有 450mm，留下 150mm 以防雨水流入室内。显然这是不够的。若将平台梁高看成在 350mm 左右，则第一平台至少向上抬高两个台级，即第一梯段 13 级，第二梯段 9 级。

此时第一平台标高：$13\times150=1950\text{mm}$。

那么平台下净空为：$1950-350+450=2025\text{mm}>2000\text{mm}$

验证进深：楼层平台 $D_2=6000-120-1650-12\times300=630\text{mm}$

符合要求

作平面图、剖面图(如图 5-13 所示)。

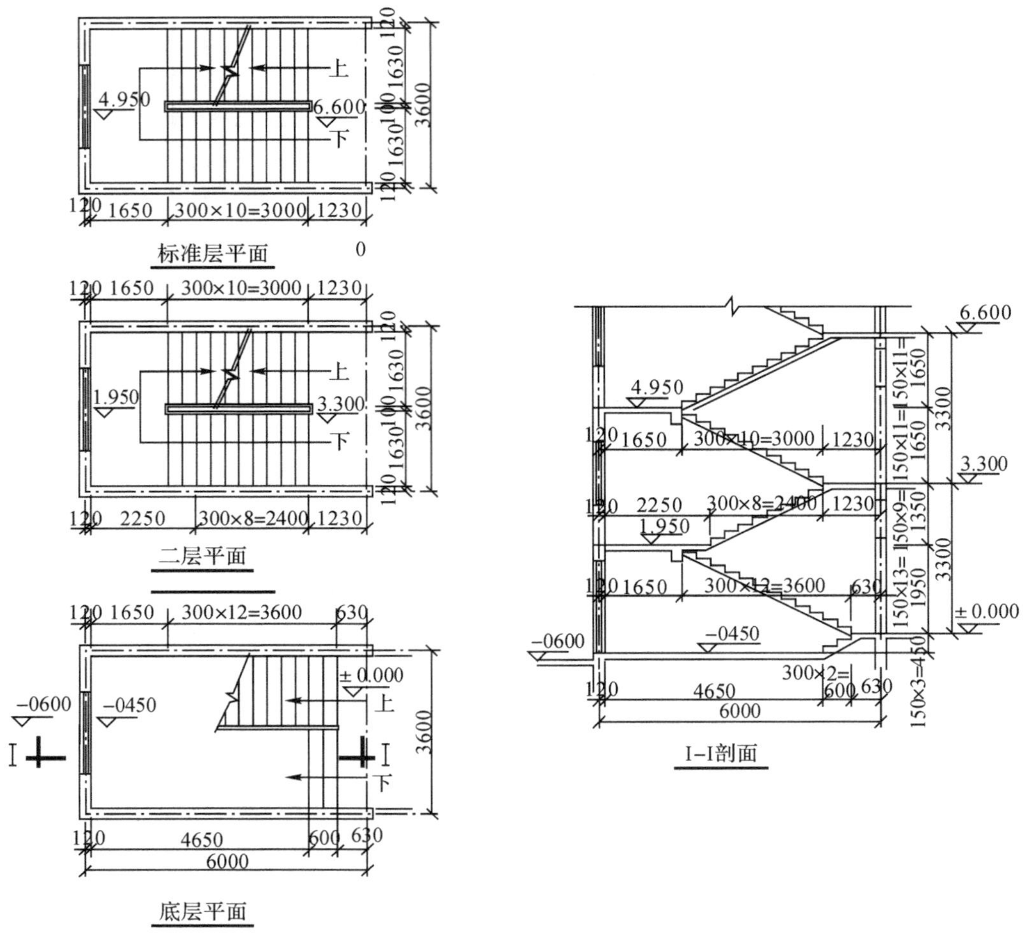

图 5-13 例题解答

5.3 钢筋混凝土楼梯

楼梯按照构成材料的不同，可以分成钢筋混凝土楼梯、木楼梯、钢楼梯及混合材料楼梯等几种。由于楼梯是建筑中重要的安全疏散设施，耐火性能要求比较高，属于耐火极限较长的建筑构件之一，因此作为燃烧体的木材不宜用来制作楼梯。钢材虽然是不燃烧体，但是受热后容易产生变形，耐火极限较短，一般要经过特殊的防火处理。钢筋混凝土的耐久性和耐火性均好于木材和钢材，因此钢筋混凝土楼梯在民用建筑中大量应用。目前的钢筋混凝土楼梯主要有现浇和预制装配两大类。

现浇钢筋混凝土楼梯的楼梯段和平台是整体浇筑在一起的，其整体性好、刚度大、施工不需要大型起重设备，但是施工进度慢、支模板和绑扎钢筋难度大、耗费模板多、施工程序复杂。预制装配钢筋混凝土楼梯施工进度快、受气候影响小、构件由工厂生产、质量容易保证，但是施工时需要大型起重设备，投资多。由于建筑的层高、楼梯间的开间、进深等对楼梯尺寸有直接的影响，而且楼梯平面形式多样，因此目前建筑中较多采用的是现浇钢筋混凝土楼梯。

5.3.1　现浇整体式钢筋混凝土楼梯构造

现浇整体式钢筋混凝土楼梯有梁承式、梁悬臂式、扭板式等类型，其构造特点分别如下：

1. 现浇梁承式楼梯

现浇梁承式钢筋混凝土楼梯由于其平台梁和梯段连接为一整体，比预制装配梁承式钢筋混凝土楼梯受构件搭接支承受的制约少。当梯段为梁板式梯段时，梯斜梁可上或下翻形成梯帮，如图 5-14(a)、(b)所示。由于梁板式楼梯踏步板为折线形，支模较困难，常做成板式梯段，如图 5-14(c)所示。

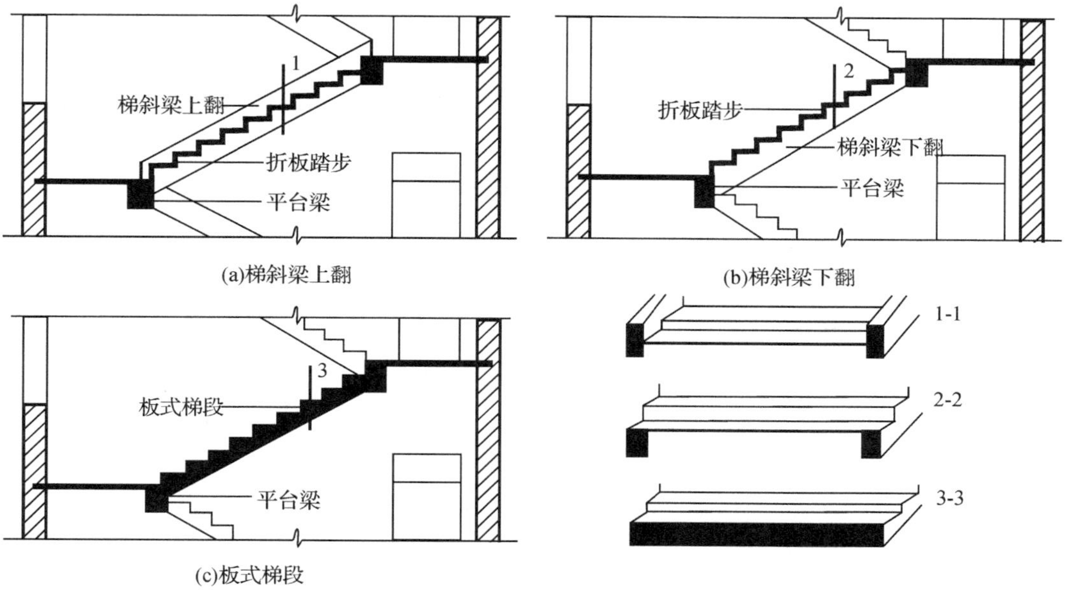

图 5-14　现浇梁承式钢筋混凝土梯段

2. 现浇梁悬臂式楼梯

现浇梁悬臂式钢筋混凝土楼梯系指踏步板从梯斜梁两边或一边悬挑的楼梯形式，常用于框架结构建筑中或室外露天楼梯，如图 5-15 所示。

这种楼梯一般为单梁或双梁支承踏步板和平台板。单梁悬臂常用于中小型楼梯或小品景观楼梯，双梁悬臂则用于梯段宽度大、人流量大的大型楼梯。可减小踏步板跨，但双梁底面之间常需另做吊顶。由于踏步板悬挑，造型轻盈美观。踏步板断面形式有平板式、折板式和三角形板式。平板式断面踏步使梯段踢面空透，常用于室外楼梯，为了使梁悬踏步板符合力学规律并增加美观，常将踏步板断面逐渐向悬臂端减薄，如图 5-15(a)所示。折板式断面踏步板由于踢面未漏空，可加强板的刚度并避免尘埃下掉，故常用于室内，如图 5-15(b)所示。为了解决折板式断面踏步板底支模困难和不平整的弊病，可采用三角形断面踏步板式楼梯，使其板底平整，支模简单，如图 5-15(c)所示。但这种做法混凝土用量和自重均有所增加。

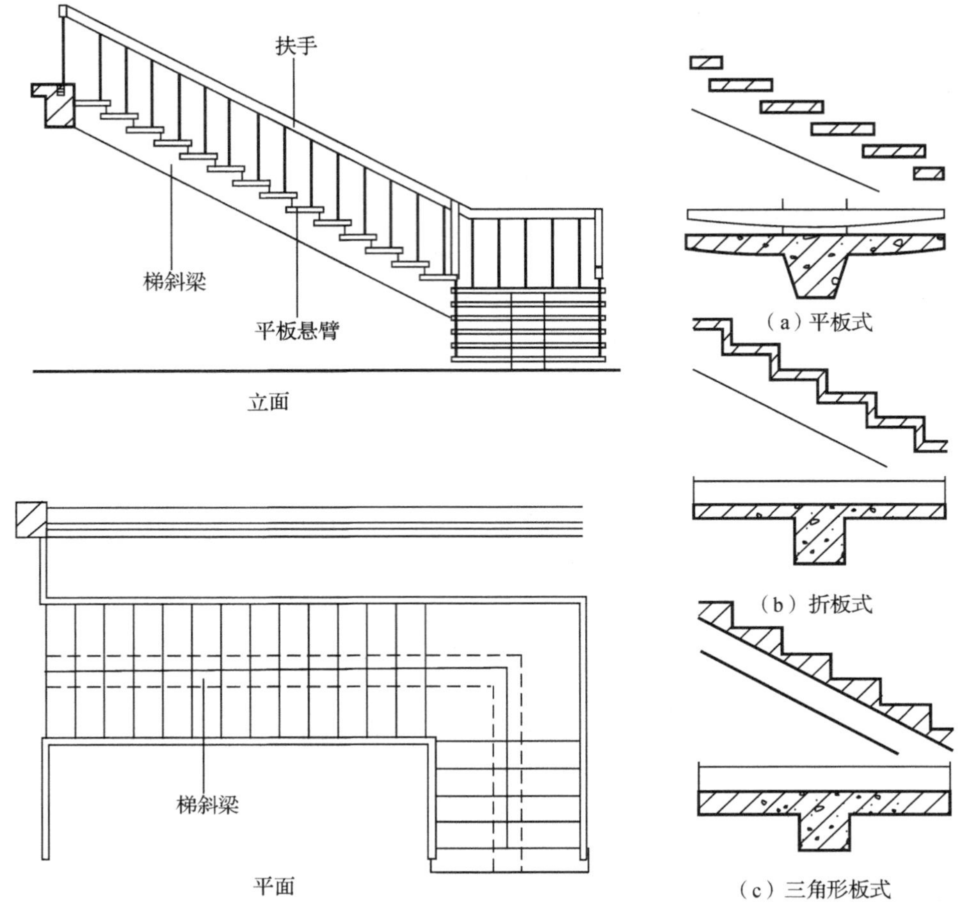

图 5-15　现浇梁悬臂式钢筋混凝土梯段

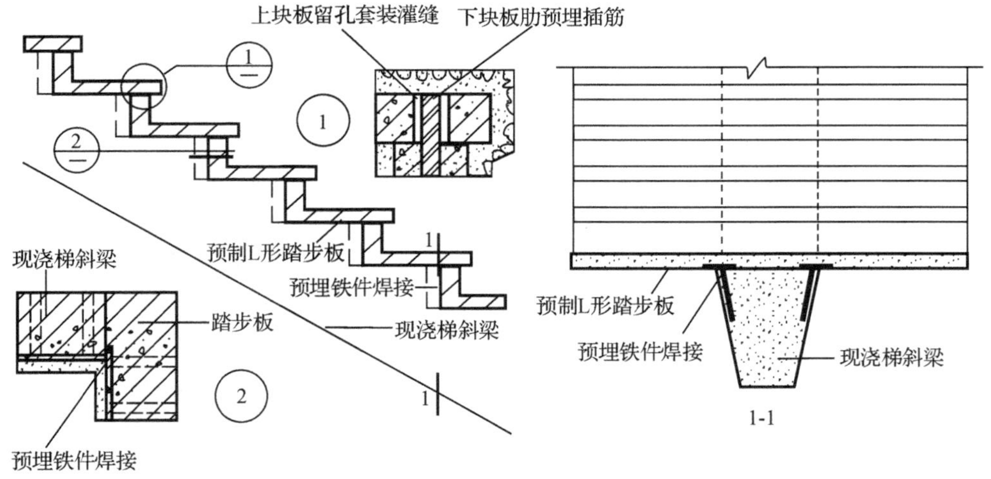

图 5-16　部分现浇梁悬臂式钢筋混凝土

现浇梁悬臂式钢筋混凝土楼梯通常采用整体现浇方式，但为了减少现场支模，也可采用梁现浇，踏步板预制装配的施工方式。这时对于斜梁与踏步板和踏步板之间的连接，须慎重处理，以保证其安全可靠。如图 5-16 所示，在现浇梁上预埋钢板与预制踏步板预埋件焊接，并在踏步之间用钢筋插接后用高标号水泥砂浆灌浆填实，加强其整体性。

3. 现浇扭板式楼梯

现浇扭板式钢筋混凝土楼梯底面平顺，结构占空间少，造型美观。由于板跨大，受力复杂，结构设计和施工难度较大，钢筋和混凝土用量也较大。图 5-17 所示为现浇扭板式钢筋混凝土弧形楼梯，一般只宜用于建筑标准高的建筑，特别是公共大厅中。为了使楼梯边沿线条轻盈，常在边沿处局部减薄出挑。

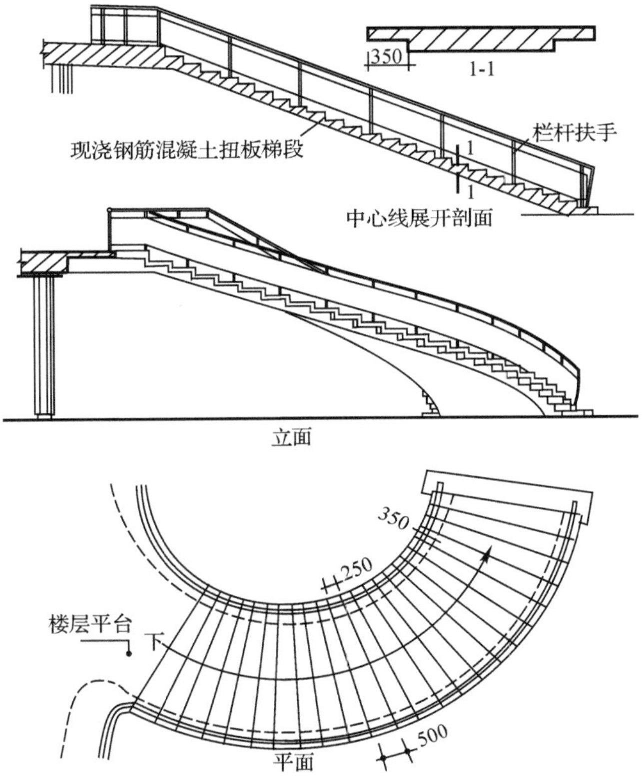

图 5-17　现浇扭板式钢筋混凝土楼梯

5.3.2　预制装配钢筋混凝土楼梯构造

预制装配钢筋混凝土楼梯施工进度快、受气候影响小、构件由工厂生产、质量容易保证，但是施工时需要大型起重设备，投资多。

预制装配钢筋混凝土楼梯按照其构造方式可分为梁承式、墙承式和墙悬臂式等类型。本节以平行双跑楼梯为例，阐述预制装配钢筋混凝土楼梯的构造做法。

1. 预制装配梁承式

预制装配梁承式钢筋混凝土楼梯系指梯段由平台梁支承的楼梯构造方式。由于在楼梯平台与斜向梯段交汇处设置了平台梁，避免了构件转折处受力不合理和节点处理的困难。

在一般大量性民用建筑中较为常用。预制构件可按梯段(板式或梁板式梯段)、平台梁、平台板三部分进行划分(见图 5-18)。

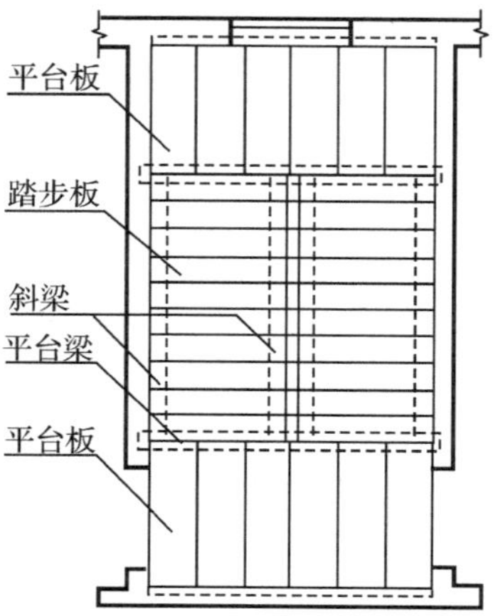

图 5-18 梁承式楼梯平面

(1)梯段

1)梁板式梯段

梁板式梯段由踏步板和梯斜梁组成。一般在踏步板两端各设一根梯斜梁,踏步板支承在梯斜梁上。由于构件小型化,不需要大型起重设备即可安装,施工简便。

踏步板的断面形式有一字形、L 形、三角形等,断面厚度根据受力情况约为 40～80mm。一字形断面踏步板制作简单,踢面可漏空或填实,但其受力不太合理,仅用于简易梯、小梯、室外梯等。L 形断面踏步板较一字形断面踏步板受力合理、用料省、自重轻,为平板带肋形式,其缺点是底面呈折线形,不平整。三角形断面踏步板使梯段底面平整、简洁,解决了前几种踏步板底面不平整的问题。为了减轻自重,常将三角形断面踏步板抽孔,形成空心构件(见图 5-19)。

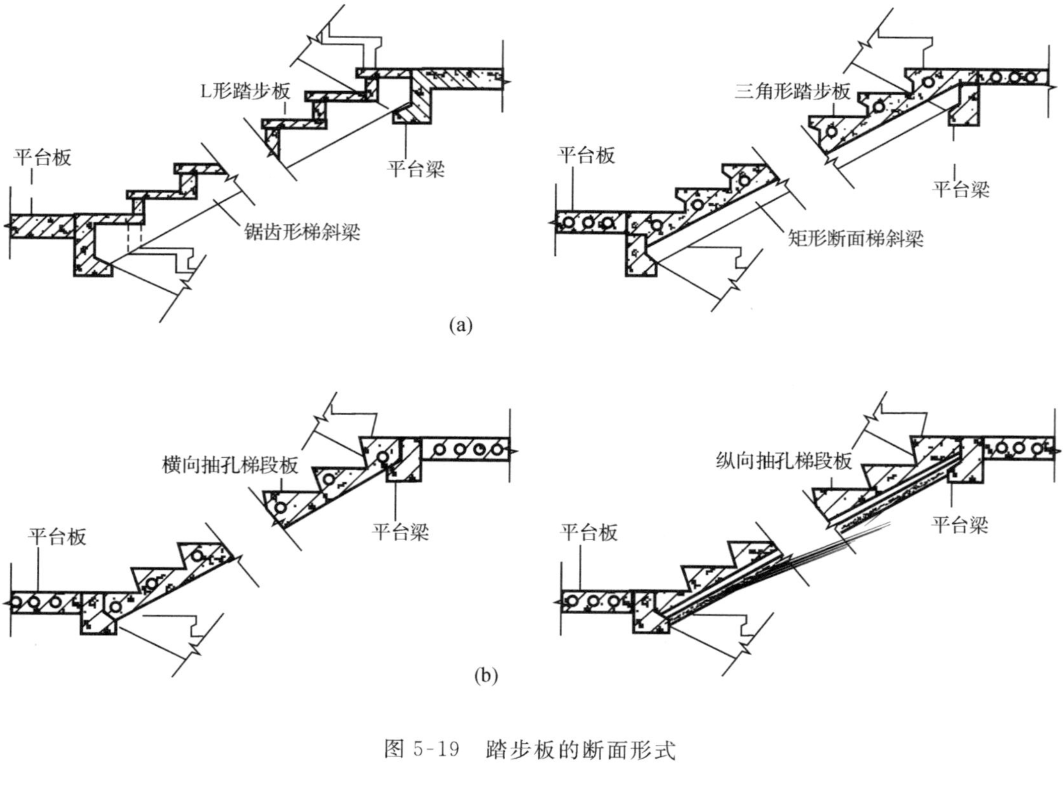

图 5-19 踏步板的断面形式

梯斜梁一般是矩形断面,为了减少结构所占空间,也可做成 L 形断面,但构件制作较复杂。用于搁置一字形、L 形断面踏步板的梯斜梁为锯齿形变断面构件。用于搁置三角形断面踏步板的梯斜梁为等断面构件。梯斜梁一般按 $L/12$ 估算其断面有效高度(L 为梯斜梁水平投影跨度)。

2)板式梯段

板式梯段为整块或数块带踏步单向条板,其上下端直接支承在平台梁上。由于没有梯斜梁,梯段底面平整,绰构厚度小,其有效断面厚度可按 $L/20 \sim L/30$ 估算,由于梯段板厚度小,且无梯斜梁,使平台梁相应抬高,增大了平台下的净空高度。

为了减轻梯段板自重,也可做成空心构件,有横向抽孔和纵向抽孔两种方式。横向抽孔较纵向抽孔合理易行,较为常用。当吊装机械起重能力较小时,可将梯段板分解成几块条板预制(见图 5-20)。

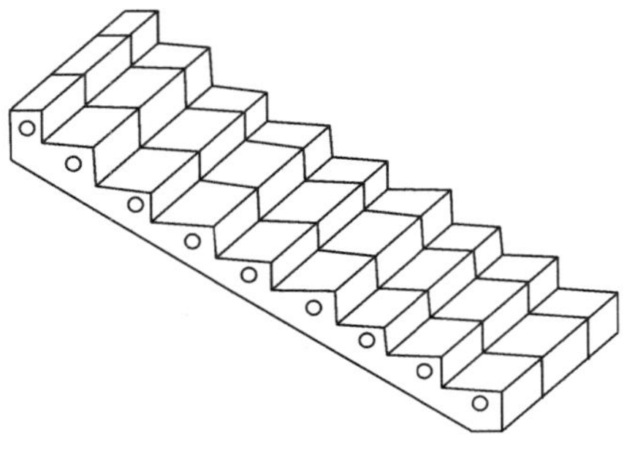

图 5-20　板式梯段

(2)平台梁

为了便于支承梯斜梁或梯段板,平衡梯段水平分力并减少平台梁所占结构空间,一般将平台梁做成 L 形断面,其构造高度按 $L/12$ 估算(L 为平台梁跨度)。

(3)平台板

平台板可根据需要采用钢筋混凝土空心板、槽板或平板。需要注意的是,在平台上有管道井处,不宜布置空心板。平台板一般平行于平台梁布置,以利于加强楼梯间整体刚度。当垂直于平台梁布置时,常用小平板(见图 5-21)。

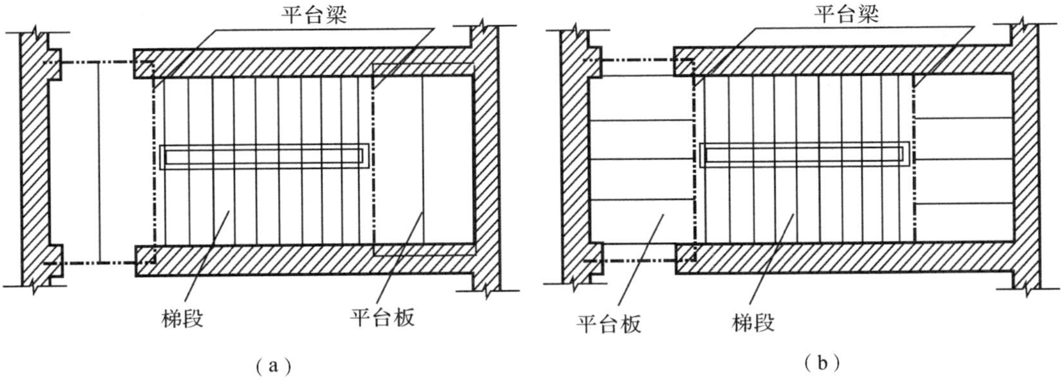

图 5-21　平台板的布置

(4)梯段与平台梁节点处理

梯段与平台梁节点处理是构造设计的难点。就两梯段之间的关系而言,一般有梯段齐步和错步两种方式。就平台梁与梯段之间的关系而言,有埋步和不埋步两种方式。如图5-22 所示。

梯段齐步布置的节点处理:

如图 5-22(a)所示,上下梯段起步和末步对齐,平台完整,可节省梯间进深尺寸。梯段与平台梁的连接一般以上下梯段底线交点作为平台梁牛腿 O 点,可使梯段板或梯斜梁支承端形状简化。

梯段错步布置的节点处理:

如图 5-22(b)所示,上下梯段起步和末步相错一步,在平台梁与梯段连接方式相同的情况下,平台梁底标高可比齐步方式抬高,有利于减少结构空间。但错步方式平台不完整,并且多占楼梯间的进深尺寸。

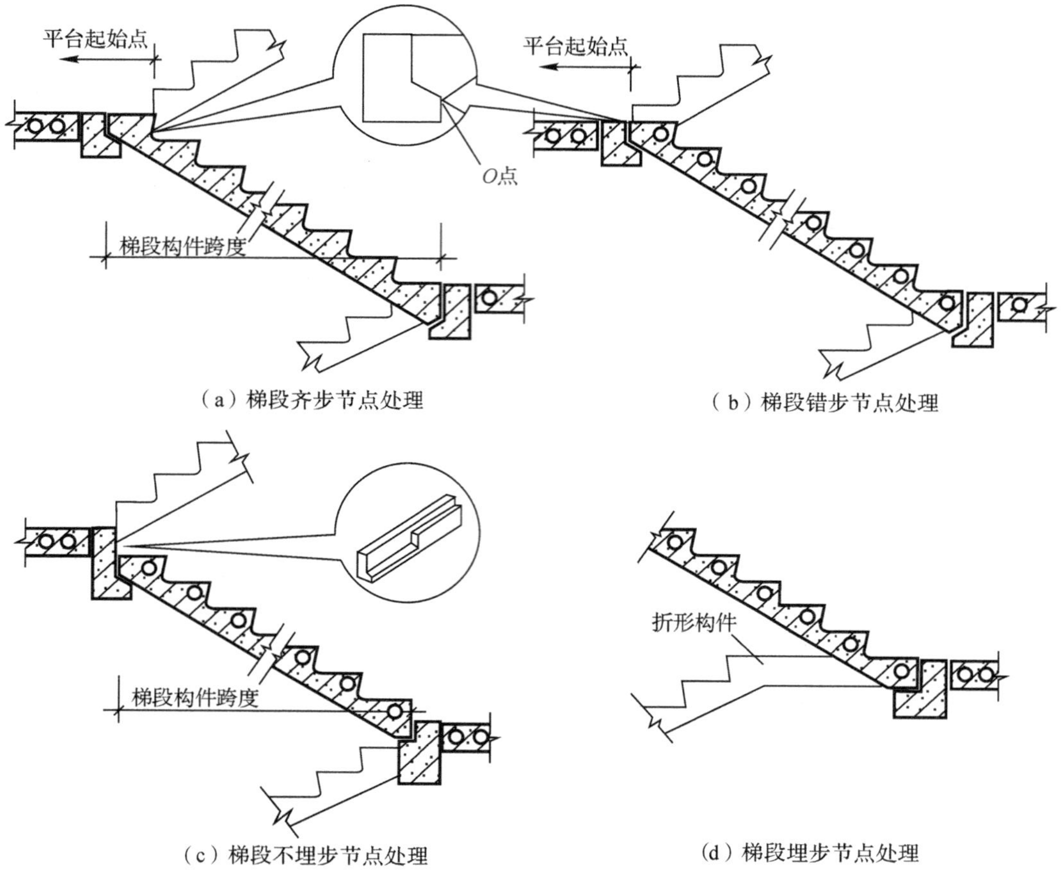

图 5-22 梯段齐步布置的节点处理

梯段不埋步的节点处理：

如图 5-23(c)所示，此种方式用平台梁代替了一步踏步，可以减小梯段跨度。当楼层平台处侧墙上有门洞时，可避免平台梁支承在门过梁上，在住宅建筑中尤为实用。但此种方式的平台梁为变截面梁，结构占空间较大，减少了平台梁下净空高度。另外，尚需注意不埋步梁板式梯段采用 L 形踏步时，其起步处第一踢面需填砖。

梯段埋步的节点处理：

如图 5-23(d)所示，此种方式梯段跨度较前者大，但平台梁底标高可提高，有利于增加平台下净空高度，平台梁可为等截面梁。这种方式多用于公共建筑。

(5)构件连接

由于楼梯是主要交通部件，对其坚固耐久、安全可靠的要术较高，特别是在地震区建筑中更需引起重视，且梯段为倾斜构件，故需加强各构件之间的连接以提高其整体性。

踏步板与梯斜梁的连接：一般在梯斜梁支承踏步板处用水泥砂浆坐浆连接。如需加强，可以在梯斜梁上预埋插筋，与踏步板支承端预留孔插接，用高标号水泥砂浆填实。

梯斜梁或梯段板与平台梁连接，在支座处除了用水泥砂浆坐浆外. 还要在连接端预埋钢板进行焊接(见图 5-23)。

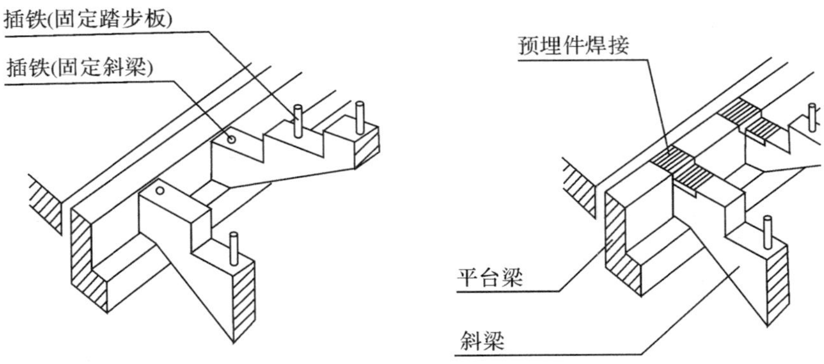

（a）插铁连接　　（b）预埋件焊接

图 5-23　斜梁与平面梁的连接

梯斜梁或梯段板与楼梯基础连接，在楼梯底层起步处，梯斜梁或梯段板下面做梯基。梯基常用砖或混凝土，也可以用平台梁代替梯基(见图 5-24)。

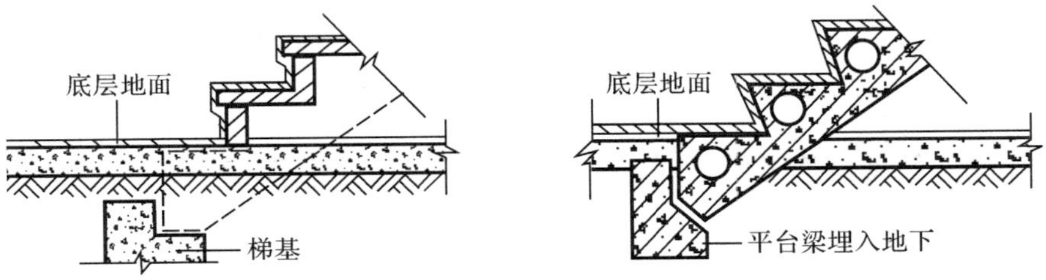

（a）梯段与梯基连接　　（b）平台梁代替梯基

图 5-24　梯斜梁或梯段板与梯基的连接

2. 预制装配墙承式

预制装配墙承式是把预制的踏步板搁置在两侧墙上，并按照事先设计好的方案，在施工时按顺序搁置，形成楼梯段，此时踏步板相当于一块靠墙体支承的简支板。墙承式楼梯适用于两层建筑的直跑楼梯或中间设有电梯井道的三跑楼梯。双跑平行楼梯如果采用墙承式，必须在原楼梯井处设墙，作为踏步板的支座。楼梯井处设墙后，与梯段一侧临空的楼梯间在空间感受上大不相同。楼梯井处设的墙体阻挡了视线、光线，感觉空间狭窄，在搬运大件家具设备时会感到不方便。为了解决这些问题，可以在适当的部位开设窗口。由于踏步板与平台之间没有传力的关系，因此可以不设平台梁，使平台下净空高度增加。踏步板可以做成 L 形，也可以做成三角形。平台板可以采用实心板和槽形板。为了确保行人的安全，应在楼梯间侧墙上设置扶手(见图 5-25)。

3. 预制装配墙悬臂式

预制装配墙悬臂式楼梯又称悬臂踏板楼梯。预制装配墙悬臂式钢筋混凝土楼梯系指预制钢筋混凝土踏步板一端嵌固于楼梯间侧墙上，另一端凌空悬挑的楼梯形式。预制装配墙悬臂式与墙承式有许多相似之处。在小型构件楼梯中属于构造最简单的一种。墙体承担楼梯的荷载，梯段与平台之间没有传力关系，因此可以取消平台梁及梯斜梁，也无中间墙，楼梯间空间轻巧空透，结构占空间少，但其楼梯间整体刚度极差，不能用于有抗震设防要求的地区。由于需随墙体砌筑安装踏步饭，并需设临时支撑，施工上比较麻烦，现在已较少使用。

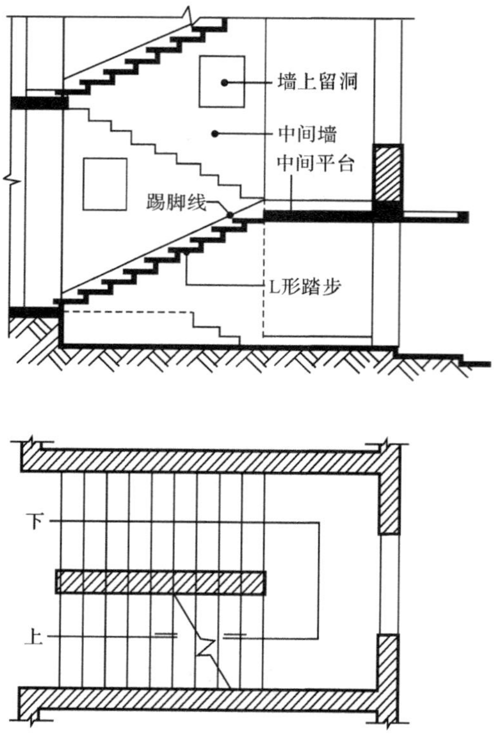

（a）中间墙上设观察窗

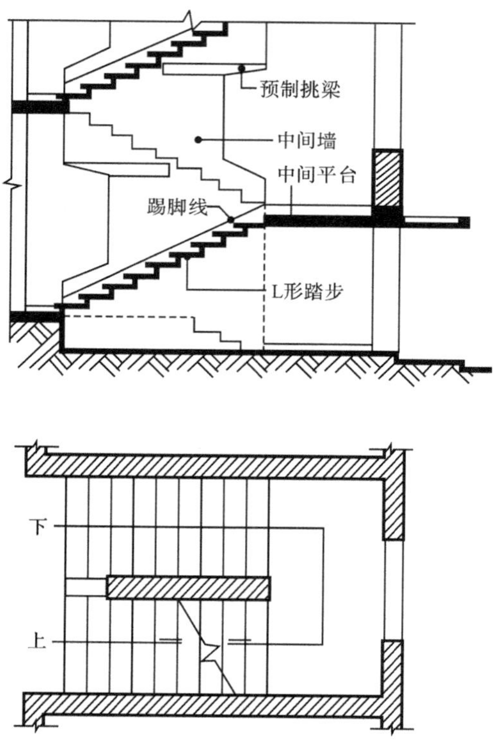

（b）中间墙局部收进

图 5-25　预制装配墙承式钢筋混凝土楼梯

预制装配墙悬臂式钢筋混凝土楼梯用于嵌固踏步板的墙体厚度不应小于 240mm。踏步板悬挑长度一般不大于 1800mm，以保证嵌牢固。踏步板一般采用 L 形或Ⅱ形带肋断面形式，其入墙嵌固端一般做成矩形断面，嵌入深度不小于 240mm，砌墙砖的标号不小于 MU10，砌筑砂浆标号不小于 M5（见图 5-26）。

悬挂式楼梯也属于悬臂楼梯，它与悬臂楼梯的不同之处在于踏步板的另一端是用金属拉杆悬挂在上部结构上。悬挂式楼梯适用于直跑楼梯，外观轻巧，安装复杂，精度要求高，一般在小型建筑或非公共区域的楼梯中采用。

5.3.3　中型、大型构件装配式楼梯

当施工现场吊装能力较强时，可以采用中型、大型构件装配式楼梯。中型、大型构件装配式楼梯一般把楼梯段和平台板作为基本构件，构件的体量大，规格和数量少，装配容易、施工速度快，适合于在成片建设的大量性建筑中使用。如果楼梯构件采用钢模板加工时，由于其表面光滑，一般不需要饰面，安装后做嵌缝处理即可，比较方便。

1. 平台板

平台板有带梁和不带梁两种。带梁平台是把平台梁和平台板制作成一个构件。平台板一般为槽形断面，其中一个边肋截面加大，并留出缺口，以供搁置楼梯段用。楼梯顶层的平台板的细部处理与其他各层略有不同，边肋的一半留有缺口，另一半不留缺口，但应预留埋

件或插孔，供安装水平栏杆用(见图 5-27)。

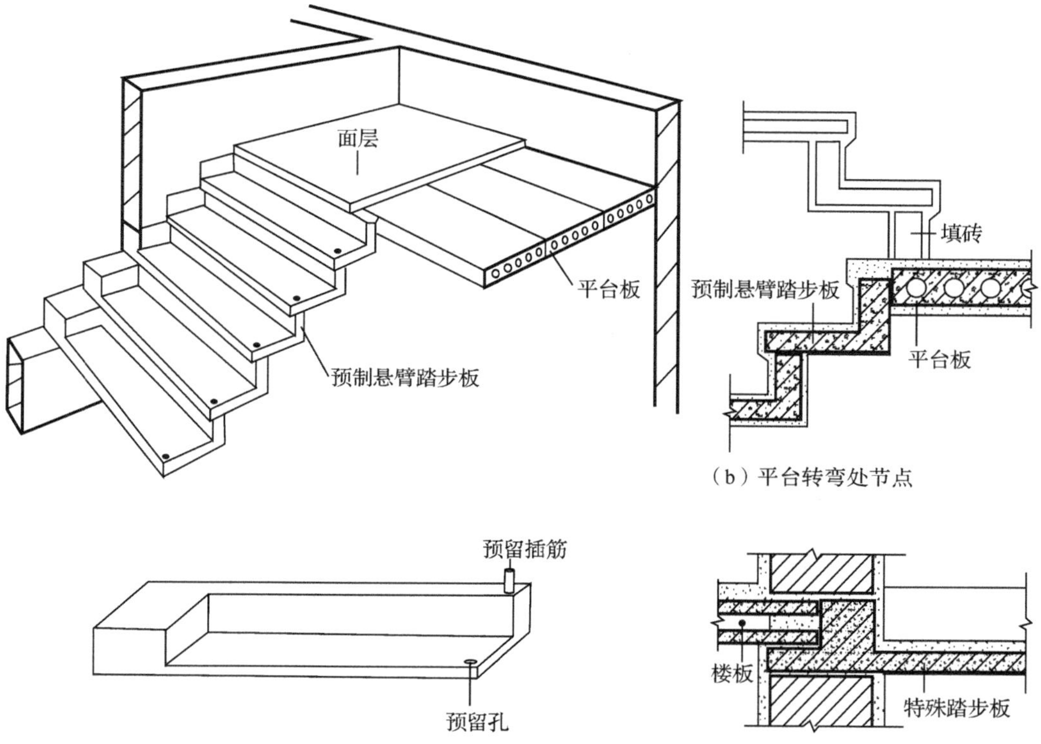

（a）安装示意　（b）平台转弯处节点　（c）遇楼板处节点

图 5-26　预制装配墙悬臂式钢筋混凝土楼梯

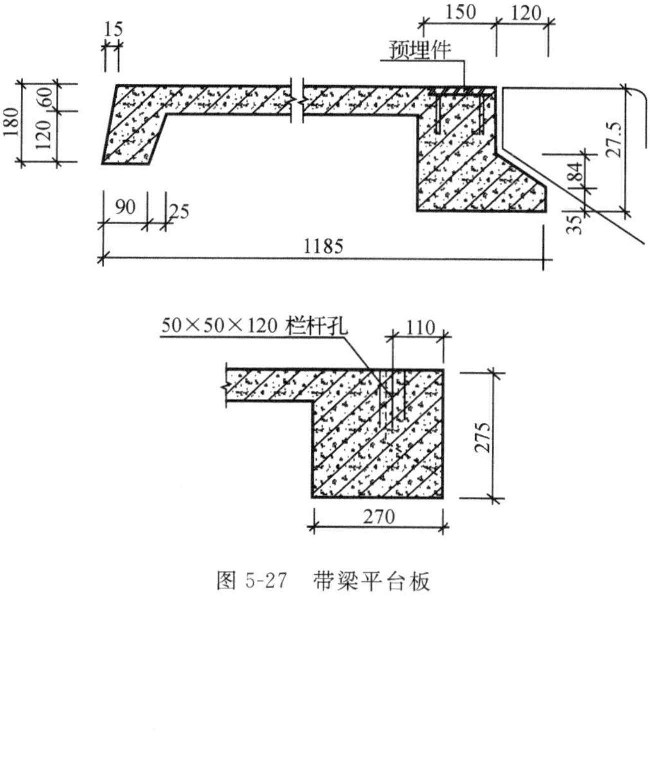

图 5-27　带梁平台板

2. 楼梯段

楼梯段有板式和梁式两种。板式梯段相当于搁置在平台板上的斜板，有实心和空心之分。实心梯段加工简单，但自重大。空心梯段自重小，多为横向留孔，孔型多为圆形或三角形。适用于住宅、宿舍等建筑。

梁式梯段是把踏步板和边梁组合成一个构件，多为槽板式，比板式节省材料。为了进一步节省材料，减轻构件自重，一般有以下方法对踏步截面进行改造(见图 5-28)。

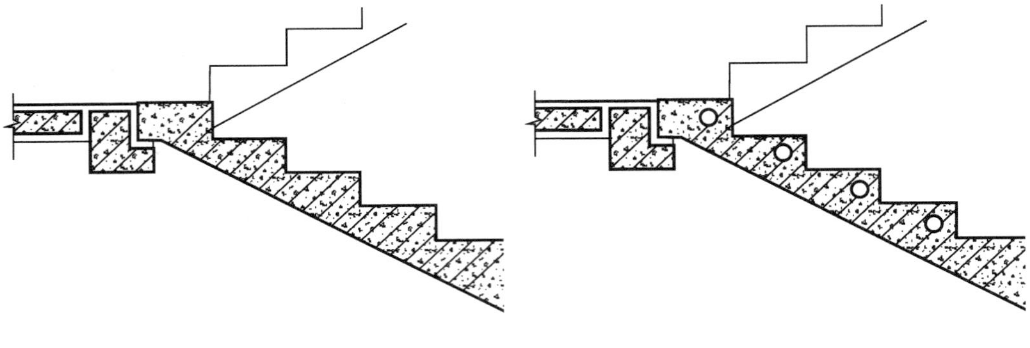

(a) 实心梯段　　(b) 空心梯段

图 5-28　板式梯段

(1)踏步板内留孔。

(2)把踏步板踏面和踢面相交处的凹角处理成小斜面，此时梯段的底面可以提高 10～20mm。

(3)折板式踏步。这种方法效果最明显，但是加工梯段时比较麻烦，梯段的底面凹角多，容易积灰。

3. 楼梯段与平台板(平台梁)及基础的连接(见图 5-29)

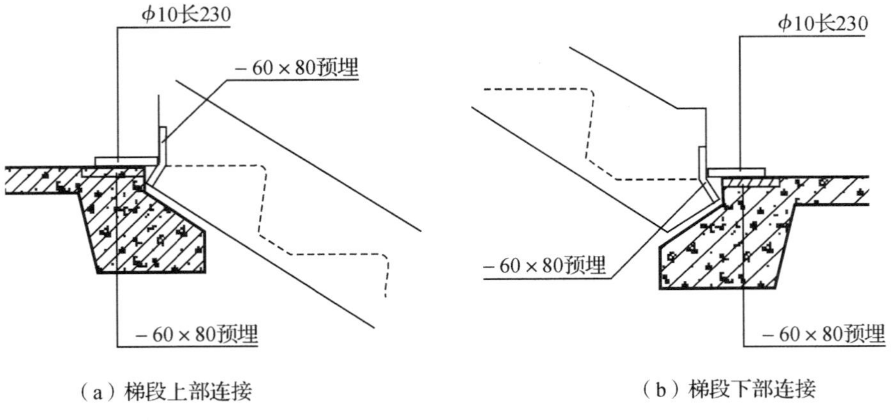

(a) 梯段上部连接　　(b) 梯段下部连接

图 5-29　楼梯段与平台板(平台梁)及基础的连接

大部分楼梯段的两端搁置在平台板的边肋上，首层楼梯段的下端搁置在楼梯基础上。为了保证楼梯的平稳及与平台板接触良好，应先在平台边肋上用水泥砂浆坐浆，然后再安装楼梯段。梯段与平台板之间的缝隙要用水泥砂浆填实。梯段和边肋相应的部位应事先预留埋件并焊接牢固。楼梯基础的顶部一般设置钢筋混凝土基础并留有缺口，以便于同首层楼梯段连接。

5.4 楼梯细部构造

楼梯是建筑中与人体接触最为频繁的构件，由于人在楼梯上行走过程中脚部用力较大，因此梯段在使用过程中磨损大，而且容易受到人为因素的破坏，应当对楼梯的踏步面层、踏步细部、栏杆和扶手进行适当的构造处理，以保证楼梯的正常使用。

5.4.1 踏步的面层和细部处理

踏步面层应当平整光洁，耐磨性好。一般认为，凡是可以用来做室内地坪面层的材料，均可以用来做踏步面层。常见的踏步面层有水泥砂浆、水磨石、地面砖、各种天然石材等。公共建筑楼梯踏步面层常与走廊地面面层采用相同的材料。面层材料要便于清洁，并且应当具有相当的装饰效果。

由于踏步面层比较光滑，行人容易跌倒，因此要在踏步上设置防滑条。这样不仅可以避免行人滑倒，而且起到保护踏步阳角的作用。常用的防滑条材料有水泥铁屑、金刚砂、金属条(铸铁、铝条、铜条)、马赛克及带防滑条缸砖等。需要注意的是，防滑条应突出踏步面 2～3mm，但不能太高，实际工程中常见做得太高，反使行走不便(见图 5-30)。

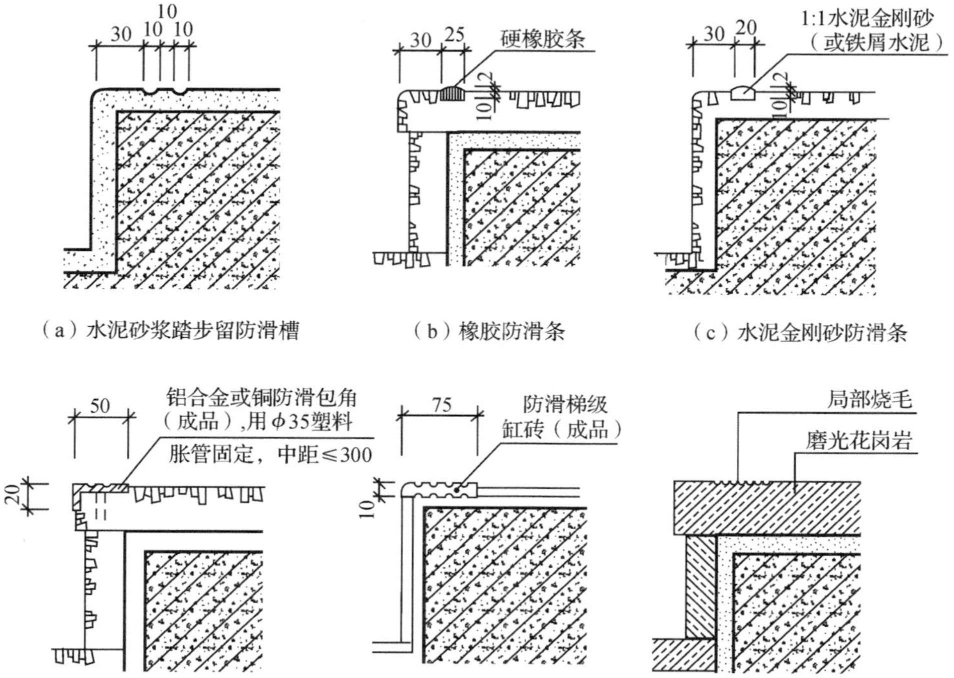

(a) 水泥砂浆踏步留防滑槽　(b) 橡胶防滑条　(c) 水泥金刚砂防滑条

(d) 铝合金或铜防滑包角　(e) 缸砖面踏步防滑砖　(f) 花岗岩踏步烧毛防滑条

图 5-30 踏步防滑构造

5.4.2 栏杆和扶手

为了保证楼梯的使用安全，应在楼梯段的临空一侧设栏杆或栏板，并在其上部设置扶手。当楼梯的宽度较大时，还应在梯段靠墙一侧及中间增设扶手。栏杆、栏板和扶手也是具有较强装饰作用的建筑构件，对材料、形式、色彩、质感均有较高的要求，应当认真进行选择。

1. 栏杆的形式与构造

由于栏杆的通透性好，对建筑空间具有良好的装饰作用，因此在楼梯中采用较多。栏杆多采用金属材料制作，如钢材、铝材、铸铁花饰等。栏杆形式可分为空花式、栏板式、混合式等类型。须根据材料、经济、使用对象的不同进行合理的选择和设计(见图 5-31)。

图 5-31 各种形式的栏杆

(1)空花式

空花式楼梯栏杆以栏杆竖杆作为主要受力构件，一般常采用钢材制作，有时也可以采用木材、铝合金型材、铜材和不锈钢材等制作(见图 5-32)。这种类型的栏杆具有重量轻、空透轻巧的特点，是楼梯栏杆的主要形式。一般用于室内楼梯。以空花栏杆示例，在构造设计中应保证其竖杆具有足够的强度以抵抗侧向冲击力，最好将竖杆与水平杆及斜杆连为一体共同工作。其杆件形成空花尺寸不宜过大，通常控制在 120～150mm 左右，以避免不安全感，特别是供少年儿童使用的楼梯尤应注意。当竖杆间距较密时，其杆件断面可小一些，反之则可大一些。常用的钢竖杆断面为圆形和方形，并且分为实心和空心两种。圆钢断面在 $\phi16$～$\phi18$mm 为宜，方钢断面在 16mm×16mm～20mm×20mm 之间。

(2)栏板式

栏板式是用实体材料制作的，取消了杆件，免去了空花栏杆的不安全因素，节约钢材，无锈蚀问题，但板式构件应能承受侧向推力。栏板材料常采用砖、钢丝网水泥抹灰、钢筋混凝土等，多用于室外楼梯或受到材料经济限制时的室内楼梯。砖砌栏板厚度太大会影响梯段有效宽度，并增加自重，故通常采用高标号水泥砂浆砌筑。为了加强其抗侧向冲击的能力，应在砌体中加设拉结筋，并在栏板顶部现浇钢筋混凝土通长扶手。

图 5-32 空花栏杆

(3)混合式

混合式是指空花式和栏板式两种栏杆形式的组合,栏杆竖杆作为主要抗侧力构件,栏板则作为防护和美观装饰构件。其栏杆竖杆常采用钢材或不锈钢等材料,栏板部分常采用轻质美观材料制作,如木板、塑料贴面板、铝板、有机玻璃板和钢化玻璃板等。

2. 扶手的形式与构造

扶手也是楼梯的重要组成部分。扶手可以用优质的硬木、金属型材(铁管、不锈钢、铝合金等)、工程塑料及水泥砂浆抹灰、水磨石、天然石材制作。室外楼梯不宜使用木扶手,以免淋雨后变形和开裂。不论何种材料的扶手,其表面必须要光滑、圆滑,以便于扶持。绝大多数扶手是连续设置的,接头处应当仔细处理,使之平滑过渡。扶手断面形式和尺寸的选样既要考虑人体尺度和使用要求,又要考虑与楼梯的尺度关系和加工制作可能性。

3. 栏杆扶手连接构造

(1) 栏杆与扶手连接

金属管材扶手与栏杆竖杆连接一般采用焊接或铆接,采用焊接时需要注意扶手与栏杆竖杆用材一致;抹灰类扶手在拦板上端直接饰面;当空花式和混合式栏杆采用木材或塑料扶手时,在安装前应该事先在栏杆顶部设置通长的斜倾扁铁,扁铁上预留安装钉孔,与扶手底面或侧面槽口榫接,把扶手安装在扁铁上,并用木螺钉固定(见图 5-33、图 5-34)。

(2)栏杆与梯段、平台连接

栏杆竖杆与梯段、平台的连接一般是在梯段和平台上预埋钢板焊接或预留孔插接。为了保护栏杆免受锈蚀和增强美观,常在竖杆下部装设套环,覆盖住栏杆与梯段或平台的接头处(见图 5-35)。

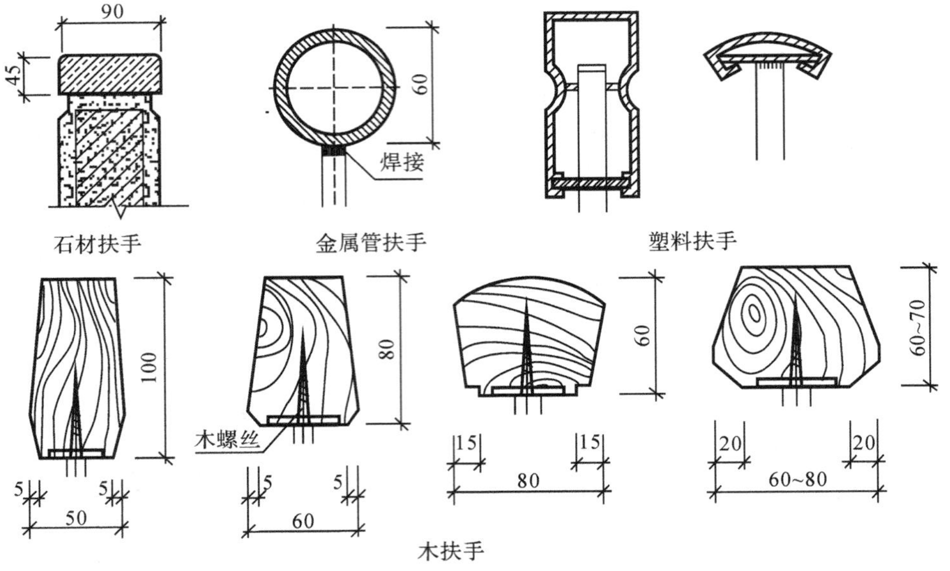

图 5-33　不同材料的扶手

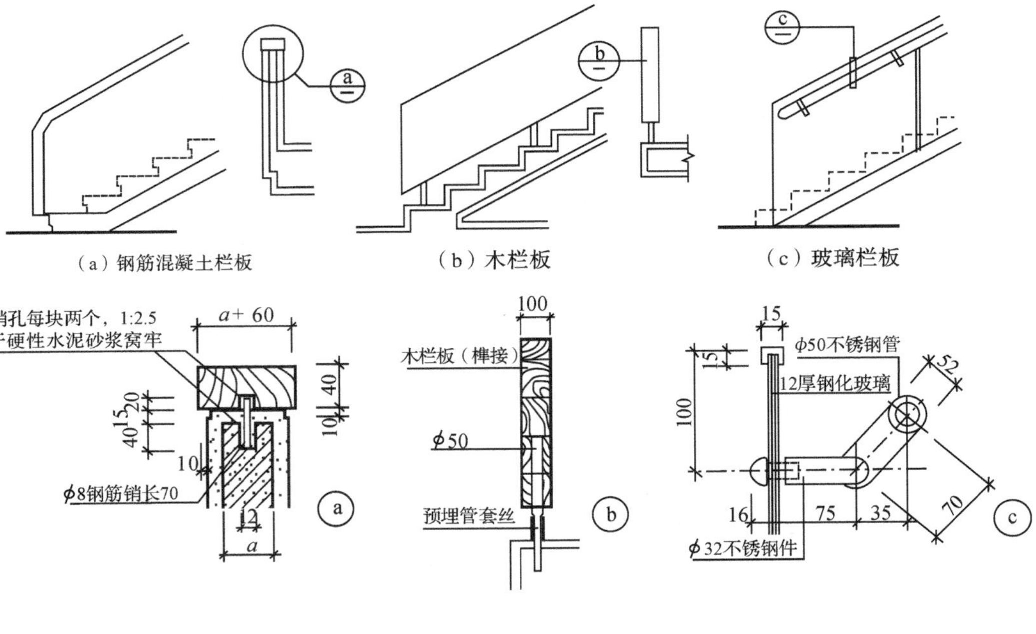

图 5-34　栏板构造

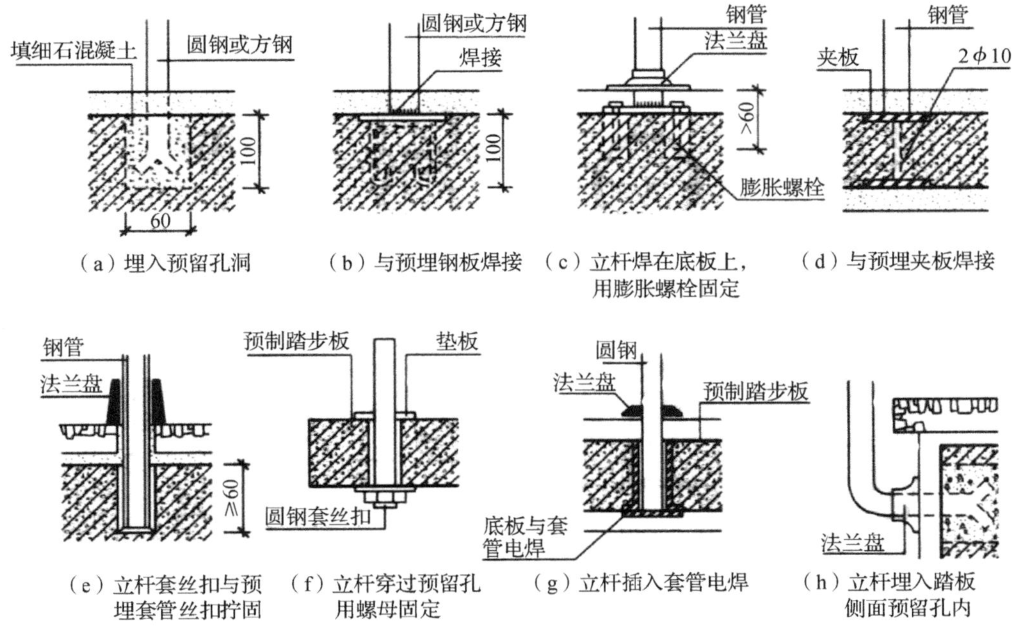

（a）埋入预留孔洞　（b）与预埋钢板焊接　（c）立杆焊在底板上，用膨胀螺栓固定　（d）与预埋夹板焊接

（e）立杆套丝扣与预埋套管丝扣拧固　（f）立杆穿过预留孔用螺母固定　（g）立杆插入套管电焊　（h）立杆埋入踏板侧面预留孔内

图 5-35　栏杆与楼梯段的连接

(3)扶手与墙面连接

当直接在墙上装设扶手时，扶手应与墙面保持 100mm 左右的距离（如图 5-36 所示）。一般在砖墙上留洞，将扶手连接杆件伸入洞内，再用细石混凝土窝牢嵌固。当扶手与钢筋混凝土墙或柱连接时，一般采用预埋钢板焊接。在栏杆扶手结束处与墙、柱面相交，也应有可靠连接（如图 5-37 所示）。

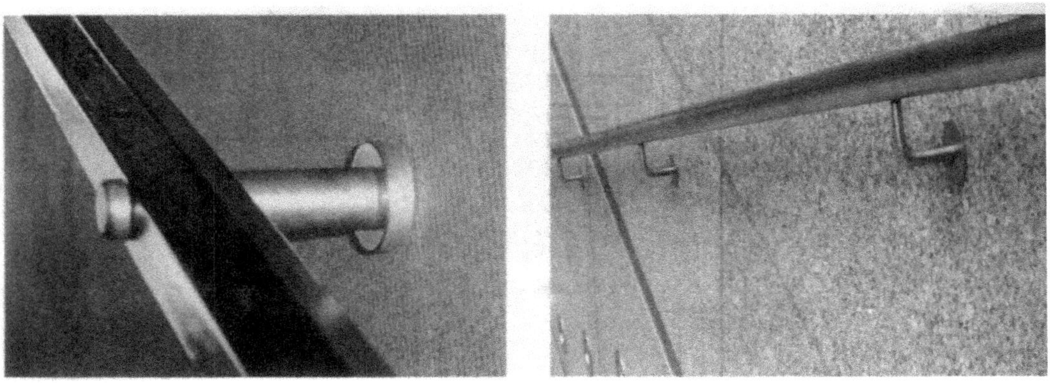

图 5-36　靠墙扶手

(4)楼梯起步和梯段转折处栏杆扶手处理

上下梯段的扶手在平台转弯处往往存在高差，应进行调整和处理。当上下梯段在同一

位置起步时，可以把楼梯井处的横向扶手倾斜设置，连接上下两段扶手。如果把平台处栏杆外伸约 1/2 踏步或将上下梯段错开一个踏步，就可以使扶手顺利连接，但是这种做法栏杆占用平台尺寸较多，楼梯的占用面积也要增加(见图 5-38)。

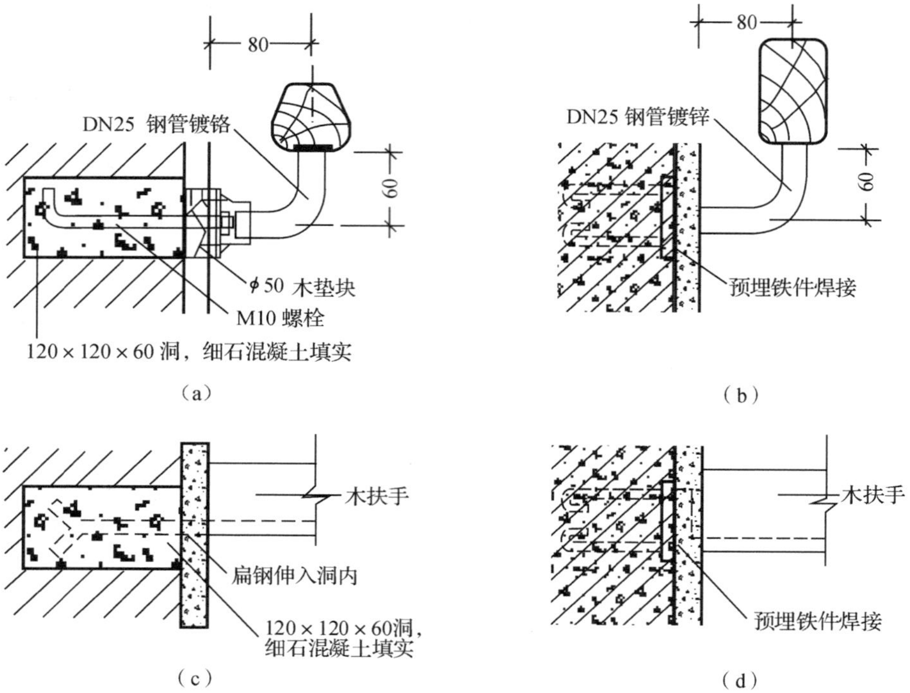

图 5-37 扶手与墙面的连接

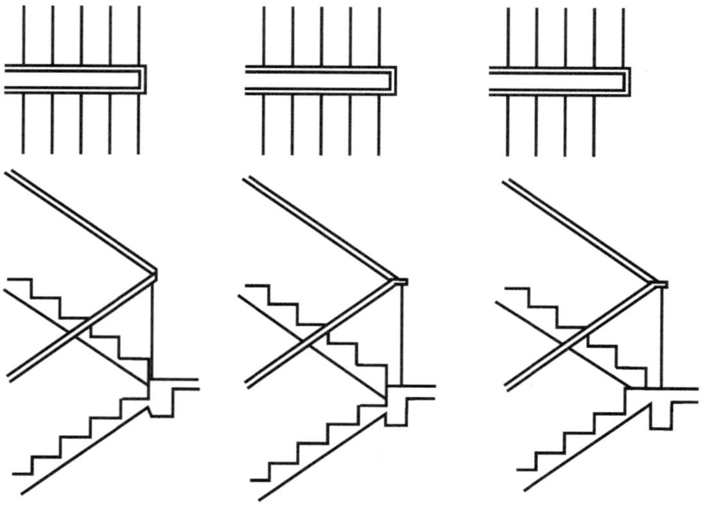

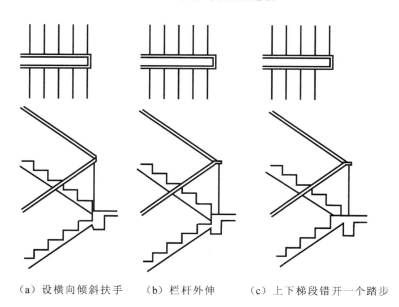

(a) 设横向倾斜扶手 (b) 栏杆外伸 (c) 上下梯段错开一个踏步

图 5-38 楼梯起步和梯段转折处栏杆扶手处理

(5)无障碍扶手

无障碍扶手是行动受限制者在通行中不可缺少的助行设施(见图 5-39),它协助行动不便者安全行进,保存身体平衡。在坡道、台阶、楼梯、走道的两边均应设置扶手,并保持连贯。扶手要坚固适用。扶手安装的高度为 850mm,公共楼梯应设置上下两层扶手。下层扶手高度为 650mm。为了确保安全,扶手在楼梯起步和终步处均要向水平方向延伸 300mm,并且扶手靠近末端处设置盲文标志牌(见图 5-40)。

图 5-39　无障碍扶手实例

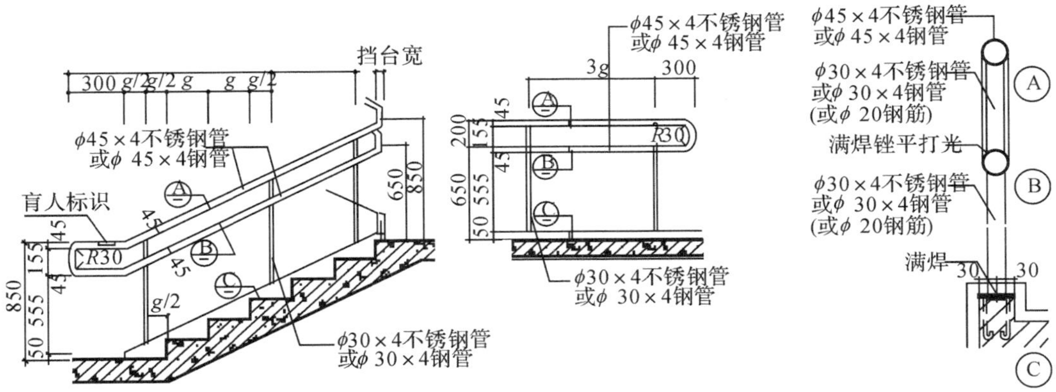

图 5-40　无障碍扶手

5.5 台阶、坡道与无障碍设计

由于建筑室内外地坪存在高差，需要在建筑入口处设置台阶和坡道作为建筑室内外的过渡。台阶是供人们进出建筑之用，坡道是为车辆和残疾人设置的，有时会把台阶和坡道合并在一起共同工作。从规划要求看，台阶和坡道被视为建筑主体的一部分，不允许突出建筑红线，因此在一般情况下，台阶的踏步数不多，坡道长度不大。有些建筑由于使用功能或精神功能的需要，有时有比较大的室内外高差或是把建筑入口设置在二层，此时就需要大型台阶和坡道与其配合。台阶和坡道与建筑入口关系密切，具有相当的装饰作用，美观要求较高。

5.5.1 台阶

1. 台阶的形式和尺寸

台阶的平面形式种类较多，应当与建筑的级别、功能及基地周围的环境相适宜。较常见的台阶形式有单面踏步、两面踏步、三面踏步、单面踏步带花池（花台）等（见图5-41）。

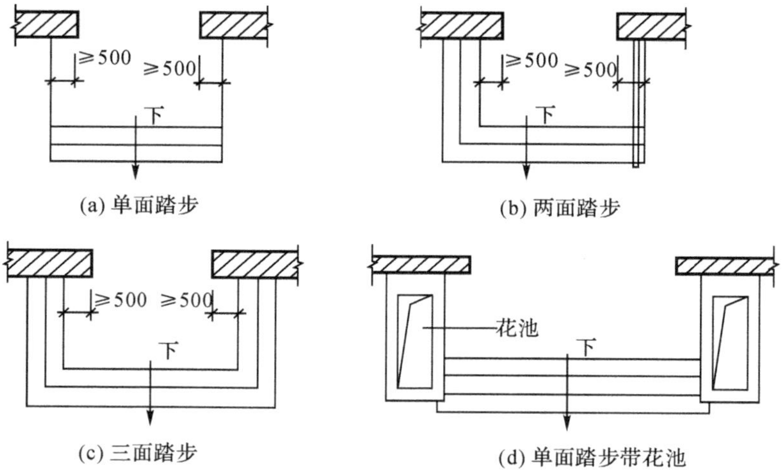

图 5-41 常见的台阶形式

台阶由踏步与平台组成。为了满足起码的使用要求，台阶顶部平台的宽度应大于所连通的门洞宽度，一般至少每边突出 500mm。室外台阶顶部平台的深度不应小于 1.5m。由于室外受雨、雪影响大，为确保人身安全，台阶的坡度宜平缓。通常台阶的踏步踏面宽度不应小于 300mm，通常取 300～400mm，踢面高度不应大于 150mm，通常取 100～150mm。高宽比不应大于 1∶2.5。踏步数室内不应少于 2 级，室外不应少于 3 级。平台地面比室内地面低 20～60mm，向外做 1%～3%的坡度。

2. 台阶的基本要求

(1) 人流密集的场所台阶高度超过 0.7m，并侧面临空时宜有护栏设施。

(2) 影剧院、体育馆观众厅疏散出口内外 1.4m 范围内不能设置台阶踏步。

(3) 室内台阶踏步数不应少于 2 步。

(4) 台阶踏步应充分考虑雨、雪天气的通行安全,用防滑性能好的面层材料。

3. 台阶的构造

台阶的构造分实铺和架空两种,大多数采用实铺。实铺台阶的构造与室内地坪的构造差不多,包括基层、垫层和面层。基层是夯实土;垫层多采用混凝土、碎砖混凝土等;面层有整体和铺贴两大类,如水泥砂浆、水磨石、天然石材等。在严寒地区,为保证台阶不受土壤冻胀影响,应把台阶下部一定深度范围内的土换掉,改设砂垫层。

当台阶尺度较大或土壤冻胀严重时,为保证台阶不开裂和塌陷,往往采用架空台阶。架空台阶的平台板和踏步板均为钢筋混凝土板,分别搁置在梁上或砖砌地垄墙上(见图5-42)。

由于台阶与建筑主体在承受荷载和沉降方面的差异较大,因此大多数台阶在结构上和建筑主体是分开的。一般是在建筑主体工程完成后再进行台阶的施工。台阶与建筑主体之间要注意解决的问题有:⑴处理好台阶与建筑之间的沉降缝,常见的做法是在接缝处挤入一根 10mm 厚的防腐木条;⑵为防止台阶上的积水向室内流淌,台阶平台应向外侧做 0.5%～1%找坡,台阶面层标高应比首层室内地面标高低 10mm 左右(见图 5-43)。

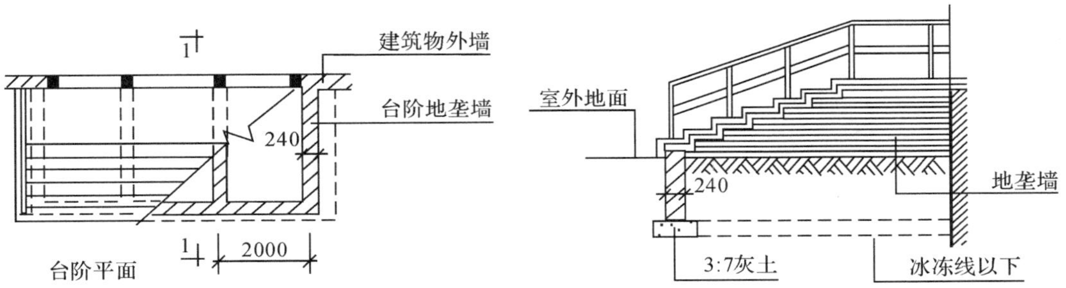

图 5-42　架空台阶

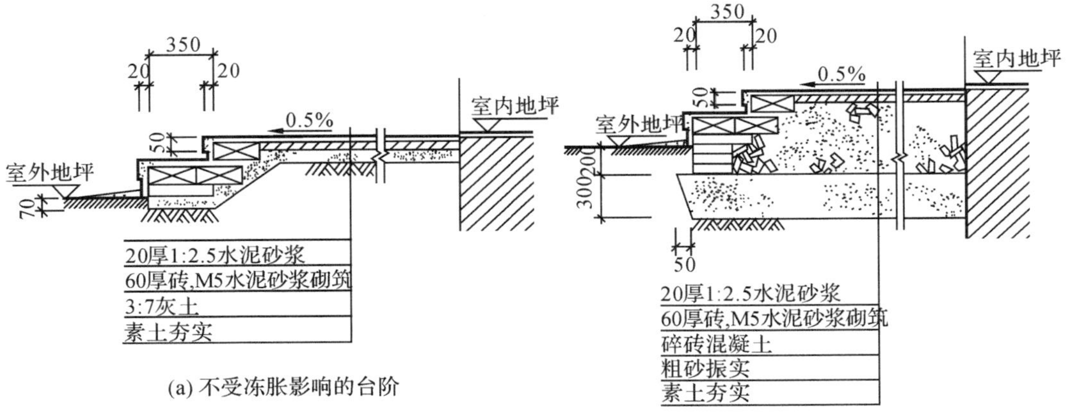

图 5-43　台阶构造做法

5.5.2　坡道

1. 坡道的分类

坡道按照其用途的不同,可以分成行车坡道和轮椅坡道两类。

行车坡道又可以分为普通行车坡道与回车坡道两种。普通行车坡道布置在有车辆出入的建筑入口处，如车库、库房等。回车坡道与台阶踏步组合在一起，布置在某些大型公共建筑的入口处，如办公楼、旅馆、医院等等(见图 5-44)。

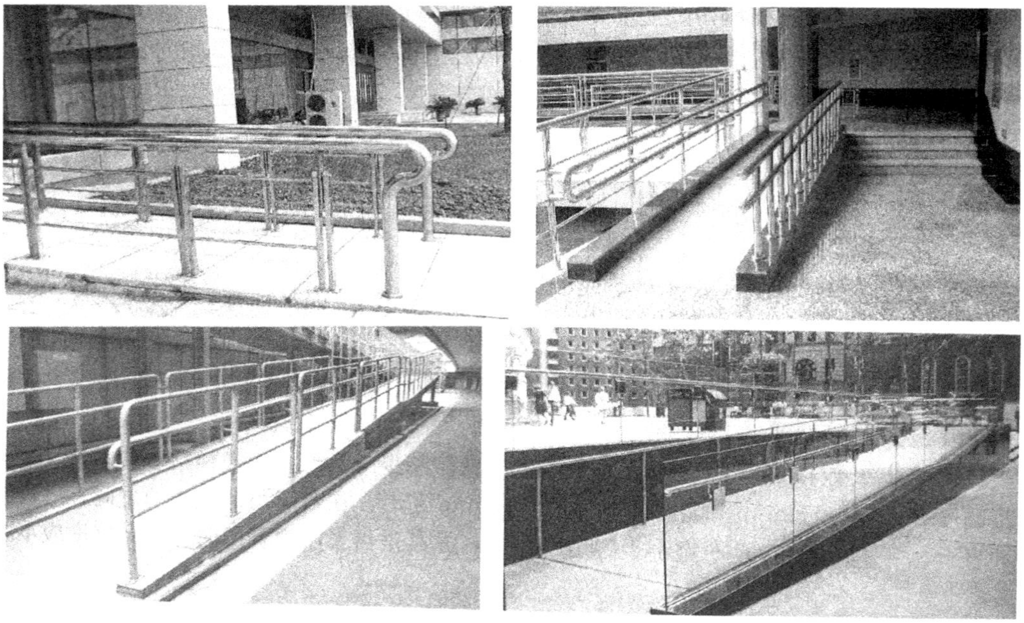

图 5-44　坡道实例

2. 汽车坡道

普通行车坡道的宽度应大于所连通的门洞口宽度，一般每边至少≥500mm。坡道的坡度与建筑室内外高差及坡道的面层处理方法有关。光滑材料坡道的坡度≤1∶12；粗糙材料坡道的坡度≤1∶6；带防滑齿坡道≤1∶4。汽车库内行车坡道的最大坡度见表 5-4。

回车坡道的宽度与坡道的半径以及车辆规格有关，坡道的坡度应≤1∶10。

表 5-4　汽车库内通车道的最大坡度

通道形式 / 坡度 / 车型	直线坡道		曲线坡道	
	百分比(%)	比值(高∶长)	百分比(%)	比值(高∶长)
微型车小型车	15	1∶5.67	12	1∶8.3
轻型车	13.3	1∶7.50	10	1∶10
中型车	12	1∶8.3		
大型客车、大型货车	10	1∶10	8	1∶12.5
铰接客车	8	1∶12.5	6	1∶16.7

注：曲线坡道坡度以车道中心线计。

3. 坡道的构造

坡道一般采用实铺，构造要求与台阶基本相同。垫层的强度和厚度应根据坡道的长度和上部荷

载的大小进行选择，严寒地区的坡道同样需要在垫层下部设置砂垫层(见图 5-45)。

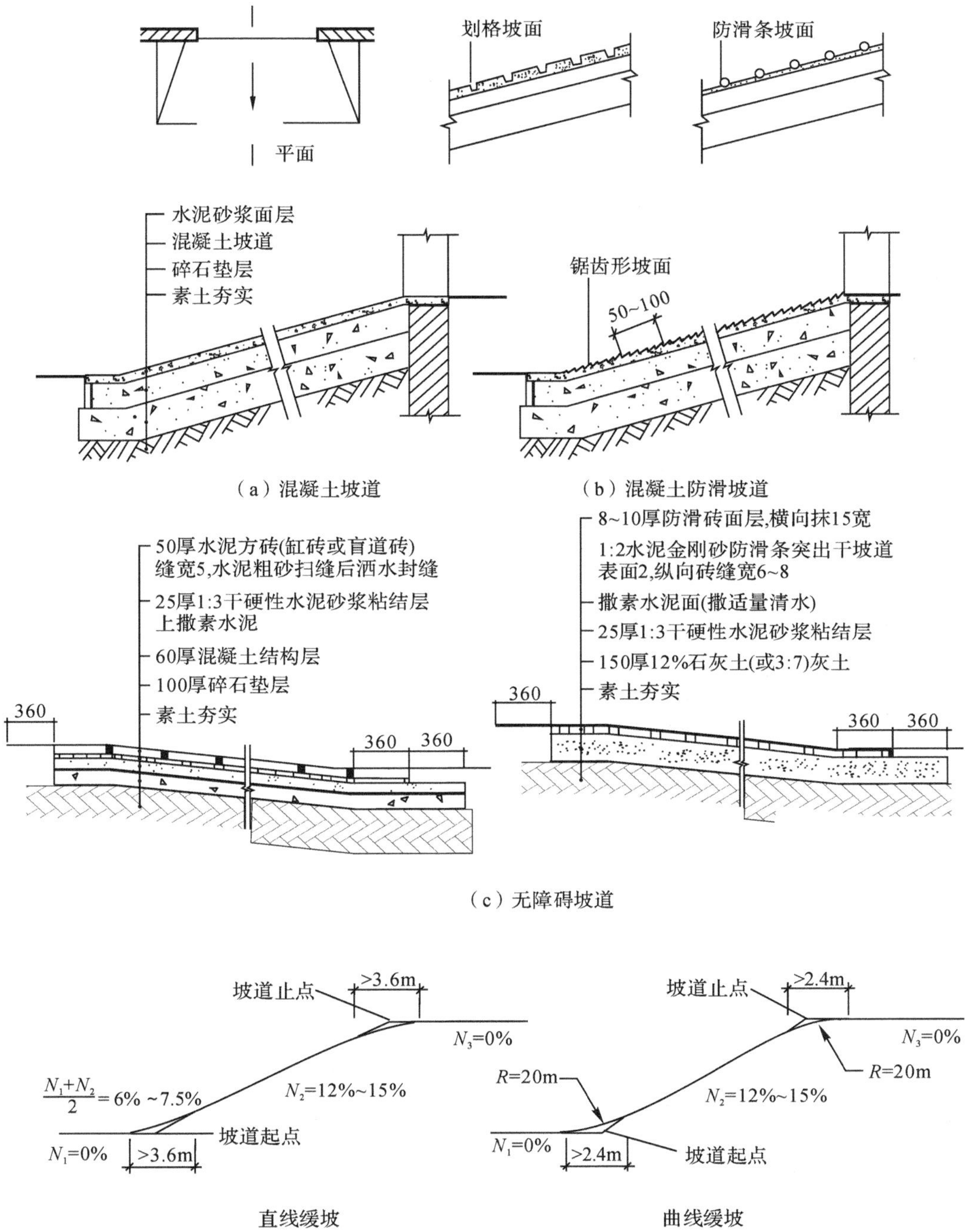

（a）混凝土坡道　（b）混凝土防滑坡道

（c）无障碍坡道

（d）汽车坡道

图 5-45　坡道构造

5.5.3 无障碍坡道

随着我国社会文明程度的提高，为使残疾人能平等地参与社会活动，体现社会对特殊人群的关爱，在公共建筑及市政工程中设置方便残疾人使用的无障碍设计，轮椅坡道就是建筑无障碍设计的主要形式之一。我国还专门制定了《方便残疾人使用的城市道路和建筑物设计规范》，对相关问题做了明确的规定。

建筑物无障碍设计的基本原则是"对每一个人的关怀"，使所有的人在走道通行和设施使用上没有任何不方便和障碍，充分按照不同人的尺度与活动空间参数进行设计。

建筑无障碍设计实施范围主要是在建筑的入口、水平通道、楼梯、公共厕所等。

大型公共建筑无障碍入口(见图 5-46)。处室外地面坡度为 1%～2%。

凡公共建筑、居住建筑入口均须设置专用轮椅坡道和扶手(见图 5-47)。

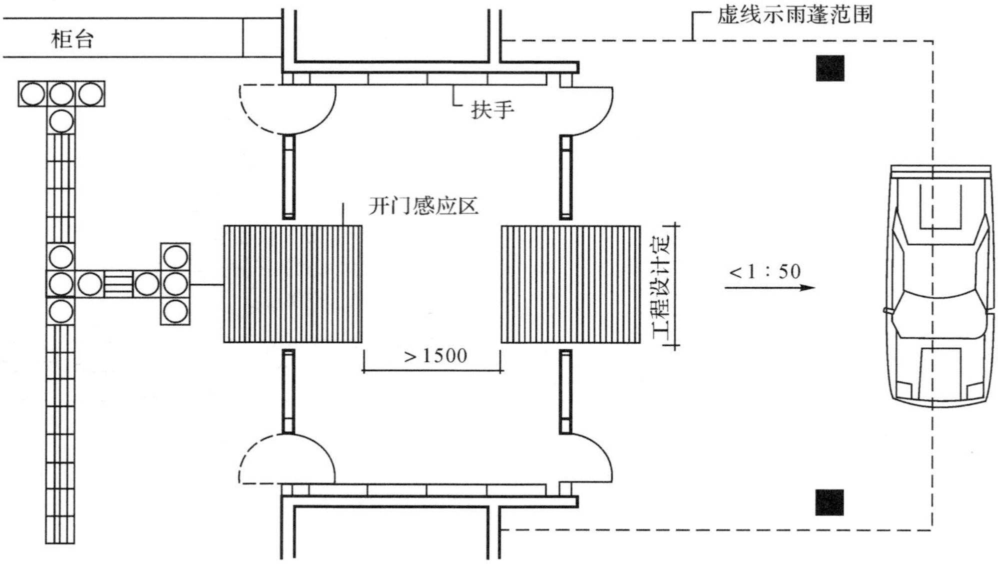

图 5-46　大型公共建筑无障碍入口示例

供轮椅通行的坡道应设计成直线形、L 形或者 U 字形等，不应设计成圆形或弧形。在直坡道两端起点和终点的水平段和 L 形、U 形坡道转向处的中间平台水平段，应设有深度不小于 1500mm 的轮椅缓冲带(见图 5-48)。

除上述规定外，还有如下主要规定：坡道的坡面应平整，不应光滑(不宜设防滑条)；坡度为 1:12；坡道的宽度室外不应小于 1500mm，室内不应小于 1200mm(见图 5-49)；每段坡道的坡度、允许最大高度和水平长度应符合表 5-5、表 5-6 规定；坡道两侧应在 850mm 高度处设置扶手，需要设置两层扶手时下层扶手高度是 650mm，两段坡道之间的扶手应保持连贯；坡道起点和终点处的扶手应水平延伸 300mm 以上，并向下再延伸 100mm 以上；扶手的截面为 35～45mm；坡道两侧凌空时，在栏杆下端宜设置高度不小于 50mm 的安全挡台。

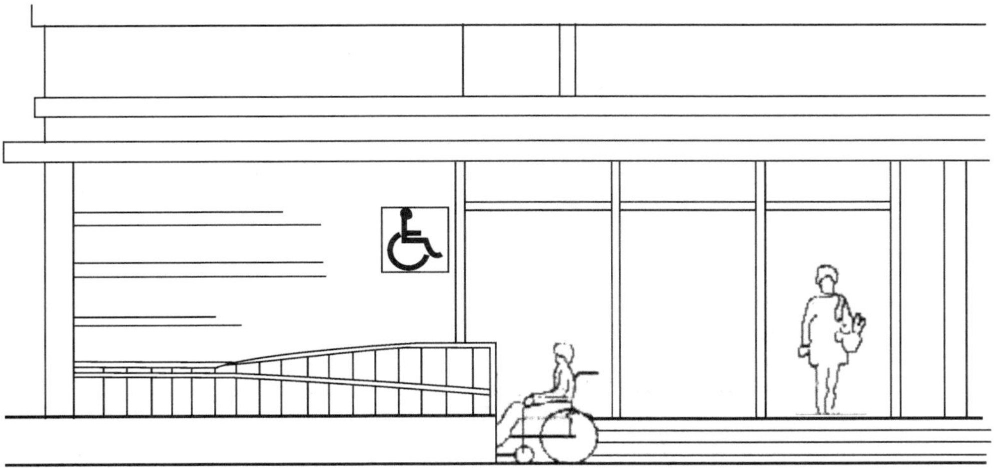

图 5-47 坡道、台阶结合式

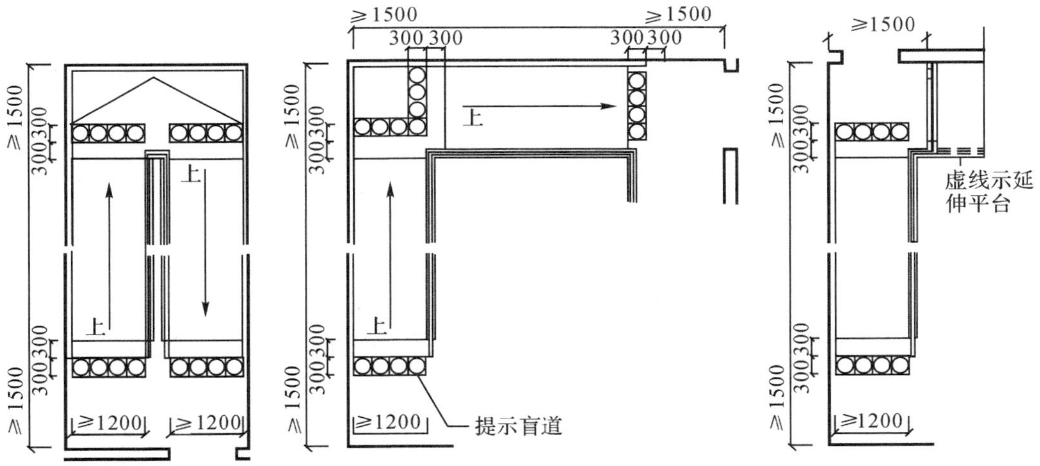

(a) 双跑平行式平面 (b) 转角式平面 (c) 单跑式平面

图 5-48 室外专用人行坡道

表 5-5 不同位置的坡度和宽度

坡道位置	最大坡度	最小宽度(m)
1 有台阶的建筑入口	1∶12	≥1.20
2 只设坡道的建筑入口	1∶20	≥1.50
3 室内走道	1∶12	≥1.00
4 室外通路	1∶20	≥1.50
5 困难地段	1∶10～1∶8	≥1.20

表 5-6 不同坡度的高度和水平长度的限定

坡度	1∶20	1∶16	1∶12	1∶10	1∶8
最大高度(m)	1.5	1.00	0.75	0.60	0.35
水平长度(m)	30.00	16.00	9.00	6.00	2.80

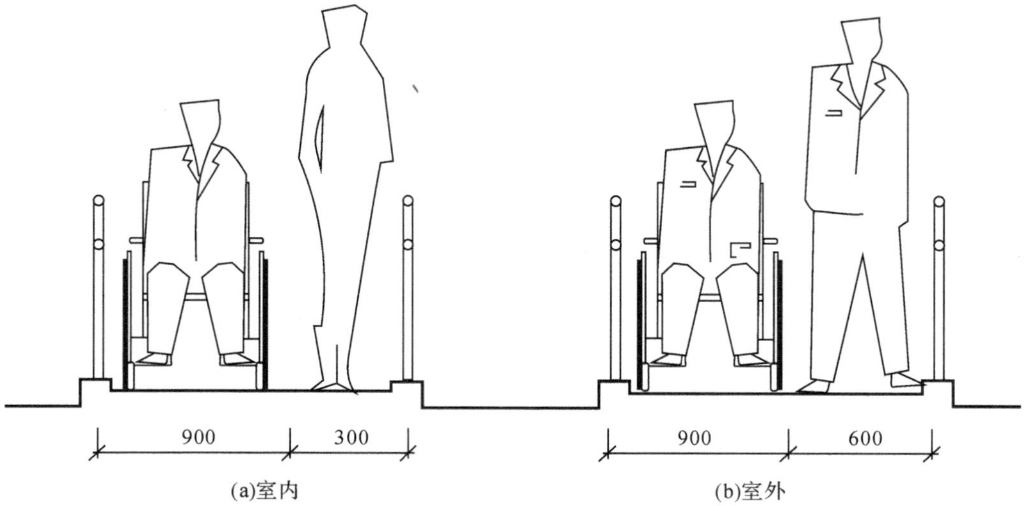

图 5-49 坡道宽度

5.6 电梯和自动扶梯

电梯是现代多层、高层建筑中常用的垂直交通设施。在高层建筑中，电梯是解决垂直交通的主要设备，主要是为了解决人们在上下楼时的体力及时间的消耗问题。有的建筑虽然层数不高，但是由于建筑级别较高或是使用的特殊需要，往往也设置电梯，如高级宾馆、多层仓库等。部分高层和超高层建筑为了满足疏散和防火要求，还要设置消防电梯。

自动扶梯是人流集中的大型公共建筑中常用的建筑设备。在大型商场、展览馆、航空站等建筑中设置自动扶梯，可以方便使用者、疏导人流。有些占地面积大，交通流量大的建筑还设置了自动人行道，以解决建筑内部长距离水平交通，如大型航空港。

电梯和自动扶梯的安装及调试一般是由生产厂家或专业公司负责。不同的厂家提供的设备尺寸、规格和安装要求会有所不同，土建专业人员按照厂家的要求在建筑指定部位预留出足够的空间和设备安装的基础设施。

5.6.1 电梯

1. 电梯的类型

(1)按使用性质分：客梯主要用于乘客在建筑物中的垂直交通联系；货梯主要用于运送货物及设备；病床梯主要用于运送病床(包括病人)和医疗设备；杂物梯主要是用于运送图书、资料、文件、食品等的提升装置，由于结构形式和尺寸关系，轿厢内人不能进入；消防电梯是用于发生火灾、爆炸等紧急情况下消防人员紧急救援用的电梯(见图 5-50)。

(2)按电梯行驶速度分：为缩短电梯等候时间，提高运送能力，需确定恰当速度。根据不同层数和不同使用要求可分为：高速电梯，消防电梯常用速度大于 2.0m/s，客梯速度随层数增加而提高；中速电梯，一般货梯按中速考虑，速度为 1.5～2.0m/s；低速电梯，运送食物电梯常用低速在 1.5m/s 之内。

(3)其他特殊类型：有按单台、双台分；按交流电梯、直流电梯分；按轿厢容量分(以载重量作为标准)；按电梯门开启方向分(左开门、右开门、中开门、贯通左、贯通右等)。

随着技术的进步，还出现了许多具有独特性质或功能的电梯，如：观光电梯、无机房电梯、液压电梯、无障碍电梯等等。

观光电梯具有垂直运输和观光双重功能，适用于高层旅馆、商业建筑、游乐场等公共建筑，它一侧透明。观光电梯在建筑物的位置应选择使乘客视野广阔、景色优美的方位，其造型和平面形式多样，具体工程设计按电梯厂提供的技术参数和土建条件确定。

无机房电梯无需设置专用机房，其特点是将驱动主机安装在井道或轿厢上，控制柜放在维修人员能接近的地方。

液压电梯是以液压传动的垂直运输设备，适用于行程高度小(一般小于等于 12m)、机房不设置在顶部的建筑物。

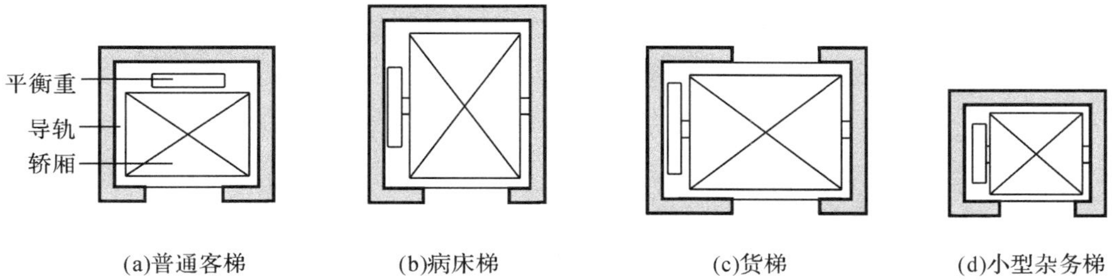

图 5-50　电梯类型与井道平面

2. 普通客梯及电梯厅的布置原则

(1)电梯及电梯厅要适当集中。其位置要适中，以使对各层和层间的服务半径均等。

(2)分层分区：规定各电梯的服务层，使其能服务均等。超高层建筑中，要将电梯分为高、中、低层运行组(见图 5-51)。

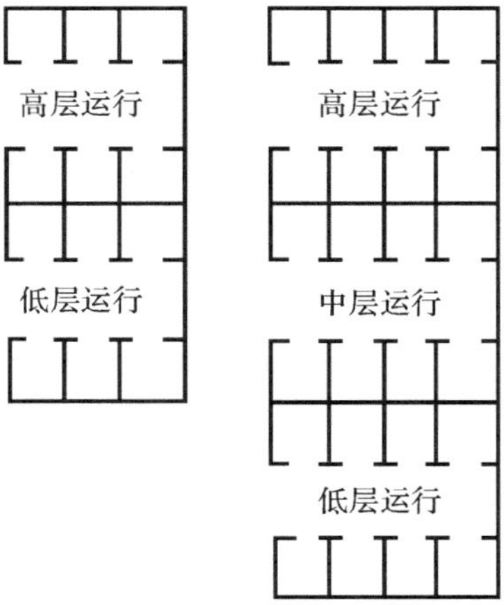

图 5-51　电梯分层分区

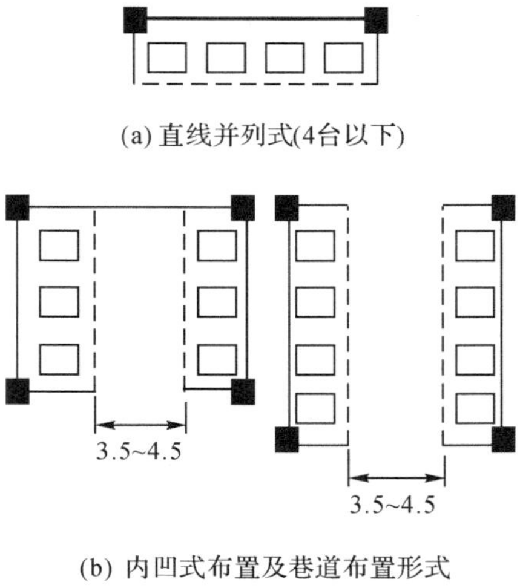

图 5-52　电梯布置形式

(3)主要通道要与电梯厅分隔开，以免相互干扰；单侧并列成排的电梯不宜超过 4 台，双侧排列的电梯不宜超过 8 台。电梯附近设置安全楼梯，以备就近上下楼(如图 5-52)。电梯厅深度如表 5-7 所示。

表 5-7 候梯厅最小深度

电梯类别	布置方式	候梯厅深度
住宅电梯	单　台	≥B
	多台单侧排列	≥B^*
	多台双测排列	≥相对电梯 B^* 之和并<3.50m
公共建筑电梯	单　台	≥1.5B
	多台单侧排列	≥1.5B^*，当电梯群为 4 台时应≥2.40m
	多台双侧排列	≥相对电梯 B^* 之和并<4.50m
病床电梯	单　台	≥1.5B
	多台单侧排列	≥1.5B^*
	多台双侧排列	≥相对电梯 B^* 之和

注：B 为轿厢深度，B^* 为电梯群中最大轿厢深度。

(4)电梯的设置首先要考虑安全可靠，方便用户，其次才是经济性。要在保证一定服务水平的基础上，使电梯的运载能力与客流量平衡。服务水平值等于在电梯运行的高峰小时里，乘客等候电梯时间的平均值(英国和日本规定在 60～90s 之间较为理想)。

3. 电梯的组成

电梯由井道、机房、轿厢三大部分组成。其中轿厢是由电梯厂生产的，并由专业公司负责安装。电梯井道、机房的布局、尺寸及细部构造应根据电梯说明书中的要求设计。

(1)电梯井道

电梯井道是电梯轿厢运行的通道。井道内部设置电梯导轨、平衡配重等电梯运行配件，并设有电梯出入口。电梯井道可以用砖砌，也可以采用现浇钢筋混凝土墙或框架填充墙。观光电梯井道井壁可用通高玻璃幕墙，乘客可通过玻璃幕墙观赏室外景色。不同性质的电梯，其井道根据需要有各种井道尺寸，以配合各种电梯轿厢供选用。井道的净宽、净深尺寸应当满足生产厂家提出的安装要求(见图 5-53)。

电梯井道应只供电梯使用，不允许布置无关的管线。井道壁应是垂直的，井道尺寸只允许正偏差，其值不超过：对于井道宽度和深度为 50mm，在每个平面上，对井道壁与其相应的理想的偏差为 30mm。井道一般每隔一段应设置钢筋混凝土圈梁，供固定导轨等设备用，圈梁上应预埋铁板，铁板后面的焊件与梁中钢筋焊牢，每层中间加圈梁一道，并需放置预埋铁板。当井壁为砖墙时，在安装时钻孔预埋导轨支架。电梯为两台并列时，中间可不用隔墙而按一定的间隔放置钢筋混凝土梁或型钢过梁，以便安装支架。井道底坑应是防水的，300mm 缓冲器水泥墩子，待安装时浇制，须留钢筋 4 根出地面 300mm。井道壁为钢筋混凝土时，应预留 150mm 见方、150mm 深孔洞，垂直中距 2m，以便安装支架。应在井道底部和中部适当位置及地坑处设置不小于 300mm×600mm 的通风口，上部与排烟口结合，排烟口面积不少于井道面积的 3.5%。通风口的总面积的 1/3 应经常开启。通风管道可在井道顶板上或井道壁上直接通往室外。为了便于电梯的维修、井道的安装和设置缓冲器，井道的顶部和底部应当留出足够的空间。空间的尺寸与电梯运行速度有关，具体可以查看电梯说明书(见表 5-8)。

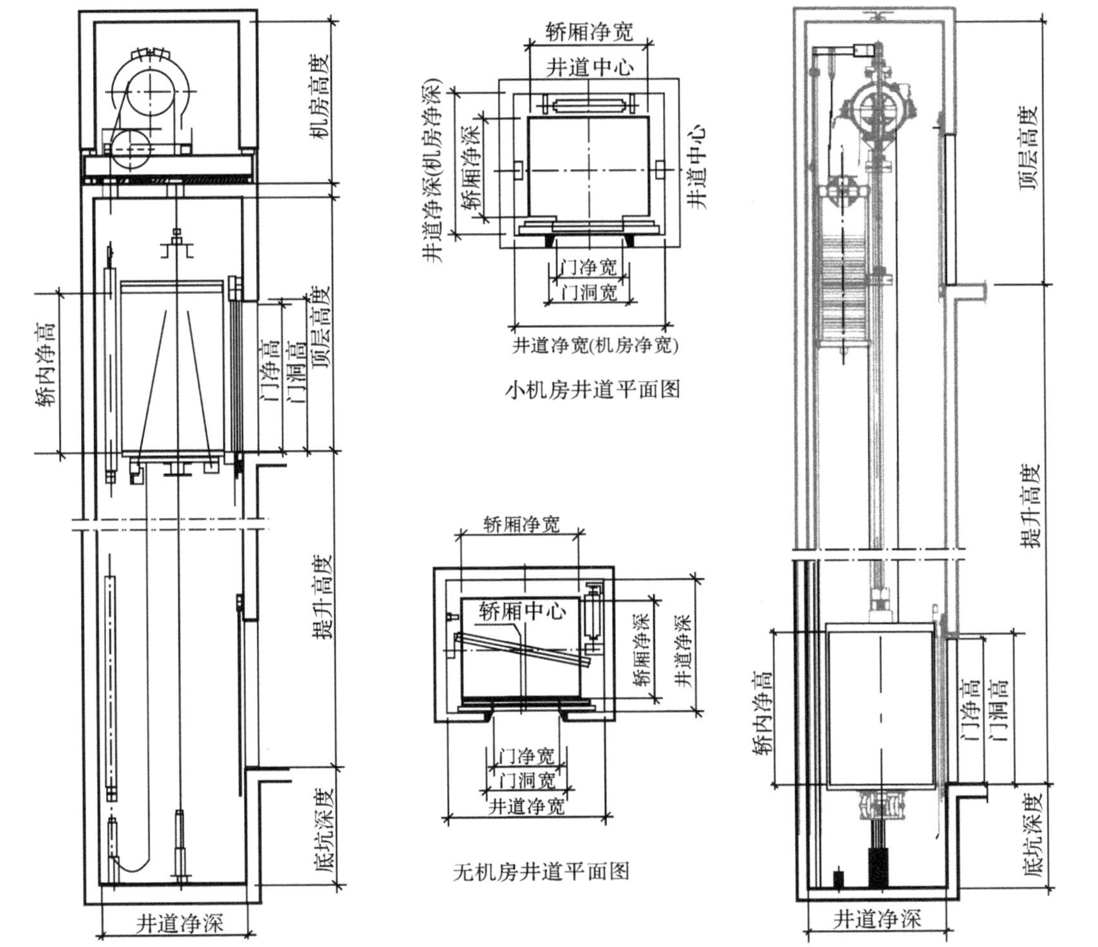

小机房剖面图　　无机房剖面图

(a)小机房电梯　　(b)无机房电梯

图 5-53　电梯井道构造

表 5-8　电梯井道底坑深度和顶层高度

额定速度(m/s)	底坑深度 P 顶层高度 Q (mm)	乘客电梯额定载重量(kg)					住宅电梯额定载重量(kg)						载货电梯额定线重量(kg)					
		630	800	1000	1250	1600	400	630	100	1600	2000	2500	630	1000	1600	2000	3000	5000
0.63	P	1400	1400	1400	1600	1600	1400	1400	1400	1600	1600	1800	—	—	—	—	1400	1400
	Q	3800	3800	4200	4400	4400	3600	3600	3600	4400	4400	4600	—	—	—	—	4300	4500
1.00	P	1400	1400	1600	1600	1600	1400	1400	1400	1700	1700	1900	1500	1500	1700	1700	—	—
	Q	3800	3800	4200	4400	4400	3700	3700	3700	4400	4400	4600	4100	4100	4300	4300	—	—
1.60	P	1600	1600	1600	1600	1600	1600	1600	1600	1600	1900	1900	—	—	—	—	—	—
	Q	400	4000	4200	4400	4400	3800	3800	3800	4400	4400	4600	—	—	—	—	—	—
2.50	P	—	2200	2200	2200	2200	—	2200	2200	2500	2500	2500	—	—	—	—	—	—
	Q	—	5000	5200	5400	5400	—	5000	5000	5400	5400	5600	—	—	—	—	—	—

注：本表内容摘自国家标准《电梯主参数及轿厢、井道、机房的型式与尺寸》GB 7025—1997，该标准等效采用《电梯的安装》ISO 4190。

井道可供单台电梯使用，也可以供两台电梯使用(见图 5-54)。

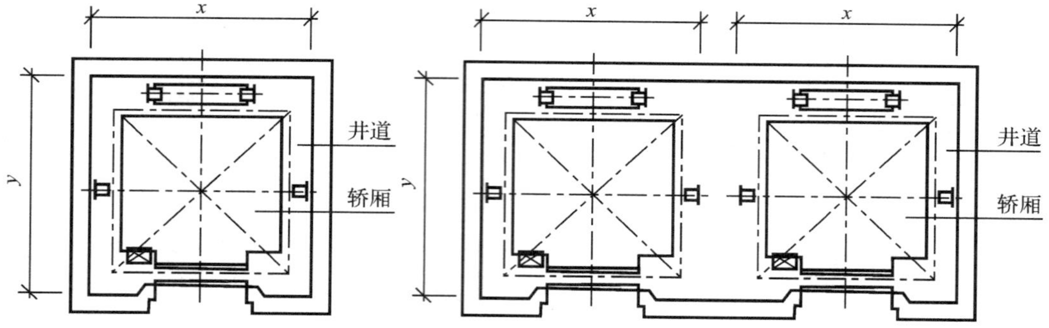

(a) 单台电梯井道

(b) 两台电梯井道

图 5-54 电梯井道

井道出入口的门套应当进行装修，图 5-55 所示是几种门套的构造做法。井道出入口地面应设置地坎，并向电梯井道内挑出牛腿。图 5-56 所示是地坎、牛腿的构造做法。

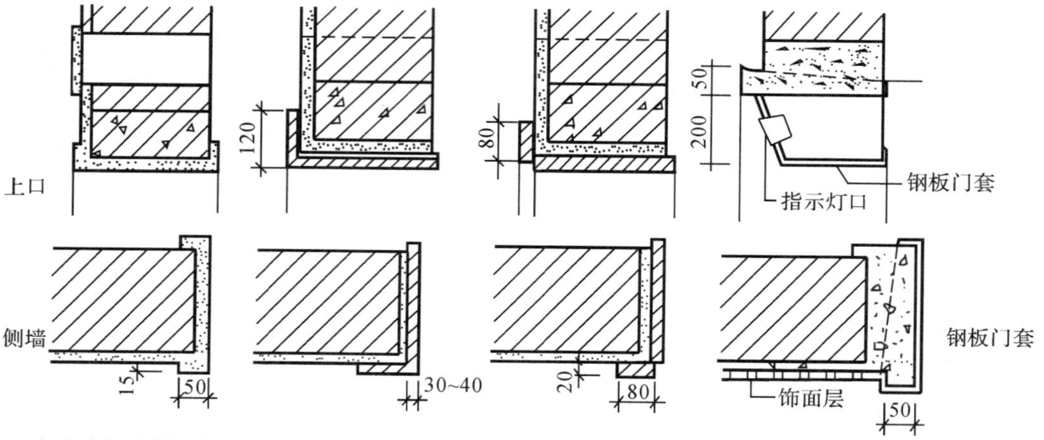

(a) 水泥砂浆门套 (b) 水磨石门套 (c) 大理石门套 (d) 钢板门套

图 5-55 电梯厅门门套构造

(2)机房

电梯机房一般设在电梯井道的顶部，也有少数电梯把机房设在井道底层的侧面(如液压电梯)。机房内应当保持干燥，与水箱和烟道隔离，通风良好，寒冷地区应考虑采暖，并应有充分照明。机房的平面和剖面尺寸均应满足布置电梯机械及电控设备的需要，并留有足够的管理、维护空间，同时要把室内温度控制在设备运行允许范围内。由于机房的面积比井道的大，因此允许机房平面位置任意向井道平面相邻两个方向伸出(见图 5-57)。通往机房的通道、楼梯和门的宽度不应小于 1.2m，并应有充分照明，楼梯坡度不大于 45°。机房楼板应平坦整洁，能难受 6kPa 的均布荷载。机房的平面和剖面尺寸及内部设备布置、孔洞位置和尺寸均由电梯生产厂家给出(见图 5-58)。

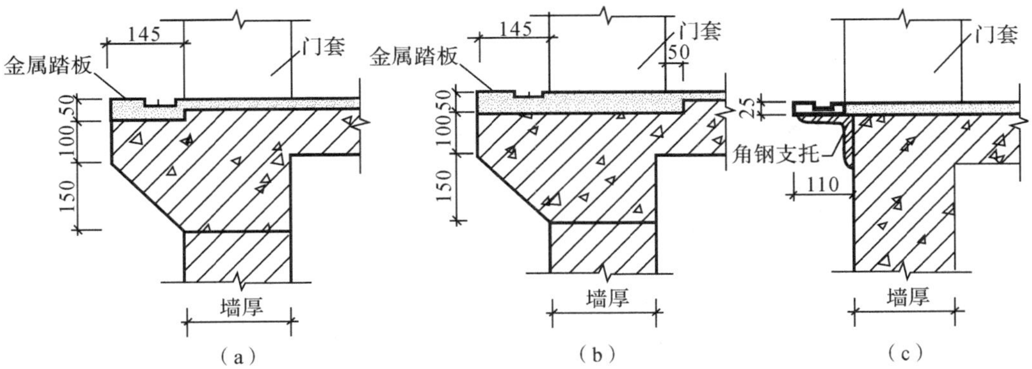

图 5-56　电梯厅门牛腿构造

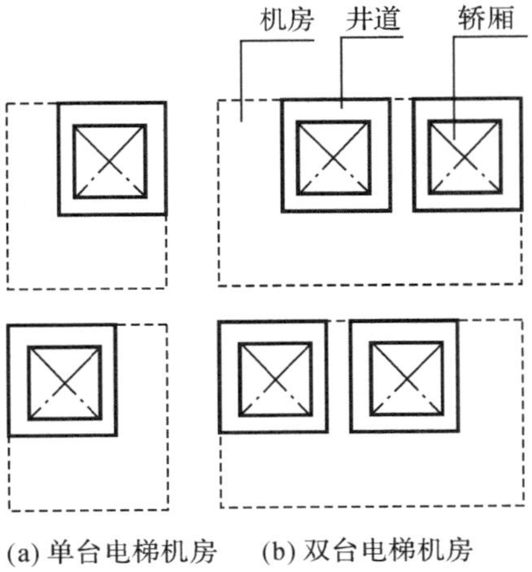

图 5-57　电梯机房与井道的关系图

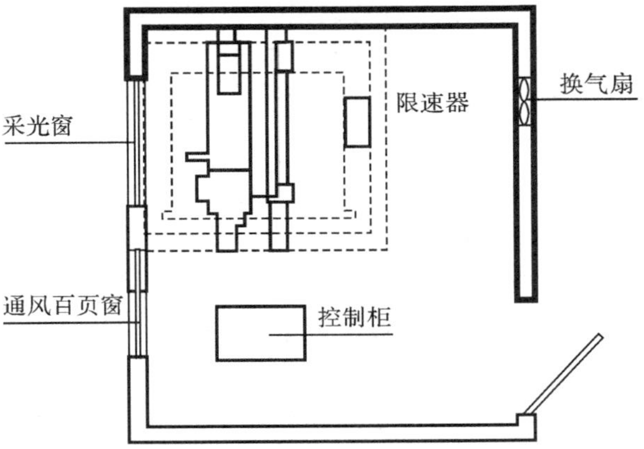

图 5-58　电梯机房平面

由于电梯运行时设备噪音比较大，会对井道周边房间产生影响。为了减少噪音，可以在机房机座下设弹性垫层及在机房与井道间设隔声层，高 1.5～1.8m（见图 5-59）。

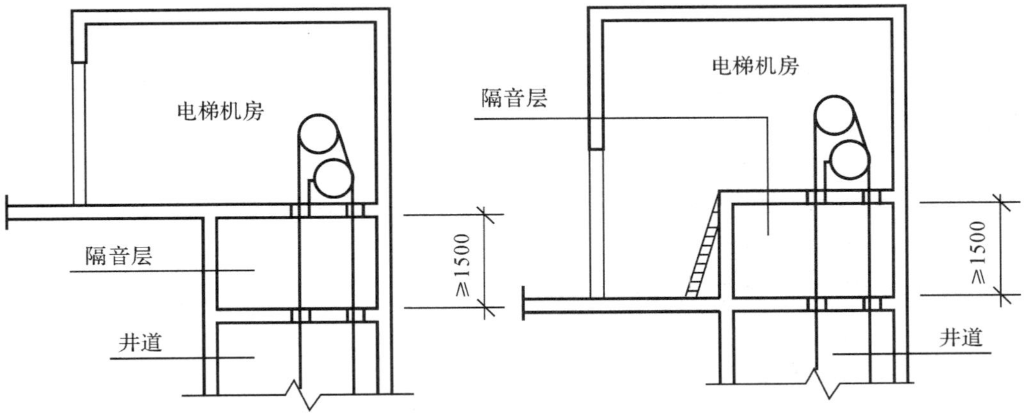

图 5-59　电梯机房隔声层设置

(3)其他部件

电梯的其他部件还有：

轿厢，是直接载人、运货的厢体。

井壁导轨和导轨支架，是支承、固定轿厢上下升降的轨道。

牵引轮及其钢支架、钢丝绳、平衡锤、桥厢开关门、检修起重吊钩等。

有关电器部件。交流、直流电动机、控制柜、励磁柜、选层器、继电器、动力照明、电源开关、厅外层数指示灯和厅外上下召唤盒开关。

4. 消防电梯的设置

消防电梯是在火灾发生时供运送消防人员及消防设备、抢救受伤人员用的垂直交通工具，应根据国家有关规范的要求设置。

《高层民用建筑设计防火规范》规定：一类公共建筑、塔式住宅、十二层及十二层以上的单元式住宅和通廊式住宅、高度超过 32m 的其他二类公共建筑均应设置消防电梯。

高层建筑消防电梯的设置数量应符合如下规定：

(1)每层建筑面积不大于 $1500m^2$ 时，应设 1 台；

(2)每层建筑面积大于 $1500m^2$ 但不大于 $4500m^2$ 时，应设 2 台，且应分设在不同的防火分区内；

(3)每层建筑面积大于 $4500m^2$ 时，应设 3 台，且应分设在不同的防火分区内；

(4)消防电梯可与客梯或工作梯兼用，但应符合消防电梯的要求。

消防电梯的设置应符合下列要求：

(1)消防电梯间应设置前室，其面积应不小于 $6m^2$(居住建筑不小于 $4.5m^2$)，与防烟楼梯合用的前室不小于 $10m^2$(居住建筑不小于 $6m^2$)。

(2)消防电梯的前室宜靠外墙，在底层应设置直通室外的出口或经过长度不超过 30m 的通道通向室外。

(3)消防电梯的前室应采用乙级防火门或具有停滞功能的防火卷帘。采用防火卷帘时，相应位置应设置乙级防火门，并应设置消火栓。

(4)消防电梯井、机房与邻近电梯井、机房之间应采用耐火极限不低于 2 h 的墙隔开。如在隔墙上开门时，应设置甲级防火门。电梯机房门为乙级防火门。

(5)消防电梯井应设有电话及消防队专用的按钮。电梯轿厢的装饰应为非燃烧材料。

(6)消防电梯井底应设排水设施，并宜设置于电梯底坑之外，排水井容量大于等于 $2m^3$。消防电梯门口宜设挡水设施。

(7)消防电梯的载重量不应小于 800kg。轿厢的尺寸≥1000mm×1500mm。行驶速度为：高度小于 100m 时，应大于等于 1.5m/s；高度大于 100m 时，不宜小于 2.5m/s。从首层到顶层的运行时间不应超过 60s。

(8)电梯井道应独立设置，井道内严禁敷设可燃气体和甲、乙、丙类液体管道，并不应敷设与电梯无关的电缆。

5. 无障碍电梯的设置

在大型公共建筑、医疗建筑和高层建筑中，无障碍电梯是残疾人最理想使用的垂直交通设施(见图 5-60)。

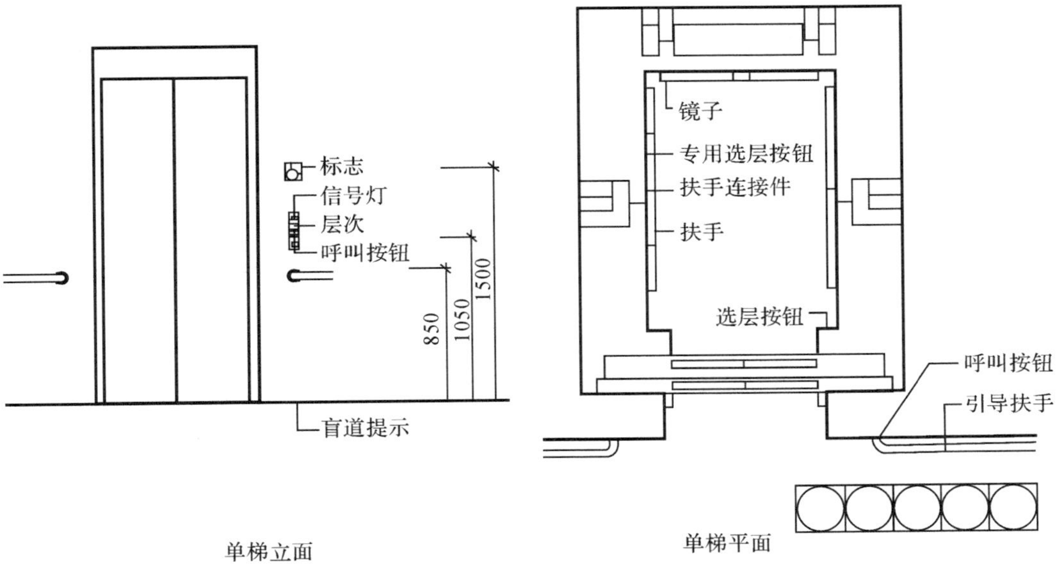

图 5-60　无障碍电梯

5.6.2　自动扶梯

自动扶梯是在人流集中的大型公共建筑，如商场、车站、码头、空港等中使用的垂直交通设施。它为乘客提供了既舒适又快捷的层间上下运输服务。

自动扶梯可分为“商业用”和“公共用”两大类型，商业用扶梯除了提供乘客们一种既方便又舒适的上下楼层间的运输工具外，在一些高层建筑的中庭及商业中心和商场中，自动扶梯可引导乘客走一些既定路线，以便引导乘客和顾客游览、购物。而公共用自动扶梯的主要任务则是在最短时间内，将乘客由一层运送至另一层楼层。

一般自动扶梯均可正逆方向运行，停机时可以当作临时楼梯行走。但是必须注意的是，自动扶梯不允许被作为疏散楼梯使用，因此，在建筑物中设置自动扶梯时，上下两层面积总和若超过防火分区面积时，必须设置防火隔断或是复合防火卷帘以封闭自动扶梯。

1. 自动扶梯的布置方式

自动扶梯一般是设在室内，也可以设在室外。根据自动扶梯在建筑中的位置和建筑平面布局，自动扶梯的布置方式有以下几种(见图 5-61)。

(1)单台布置。这种布置方式往往将两台自动扶梯分设于平面的两侧，一台负责向上运输客流，一台负责向下运输客流。这种布置方式有利于在平面中部形成整体开敞的空间，但是乘客流动不连续，上行下行的导向性不太明确。

(2)双台并列布置。这种布置方式往往将两台自动扶梯平行布置在一起，设置在平面中部，自动扶梯的导向性明确，但是乘客流动不连续，且搭乘场地较近，容易发生混乱。

(3)双台串连布置。这种布置方式将各层自动扶梯有规律地偏移一段距离，其空间效果良好，同时乘客流动连续，导向性明确，但是安装面积大，适用于面积较大，进深较深且服务楼层不多的建筑。

(4)双台交叉布置。这种布置方式将两台自动扶梯交叉布置，使乘客流动升降方向连

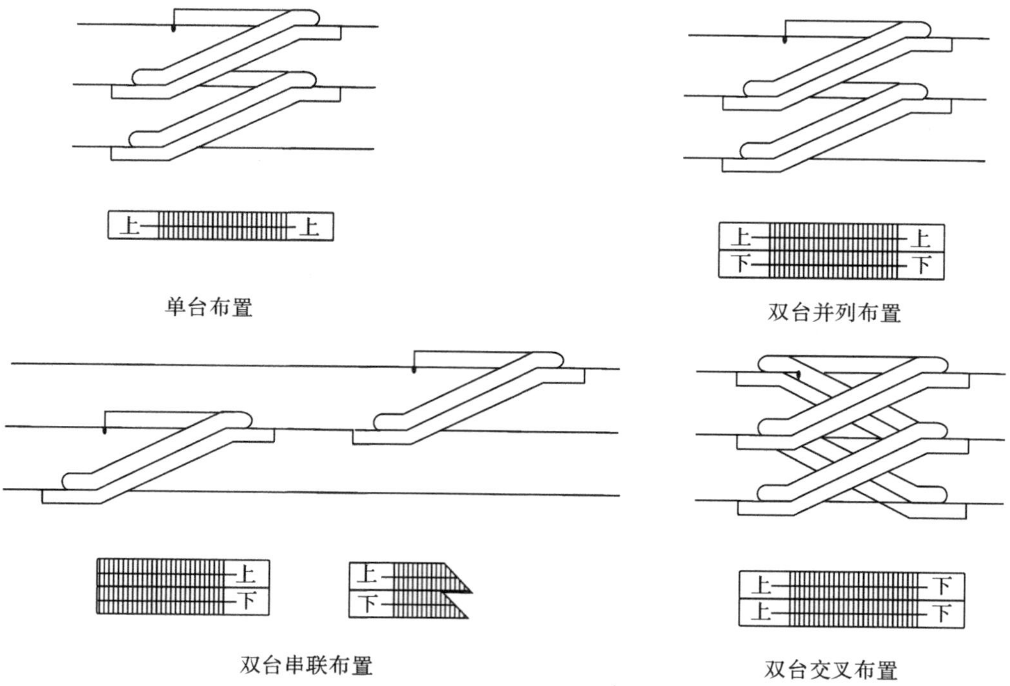

图 5-61　自动扶梯的布置方式

续，而且搭乘场地相互远离，不容易发生混乱，安装面积小，是目前使用较多的一种方式。

2. 自动扶梯的结构和推动系统

自动扶梯的运行原理，是采取一种简单的机电系统技术，由电动马达变速器及安全制动器所组成的推动单元拖动两条环链，而每级踏板都与环链连接，通过轧轮的滚动，踏板便沿着主构架中的轨道循环地运转，而在踏板上面的扶手带以相应的速度与踏板同步运转。

自动扶梯的电动机械装置设置在楼板下面，需要占用较大的空间。底层应设置地坑，供安放电动机械装置，并要做防水处理。自动扶梯在楼板上应预留足够的安装洞。

自动扶梯对建筑室内具有较强的装饰作用，扶手多为特制的耐磨胶带，有多种颜色。栏板分为玻璃、不锈钢、装饰面板等几种。有时还辅助以灯具照明，以增强其美观性。

3. 自动扶梯的尺寸

图 5-62 所示是自动扶梯的基本尺寸，具体尺寸需要查询自动扶梯生产厂家的产品说明书。

自动扶梯的角度有 27.3°、30°、35°，其中 30°是优先选用的角度。

宽度有 600mm（单人）、800mm（单人携物）、1000mm、1200mm（双人）。

4. 自动扶梯的设计要点

自动扶梯的机械装置悬在楼板梁下，楼层下做装饰外壳处理，底部做地坑。在机房上部自动扶梯口处均有金属活动地板供检修之用。

从防火安全考虑，在室内每层设有自动扶梯的开口处，四周敞开的部位均需设置防火卷帘及水幕喷头，喷头间距为 2m。自动扶梯和层间相通的自动人行道单向设置时，应就近布置相匹配的楼梯。

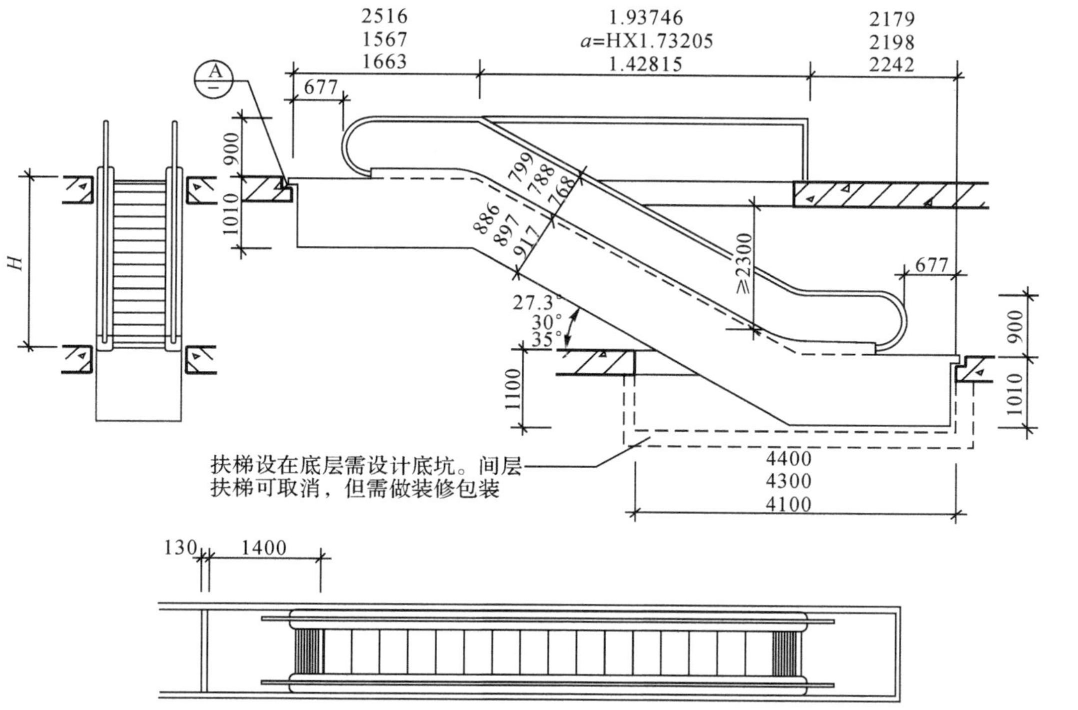

说明:图中所列成组的三个数字,上为27.3° 时，中为30° 时，下为35° 时的相应尺寸。

图 5-62　自动扶梯的尺寸

为防止乘客头、手探出自动扶梯栏板被挤受伤,自动扶梯和自动人行道与平行墙面间、扶手与楼板开口边缘及相邻平行梯的扶手带的水平距离不应小于 0.5m。

5. 自动扶梯的客流量

自动扶梯一般运输的垂直高度为 0～20m,而有些扶梯运输的垂直高度可达 50m 以上。踏板的宽度一般为 600～1000mm 不等,速度则为 0.45～0.75m/s,常用速度为 0.5m/s。自动扶梯的理论载客量为 4000～13500 人次/h。其计算方法如下：

$$Q=(n\times v\times 3600)/0.40$$

式中:Q——每小时载客人次；

v——扶梯速度；

n——每级踏板站靠人数；

600mm 踏板……$n=1.0$；

800mm 踏板……$n=1.5$；

600mm 踏板……$n=2.0$。

本章小结

本章着重讲述楼梯、室外台阶和坡道、电梯和自动扶梯三部分内容。

楼梯部分除有关设计内容外,重点讲了钢筋混凝土楼梯的构造。

1. 楼梯是建筑中重要的部件。它布置在楼梯间内，由楼梯段、平台和栏杆构成。常见的楼梯平面形式有直跑梯、双跑梯、多跑梯、交叉梯、剪刀梯等。楼梯位置应明确，光线充足，避免交通拥挤、堵塞，同时必须构造合理，坚固耐用，满足安全疏散要求和美观要求。

2. 楼梯段和平台宽度应按人流股数确定，且应保证人流和货物的顺利通行。楼梯段应根据建筑物的使用性质和层高确定其坡度，一般最大坡度不超过 38°。梯段坡度与楼梯踏步密切相关，而踏步尺寸又与人的步距有关。

3. 楼梯的净高在平台部位应大于 2m；在梯段部位应大于 2.2m。在平台下设出入口，当净高不足 2m 时，可采用长短跑或利用室内外地面高差等办法予以解决。

4. 钢筋混凝土楼梯有现浇式和预制装配式之分，现浇式楼梯可分为板式梯段和梁板式梯段两种结构形式。梁板式梯段又有双梁布置和单梁布置之分。

5. 楼梯的细部构造包括踏步面层处理、栏杆与踏步的连接方式以及扶手与栏杆的连接方式等

6. 室外台阶和坡道是建筑物入口处解决室内外地面高差，方便人们进出的辅助构件，其平面布置形式有单面踏步式、三面踏步式、坡道式和踏步、坡道结合式之分。构造方式又依其所采用材料而异。

7. 电梯是高层建筑的主要交通工具。由机房、电梯井道地坑以及运载设备等部分组成，细部构造包括厅门、门套装修、厅门牛腿的处理、导轨支架与井壁的固结处理等。

复习思考题

1. 常见的楼梯形式有哪几种？各适用于什么建筑？
2. 楼梯主要是由哪些部分组成？
3. 楼梯段的最小净宽有何规定？平台宽度与楼梯段宽度的关系如何？
4. 楼梯的净空高度有哪些规定？如何调整首层通行平台下的净高？
5. 现浇钢筋混凝土楼梯有哪几种？在荷载传递上有何不同？
6. 楼梯踏步的防滑措施有哪些？
7. 台阶的平面形式有哪些？踢面和踏面的尺寸如何规定？
8. 栏杆与踏步的构造如何？
9. 扶手与栏杆的构造如何？
10. 电梯主要由哪几部分组成？
11. 常用的电梯有哪几种？
12. 自动扶梯的布置形式有哪些？各自有什么特点？
13. 供轮椅通行的坡道宽度如何设计？扶手设计有什么要求？
14. 楼梯设计题

设计条件：

今有 5 层砖混住宅，层高 2.8m，墙厚 240mm，室内外高差 500mm，楼梯间开间 2.6m，标准层进深 5.0m，底层设住宅单元出入口，可根据设计结合单元门厅往外扩大。

设计要求：

(1)根据以上条件，设计楼梯段宽度、长度、踏步数及其高、宽尺寸；

(2)确定休息平台宽度;

(3)设计栏杆形式及尺寸;

(4)保证踏步尺寸、平台深度、梯段及平台净高(尤其是底层入口处)均满足规范要求。

设计内容:一张 2# 图,墨线完成

(1)楼梯间平面图(底层、二层或标准层、顶层),比例 1∶50。

(2)楼梯间剖面图,比例 1∶50。

(3)2~3 个节点(包括踏步、栏杆、扶手等),比例 1∶10。

(4)全部用铅笔完成底稿,再上墨,图面文字、数字、线型、图例均应符合制图规定,尺寸、标高齐全,构造做法清楚。

几点提示:

- 楼梯选现浇,梯段形式可选板式或梁板式;
- 底层出入口处地坪应高于室外,设室外台阶或坡道,门上设雨蓬;
- 室外设明沟或散水;
- 楼梯间外墙根据需要底层开门,其余楼层开窗;

第6章　屋顶

学习要点

本章主要学习屋顶的分类、基本设计要求、屋面排水、屋面防水及保温隔热等基本知识及构造做法。重点掌握屋面排水、防水及屋面节能，并能在设计中系统运用。学习中要注意相关构造措施的设计要点，做到理论知识与实践应用相结合。

6.1　屋顶概述

屋顶是房屋的重要组成部分之一，既是房屋顶部的承重结构，也是房屋最上部的围护结构。它的出现、发展是以满足人类生活需要为出发点，使人类免受自然环境中各类不利侵袭，抵御日晒、雨雪等，形成下部一个良好的使用环境。屋顶作为房屋的承重结构，要承担自重及风、雨、雪荷载，上人屋面的绿化及活动荷载等。作为围护结构，屋顶的基本功能是防水、排水，同时又起保温、隔热的作用。屋顶作为建筑造型的重要内容之一，它的造型体现了建筑的规模及内部空间特性，同时被程式化的屋顶形式也是各类建筑风格的重要特征要素之一。

6.1.1　屋顶分类和设计要求

1. 屋顶的分类

(1)根据屋面的外形和结构分类

按外形和结构形式，屋顶可以分为平屋顶、坡屋顶、悬索屋顶、薄壳屋顶、拱屋顶、折板屋顶等。

1)平屋顶

平屋顶是多数民用建筑采用的屋顶形式。建筑空间多为矩形，这种屋顶形式的下部空间符合多数使用功能要求，并且屋顶多为混合或框架结构，容易处理建筑与结构的关系，较为经济合理。屋面可以开发利用，可以做成活动露台、屋顶花园等(见图6-1)。

平屋顶也应有一定的排水坡度，一般把坡度在2%～5%的屋顶称为平屋顶。

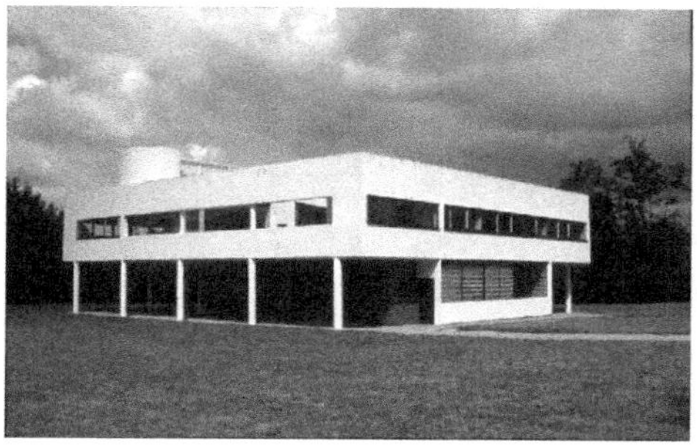

图 6-1　萨伏伊别墅

图 6-2　故宫

2)坡屋顶

坡屋顶是我国传统建筑中必不可少的一部分,历代匠师不惮烦难,集中构造之能力于此。梁思成在《中国建筑史》中对我国传统的坡屋顶作了精彩的论述:“依梁架层叠及‘举折’之法,以及角梁、翼角,椽及飞椽,脊吻等之应用,遂形成屋顶坡面,脊转角各种曲线,柔和壮丽,为中国建筑物之冠冕。”(见图 6-2)。

现代建筑中坡屋顶广泛应用于居住建筑、景观建筑或传统风格的公共建筑等。

坡屋顶的屋面面层材料多为瓦材,如混凝土瓦、琉璃瓦,坡度一般为 20°～30°,其结构及构造较平屋顶复杂。

3)其他形式的屋顶

随着建筑材料、施工及结构技术的发展,在大空间的建筑中,多采用大跨度屋顶的结构形式,如拱结构屋顶、折板结构屋顶、薄壳结构屋顶、桁架结构屋顶、悬索结构屋顶、网架结构屋顶等。在建筑创作多元化的今天,各类民用建筑的屋顶花样繁多,有时也采用曲面或折面等其他形状特殊的屋顶(见图 6-3,图 6-4)。

图 6-3　国家体育场

图 6-4　上海青浦浦阳阁

(2) 根据屋面材料分类

按所使用的材料,屋顶可分为钢筋混凝土屋顶、瓦屋顶、金属屋顶、玻璃屋顶等。

2. 屋顶的设计要求

随着建筑技术的发展,人们在屋面工程实践中已经逐渐认识到:要提高屋面工程的技术水平,就必须把屋面当作一个系统工程来进行研究,建立起一个屋面工程技术内在规律的理论分析体系,指导屋面工程技术的发展。屋顶设计具体的要求有:

（1）结构要求

屋顶要承受风、雨、雪等荷载及其自重、屋面施工及上人屋面活荷载等。屋顶通过支承结构将这些荷载传递给墙柱等构件，并与它们共同构成建筑的受力骨架，因而屋顶也是承重构件，应有足够的强度和刚度，必须保证房屋的结构安全，尤其是结构新颖的大跨度屋顶，结构形式较为复杂，设计难度高，屋顶结构安全尤为重要；另外，也不允许屋顶受力后有过大的结构变形，否则易使防水层开裂，造成屋面渗漏。

（2）防水要求

作为围护结构，屋顶最基本的功能是防止渗漏。渗漏一般都是由于无法及时排水导致积水而产生的。因此，屋面防水不仅仅是“防”，还有很重要的一点是“排”。

屋面防水工程做法很多，主要有卷材防水屋面、刚性防水屋面、涂膜防水屋面、平瓦屋面、金属防水屋面等。

（3）热工及节能要求

我国幅员辽阔，气温相差大，北方地区冬季采暖时间长；中部地区夏季闷热需制冷，冬季湿冷需采暖；南方地区，夏季湿热时间长。随着生活水平的提高，人们对室内环境温度的舒适度提出了很高的要求。室内人工环境的舒适度主要依赖于现代建筑技术及新材料的使用，应避免依靠消耗非再生能源而达到舒适，建筑设计提倡在节约能源的前提下提高室内环境舒适度。

保温隔热屋面随着建筑物的功能和建筑节能的要求，其使用范围将越来越广泛。提高能源利用效率，改善室内热环境质量，合理设计建筑围护结构的热工性能，提高采暖、制冷、照明、通风、给排水和通道系统的运行效率，以及利用可再生能源，在保证建筑物使用功能和室内热环境质量的前提下，降低建筑能源消耗，合理、有效地利用能源。

（4）建筑造型及城市设计要求

建筑物的屋顶作为建筑的顶部围护结构，它不仅在建筑物形态塑造中起到重要作用，同时屋顶形态也是构成城市空间的重要元素，在不同尺度范围内和城市空间产生相互作用和影响。

各国和地区的建筑，因历史文化和地域条件的不同，建筑风格各异，而屋顶是传递历史或区域文化信息的典型符号。欧洲历史上的古希腊、古罗马、拜占庭、哥特、文艺复兴风格，因地理位置不同而形成的北欧风格、南美风格、西班牙风格和以中国为代表的亚洲风格，同时也形成了各种不同的屋面形式（见图 6-5，图 6-6）。

图 6-5 拜占庭风格的圣索菲亚大教堂

图 6-6 哥特风格的巴黎圣母院

从城市设计角度来说，建筑群的高度和体量控制了城市天际线的节奏和走势，而屋顶形态控制了天际线的轮廓和细部，两者共同形成天际线的特征；同时建筑屋顶作为建筑的第五立面是构成城市肌理的基本单元之一，屋顶的尺度、形体、材质、色彩、高度、组合的结构和密度都会影响城市肌理的形成和变化，图 6-7 所示为上海浦东城市天际线。

图 6-7　上海浦东城市天际线

(5) 功能的多样性要求

现代功能要求是以高度发达的材料和技术科学为保障的，是两者结合的产物，它也为城市中的建筑带来各种特殊的屋顶设计。

屋顶绿化拓展了建筑的使用空间，改善了屋顶的隔热性能；对于城市来说，它也是开拓城市空间、美化城市、活跃景观的好办法。

城市中高层和超高层建筑为观赏城市景观提供了特殊的视角，也成为建筑空间塑造的重点部位，通常结合顶部形体塑造形成大型公共空间，如观光厅、餐厅、会议厅、观演厅等。为配合观光功能，服务功能也纷纷融合到高层的顶部，如旋转餐厅是融合这些功能的最佳技术手段之一。

屋顶也是很多建筑设备的集中地，如水箱、空调冷却塔、电梯机房、各种天线、擦窗机等。由于这些设备的造型特殊，体量或高度都无法忽视，对建筑的屋顶形态构成了很大的影响。

6.1.2　屋面坡度与排水

1. 屋面坡度

(1)屋面坡度表示方法

屋面坡度常采用脊高与相应水平投影长度的比值来标定，如在坡屋面中常用 1∶2、1∶2.5等，较大坡度也用角度法，如 30°、45°等，较平坦的坡度常用百分比法，如在平屋面中常用 2%、3%等来表示，如图 6-8 所示。

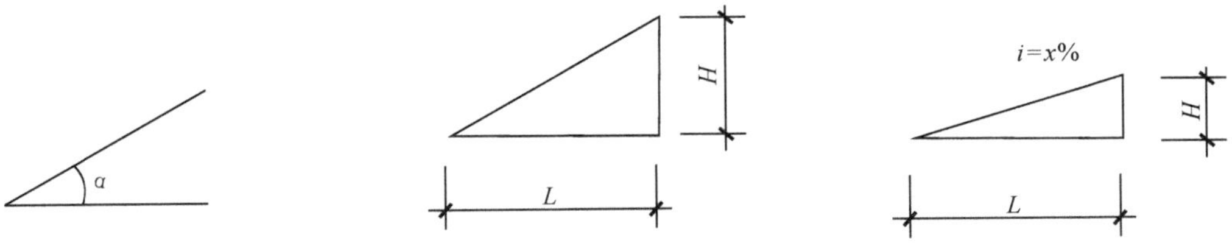

(a)角度法　(b)斜率法　(c)百分比法

图 6-8　坡度表示方法

(2)影响屋顶坡度的因素

1)造型及使用功能

建筑物的造型很大程度上决定了屋顶的形式:如现代风格的平屋面,传统风格的坡屋面,及在大跨度建筑中常采用的曲线、折线屋面。

中国传统大屋顶特有凹曲面的屋顶不仅在顶端表达了强烈的动势,而且整体更为轻灵舒展,体现了对外部空间的延伸和包容,能更好地融于周围环境之中,成为中国传统建筑最明显的外部特征。

另外,屋顶下部的空间使用要求及屋面的功能也影响屋顶的坡度。如坡屋面住宅阁楼内的空间高度要求,直接影响到屋面的形式和坡度。在平屋面中,上人屋面坡度就不能太大,否则影响屋面使用。不上人平屋面,在不影响建筑造型和下部空间美观的前提下,可适当加大屋面坡度。

2)降雨量及屋面防水材料

降雨量的大小对屋面坡度也会产生一定的影响。年降雨量大的地区,房屋的屋面坡度就宜适当加大。我国南方地区年降雨量较大,北方地区年降雨量较小,因而在相同条件下,一般南方地区屋面坡度比北方的大。

不同的防水材料因材料的尺寸大小、防水性能的不同,也对适用屋面的坡度有一定要求。

平瓦(含混凝土瓦、烧结瓦)	20%~50%
波形瓦	10%~50%
卷材屋面、刚性防水层	2%~3%
种植土屋面	1%~3%
网架、悬索结构金属板	≥4%
压型钢板	10%~35%
油毡瓦	≥20%

(3)屋面坡度形成方法

屋面坡度形成一般有结构找坡和材料找坡两种方法。

1)结构找坡

在坡屋面或曲线屋面中,屋顶的支撑系统已经形成屋面的坡度;在平屋面中,有时通过设计一定倾斜角度的屋面梁、板,使屋面形成一定的坡度,这就是结构找坡。结构找坡具有屋面荷载轻、施工简便、坡度易于控制、省工省料、造价低等优点,其缺点是室内的结构天棚是倾斜的。结构找坡适用于室内空间要求不高或设有吊顶的房屋。一般单坡跨度大于9m的屋顶,宜做结构找坡,且坡度不应小于3%(见图6-9(a))。

2)材料找坡

材料找坡是在水平的结构层表面采用轻质材料做出排水坡度,常见的找坡材料有水泥焦渣、石灰炉渣等。采用材料找坡的房屋,室内可获得水平的结构顶棚面,但找坡层会加大结构荷载,当房屋跨度较大时尤为明显;同时找坡材料具有较大的吸水率,施工时采用水泥作胶结材料,含水量较大,使用过程中,水分逐渐汽化,易使防水层产生鼓泡。因此,材料找坡适用于跨度不大的平屋顶,一般坡度宜为2%(见图6-9(b))。

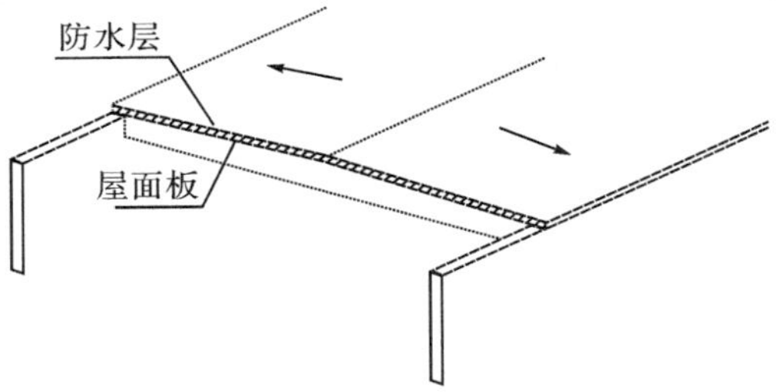

(a)结构找坡

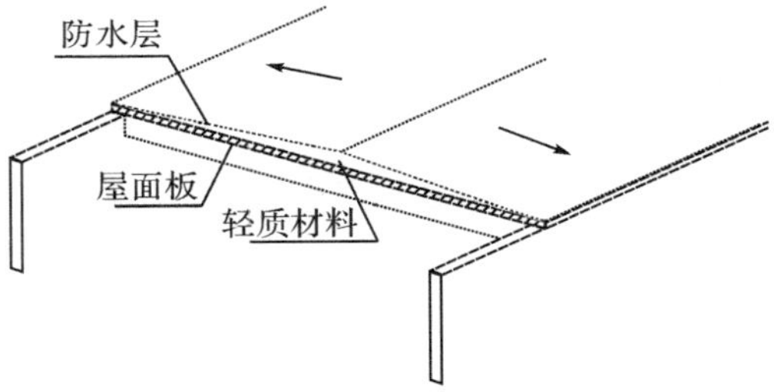

(b)材料找坡

图 6-9　坡度形成方法

2. 屋顶排水

(1) 屋顶排水方式

屋顶排水方式分为无组织排水和有组织排水两类(见图 6-10)。

1)无组织排水

无组织排水又称自由落水,是指屋面雨水直接从挑出外墙的檐口自由落下至地面的一种排水方式。该排水形式施工方便,构造简单,造价低。无组织排水一般适用于低层建筑、少雨地区建筑,标准较高及临街建筑不宜采用。

2) 有组织排水

有组织排水指屋面设置排水设施,将屋面雨水分区域,有组织地疏导引至檐沟,经雨水管排至地面或地下排水管内的一种排水方式。这种排水方式屋面雨水不侵蚀墙面,不影响地面行人交通,是常见的屋面排水方式。

有组织屋面排水分内排式和外排式或两者结合的混排式。为便于检修和减少渗漏,少占室内空间,设计时可采用外排式,当大跨度外排有困难或建筑立面要求不能外排时,则可采用内排式或混排式。

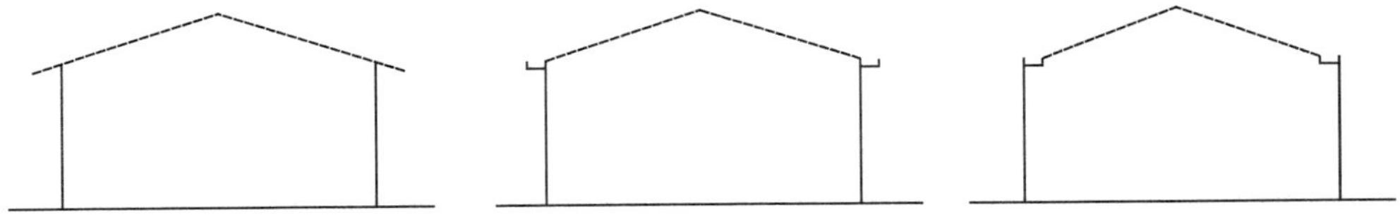

(a)无组织排水　(b)有组织外排水　(c)有组织内排水

图 6-10　屋面排水方式

(2)有组织排水的设计要点

采用有组织排水方式时,应按屋面流水线路快捷、雨水口负荷载布置均匀、檐沟雨水管排水流畅的原则设计屋面排水。

1) 屋面流水线路不宜过长或过分复杂,房屋进深较小的,可采用单坡排水,进深较大时,可采用双坡、多坡排水。

2) 屋面水落管的数量,应按现行《建筑给水排水设计规范》的有关规定,通过水落管的排水量及每根水落管的屋面汇水面积计算确定。建筑屋面各汇水范围内,雨水排水立管不宜少于 2 根。江浙地区一般可按一个雨水口可排除 150～200 平方米屋面雨水估算汇水面积。

雨水汇水面积应按地面、屋面水平投影面积计算。高出屋面的侧墙，应附加其最大受雨面正投影的一半作为有效汇水面积计算。窗井、贴近高层建筑外墙的地下汽车库出入口坡道和高层建筑裙房屋面的雨水汇水面积，应附加其高出部分侧墙面积的二分之一。

3）檐沟纵向坡度不应小于1%，沟底水落差不得超过200mm，可用细石混凝土或炉渣混凝土材料找坡。

4）管径有75、100、125mm等几种，管材有铸铁、镀锌钢管、塑料、不锈钢等，一般屋面雨水管的管径不得小于100mm。明装雨水管立管应直捷，尽量避免曲折，遇有建筑线脚或其他突出墙面装饰件时，雨水管应直通，不宜绕行。暗装雨水管应采用铸铁管或镀锌钢管，并按要求设置检查口(其中心一般距楼地面1m)。

5）由于雨水管中的空气、涡流和可能堵塞等原因，致使底层处的阳台地漏溅水、冒水，因此屋面雨水管和阳台排水管不能合用。

6.2 屋面防水

屋面防水是屋顶系统工程最基本的功能，屋面的渗漏将直接影响建筑物内部空间的正常使用。我国现行的《屋面工程技术规范》GB 50345根据建筑物的性质、重要程度、使用功能要求，将建筑屋面防水等级分为Ⅰ、Ⅱ、Ⅲ、Ⅳ级，防水层合理使用年限分别规定为25年、15年、10年、5年，并根据不同的防水等级规定了设防要求及防水层选用材料。根据不同的屋面防水等级和防水层合理使用年限，分别选用高、中、低档防水材料，进行一道或多道防水设防。屋面防水层多道设防时，可采用同种卷材叠层或不同卷材复合，也可采用卷材和涂膜复合，刚性防水材料和卷材或涂膜复合等，见表6-2。

表6-2 屋面防水等级和设防要求

项目	屋顶防水等级			
	Ⅰ级	Ⅱ级	Ⅲ级	Ⅳ级
建筑物类别	特别重要或对防水有特殊要求的建筑	重要的建筑和高层建筑	一般的建筑	非永久性的建筑
防水层合理使用年限	25年	15年	10年	5年
设防要求	三道或三道以上防水设防	二道防水设防	一道防水设防	一道防水设防
防水层选用材料	宜选用合成高分子防水卷材、高聚物改性沥青防水卷材、金属板材、合成高分子防水涂料、细石防水混凝土等材料	宜选用高聚物改性沥青防水卷材、合成高分子防水卷材、金属板材、合成高分子防水涂料、高聚物改性沥青防水涂料、细石防水混凝土、平瓦、油毡瓦等材料	宜选用高聚物改性沥青防水卷材、三毡四油沥青防水卷材、金属板材、高聚物改性沥青防水涂料、合成高分子防水涂料、细石防水混凝土、平瓦、油毡瓦等材料	可选用二毡三油沥青防水卷材、高聚物改性沥青防水涂料等材料

注：1.采用的沥青均指石油沥青，不包括煤沥青和煤焦油等材料。

2.石油沥青纸胎油毡和沥青复合胎柔性防水卷材，系限制使用材料。

3.在Ⅰ、Ⅱ级屋面防水设防中，如仅作一道金属板材时，应符合有关技术规定。

防水材料主要有卷材、涂膜、细石防水混凝土、瓦等。当前我国建筑防水材料发展的方向是：全面提高我国防水材料质量的整体水平，大力发展弹性体(SBS)、塑性体(APP)改性沥青防水卷材，积极推进高分子防水卷材，适当发展防水涂料，努力开发密封材料、聚合物乳液防水砂浆和止水堵漏材料，限制发展和使用石油沥青纸胎油毡和沥青复合胎柔性防水卷材，淘汰焦油类防水材料。另外，随着国外新材料、新工艺、新技术的不断引进，新型混凝土瓦屋面、金属屋面也在各类建筑中使用。

6.2.1　卷材屋面防水

防水卷材是建筑防水材料的主要品种之一，常见的防水卷材有高聚物改性沥青防水卷材、合成高分子防水卷材，我国传统的石油沥青纸胎油毡目前已被列为限制使用的材料，今后将逐渐被淘汰。卷材防水有较好的耐水性、耐侵蚀性、耐候性，并能承受在设计允许范围内的应力变形，有较高的抗拉强度和拉断延伸率，能承受一定荷载的冲击，适应基层的伸缩与开裂。因此，防水卷材屋面也称为柔性卷材屋面。

卷材是在工厂中生产，机械化程度高，规格尺寸准确，质量可靠度高，但施工操作较为复杂，技术要求较高。完善的构造设计和准确的施工方法在卷材防水屋面中尤为重要。

卷材防水屋面适用于防水等级 1～4 级的屋面防水。

1. 卷材防水材料

(1)高聚物改性沥青防水卷材

高聚物改性沥青防水卷材是国家重点发展的沥青卷材品种，也是我国目前防水卷材中用量最大的品种。它是以高分子聚合物改性石油沥青为涂盖层，聚酯毡、玻纤毡或聚酯玻纤复合为胎基，细砂、矿物粉料或塑料膜为隔离材料而制成的防水卷材。常见的有 SBS(弹性体)改性沥青防水卷材、APP(塑性体)改性沥青防水卷材等。

SBS(弹性体)改性沥青防水卷材具有良好的防水性能，高温不流淌，低温柔性好，不脆裂、拉伸强度和延伸率高，抗老化、韧性强、施工操作简便、环境适应性广等特点。APP(塑性体)改性沥青防水卷材添加无规聚丙烯(APP)改性剂，性能稳定，尤其适用于高温、有强烈太阳辐射地区的建筑物防水。

(2) 合成高分子防水卷材

合成高分子防水卷材以合成橡胶、合成树脂或两者共混为基料，加入适量的助剂和填料，经混炼压延或挤出等工序加工而成的防水卷材。主要包括合成橡胶类防水卷材和合成树脂类防水片(卷)材。合成高分子防水卷材作为高档防水卷材，具有拉伸强度高、延伸率大、高弹性、极好的耐老化等优点，适用于防水等级要求较高的建筑物防水工程。常见的有三元乙丙防水卷材、聚氯乙烯防水卷材、氯化聚乙烯防水卷材等。

2. 卷材防水屋面构造

一般卷材防水屋面，在结构层的基础上需要找平层、结合层、防水层、保护层等构成完整的防水层。

(1)找平层、结合层

在卷材防水层下方要根据基层的种类设置不同的找平层，具体要求见表 6-3。表面应压实平整，并按设计要求做出排水坡度。找平层需留设分格缝，缝宽为 5～20mm，纵横缝的间距一般不大于 6m，分格缝内宜嵌填密封材料。

表 6-3 找平层厚度和技术要求

类别	基层种类	厚度(mm)	技术要求
水泥砂浆找平层	整体现浇混凝土	15～20	1：2.5～1：3(水泥：砂)体积比，宜掺抗裂纤维
	整体或板状材料保温层	20～25	
	装配式混凝土板	20～30	
细石混凝土找平层	板状材料保温层	30～35	混凝土强度等级 C20
混凝土随浇随抹	整体现浇混凝土	—	原浆表面抹平、压光

在屋面基层与突出屋面结构(女儿墙、立墙、天窗壁、变形缝、烟囱等)的交接处，以及基层的转角处(水落口、檐口、天沟、檐沟、屋脊等)，应做圆弧，当防水层为高聚物改性沥青防水卷材圆弧半径为 50mm，合成高分子防水卷材则为 20mm，内部排水的水落口周围应做成略低的凹坑。

为使卷材与基层牢固粘结，在基层上方喷或涂与卷材相应的基层处理剂，如冷底子油、稀释的氯丁橡胶沥青胶等，形成一胶质结合层。

(2)防水层

防水层的选择要根据建筑的屋面防水等级及屋面形式综合考虑。每道卷材防水层厚度选用应符合表 6-4 要求。卷材防水施工常见的施工工艺有三类：热施工、冷施工和机械固定。热施工利用高温热熔粘贴；除带有自粘胶的防水卷材，一般冷施工需要各种与卷材配套的溶剂型胶粘剂。厚度小于 3mm 的高聚物改性沥青防水卷材不能采用热熔粘贴。

表 6-4 卷材厚度选用表

屋面防水等级	设防道数	合成高分子防水卷材	高聚物改性沥青防水卷材	沥青防水卷材和沥青复合胎柔性防水卷材	自粘聚酯胎改性沥青防水卷材	自粘橡胶沥青防水卷材
Ⅰ级	三道或三道以上设防	不应小于 1.5mm	不应小于 3mm	—	不应小于 2mm	不应小于 1.5mm
Ⅱ级	二道设防	不应小于 1.2mm	不应小于 3mm	—	不应小于 2mm	不应小于 1.5mm
Ⅲ级	一道设防	不应小于 1.2mm	不应小于 4mm	三毡四油	不应小于 3mm	不应小于 2mm
Ⅳ级	一道设防	—	—	二毡三油	—	—

(3)保护层

为了防止卷材的老化，卷材防水层需设保护层。不上人屋面可在卷材上刷一层橡胶沥青涂料，边刷边撒沙粒或云母粉等保护层或直接刷浅色涂料。很多成品高聚物改性沥青防水卷材一面为薄膜面，另一面为云母、铝箔等保护层，不需要现场施工。上人屋面则多采用块体材料、30～40mm 细石混凝土，既保护防水层，又是地面面层，这些刚性保护层与卷材之间应设置隔离层，如铺沥青油毡一层或塑料薄膜一层。

3. 卷材防水屋面细部构造

(1)檐沟

天沟、檐沟是排水最集中的部位，为确保其防水功能，规定天沟、檐沟应增铺附加层，沥青防水卷材宜增铺一层，并且要做好卷材收头的固定密封处理。檐沟与屋面交接处，附加层宜空铺，空铺宽度不应小于 200mm，目的是防止由于构件断面变化和屋面的变形，使卷材出现裂缝(见图 6-11)。

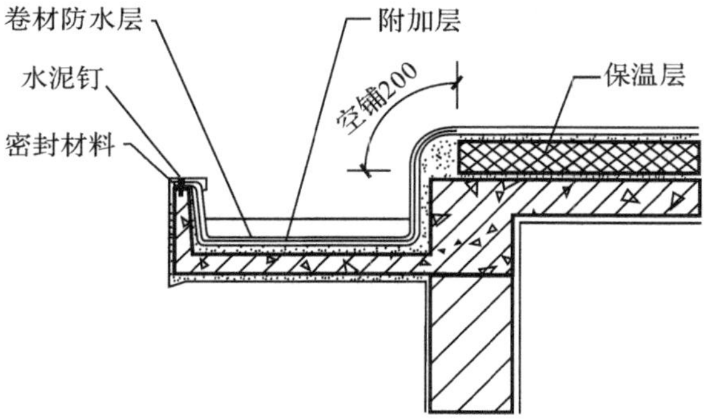

图 6-11　卷材防水屋面的檐沟

(2)泛水

屋面与立墙转角处称泛水，转角处做成圆弧形，并加设一层防水附加层，卷材的收头密封，应根据泛水高度及泛水墙体材料分别处理。

1) 砖砌女儿墙较低时，卷材收头应直接铺至压顶下，用压条钉压固定，并用密封材料封严(见图 6-12)。

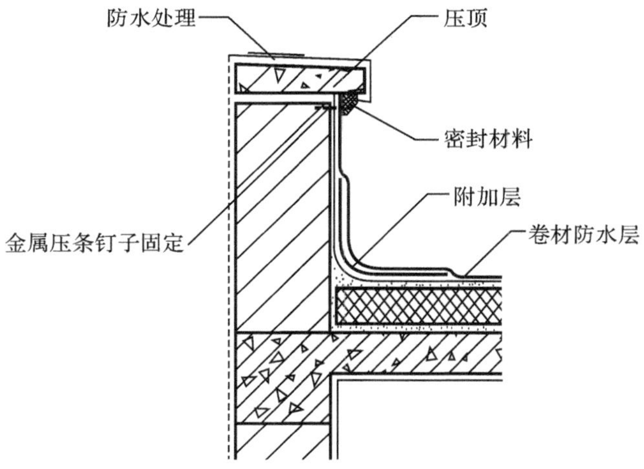

图 6-12　卷材防水屋面的女儿墙泛水 1

2) 砖砌女儿墙较高时，应留凹槽并将卷材收头压入凹槽内，为避免卷材脱开，用压条钉压，密封材料封严，抹水泥砂浆或聚合物砂浆保护(见图 6-13)。

3)女儿墙为混凝土时,卷材收头可直接用压条固定于墙上,并用密封材料封严,防止收头张嘴密闭不严产生渗漏,故在收头上部做盖板保护(见图6-14)。

为延长泛水处卷材防水层的使用年限,在泛水处的卷材表面,一般采用涂刷浅色涂料或砌砖后抹水泥砂浆等隔热防晒措施加以保护。

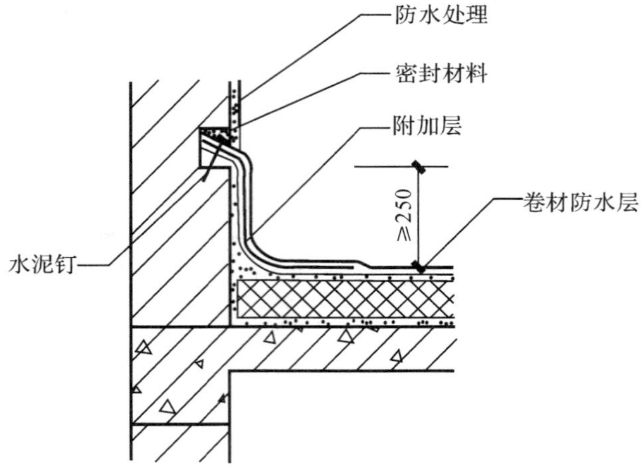

图6-13 卷材防水屋面的女儿墙泛水2

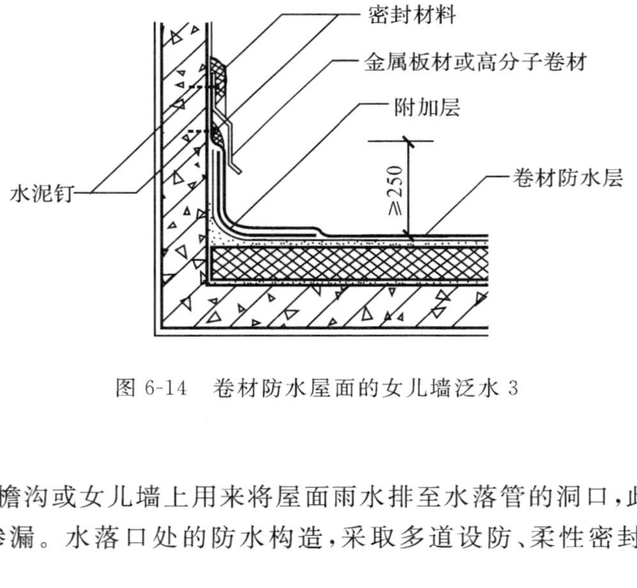

图6-14 卷材防水屋面的女儿墙泛水3

(3)水落口

水落口是开在檐沟或女儿墙上用来将屋面雨水排至水落管的洞口,此处雨水流量大、水流急,处理不当易渗漏。水落口处的防水构造,采取多道设防、柔性密封、防排结合的原则处理。

在水落口周围直径500mm内排水坡度不应小于5%;采取防水涂料涂封,涂层厚度为2mm,相当于屋面涂层的平均厚度,使它具有一定的防水能力;在水落口与基层交接处,混凝土收缩常出现裂缝,应在水落口周围的混凝土上预留凹槽,嵌填柔性密封材料,并将防水卷材铺入水落口内50mm,避免水落口处的渗漏发生,见图6-15、图6-16。

当前水落口多用硬质聚氯乙烯塑料制作,既轻又不怕腐蚀,相对铸铁雨水口成本低。雨水口上还应安装篦子,防止杂物落入管内。

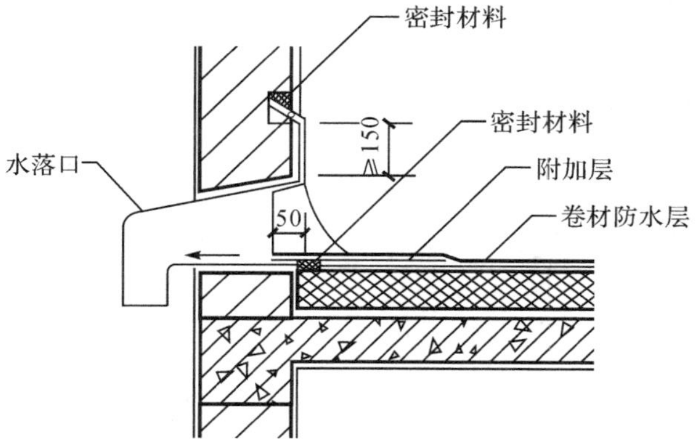

图 6-15　卷材防水屋面的水落口 1

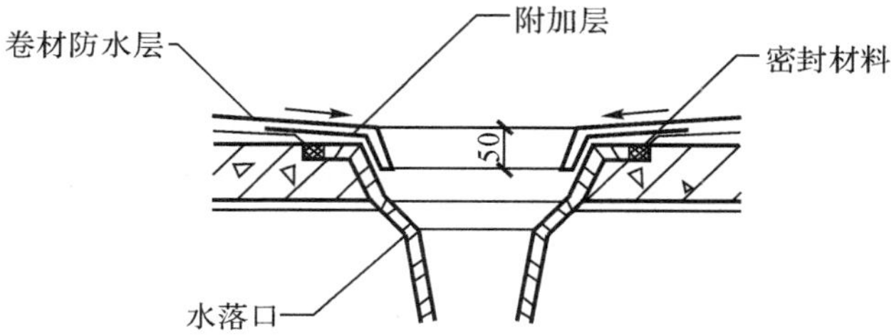

图 6-16　卷材防水屋面的水落口 2

6.2.2　刚性防水屋面

刚性防水屋面包括采用普通细石混凝土、补偿收缩混凝土、钢纤维混凝土作为防水层的屋面。由于膨胀剂技术的发展，其在细石混凝土防水层中应用越来越广泛，补偿收缩混凝土防水层，相比未掺膨胀剂的普通细石混凝土防水层具有更好的防水效果。钢纤维混凝土是我国近几年发展起来的新材料，由于它具有较高的抗拉强度、韧性好及不易开裂等优点，所以已在刚性防水屋面中逐渐推广使用。

刚性防水层价格便宜，耐久性好，维修方便，可用于防水等级为Ⅲ级的建筑屋面。但由于刚性防水材料的表观密度大，抗拉强度低，极限拉应变小，且混凝土因温差变形、干湿变形及结构变位易产生裂缝，因此对于屋面防水等级为Ⅱ级及其以上的重要建筑物，只有在与卷材、涂膜刚柔结合做二道防水设防时方可使用。

刚性防水层一般用于平屋面，屋面需有一定的坡度，以利排水。坡度不能过大，否则混凝土防水层不易浇捣。刚性防水层不适用于受较大振动或冲击的建筑屋面，也不宜在松散材料保温层上采用刚性防水层。

1. 刚性防水材料

普通硅酸盐水泥或硅酸盐水泥，早期强度高、干缩性小、性能较稳定、耐风化，同时比其他品种的水泥碳化速度慢，所以宜在刚性防水屋面上使用。由于火山灰质硅酸盐水泥干缩率大、易开裂，所以在刚性防水屋面上不得采用。

除钢纤维混凝土不配钢筋外，一般刚性防水层内配冷拔低碳钢丝，可以提高混凝土的抗裂度和限制裂缝宽度，同时也比较经济。

外加剂的品种繁多，不同技术要求选择不同品种的外加剂。膨胀剂有硫铝酸钙类、氧化钙类和复合类粉状混凝土膨胀剂；减水剂有早强型、缓凝型、引气型、高效型与普通型等减水剂；防水剂有无机盐、有机硅等防水剂。

钢纤维混凝土中的钢纤维一般长度宜为25～50mm，直径宜为0.3～0.8mm，长径比宜为40～100。钢纤维表面不应有油污或其他妨碍钢纤维与水泥浆粘结的杂质。

2. 刚性防水屋面构造

刚性防水屋面构造与柔性防水屋面相似，有找平层、隔离层、防水层等（见图6-17）。刚性防水屋面面层可以根据需要铺设地砖或做水泥砂浆抹面。

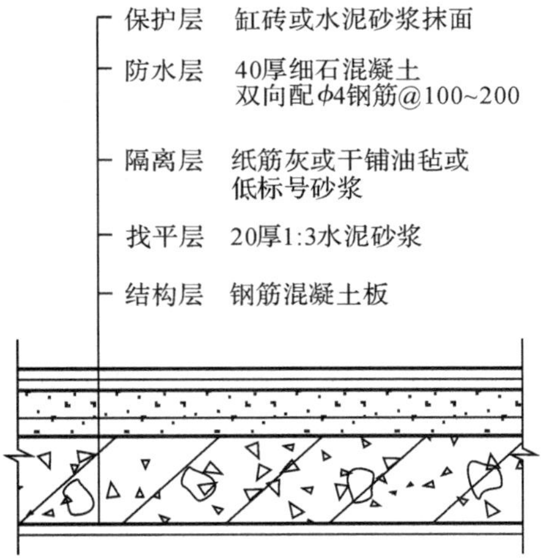

图6-17 刚性防水屋面构造层次

（1）找平层

一般在钢筋混凝土楼板结构层或整体现喷保温层上做20mm厚的1∶3水泥砂浆找平层。

（2）隔离层

隔离层的作用是找平、隔离，消除防水层与基层之间的粘结力及机械咬合力。

由于温差、干缩、荷载作用等因素，使结构层发生变形、开裂，而导致刚性防水层产生裂缝。在刚性防水层和基层之间设置隔离层，可使防水层可以自由伸缩，减少了结构变形对防水层的不利影响。

隔离层通常可采用铺纸筋灰或低强度等级的混合砂浆等。

（3）防水层

刚性防水层应结合地区条件、建筑结构形式选择适宜的做法，以获得较好的防水效果。在非松散材料保温层上，宜选用普通细石混凝土防水层；在屋面温差较大地区，可选用补偿收缩混凝土防水层；在结构变形较大的基层上，可选用钢纤维混凝土防水层。

普通细石混凝土防水层一般采用整体现浇C20细石混凝土，细石混凝土防水层的厚度不小于40mm，并配置直径为4～6mm、间距为100～200mm的双向钢筋网片，其保护层厚度不小于10mm。

3. 刚性防水屋面细部构造

由于刚性防水层的温差变形及干湿变形，易造成开裂、渗漏以及推裂女儿墙的现象，刚性防水层与山墙、女儿墙以及突出屋面结构的交接处需留缝隙，并做柔性密封处理。另外刚性细石混凝土防水层需做好分隔缝处理。

（1）分格缝

大面积的整体现浇混凝土防水层在气温影响下会产生较大的变形，另外在荷载作用下屋面板会产生挠曲变形，这些变形易引起混凝土防水层开裂。如屋面板支承端、屋面转折处、防水层与突出屋面结构的交接处等变形较大或较易变形处预留分隔缝就可避免防水层开裂。

分格缝纵横间距不大于 6m，并应与装配式屋面板板缝对齐。横向可按开间布置，纵向屋脊处及防水层与女儿墙之间均设置一条。分格缝的宽度为 5～30mm，过去都是采用预埋木条，现在多在混凝土达到一定强度后，用宽度为 5mm 的合金钢锯片进行锯割。在分格缝处防水层钢筋应断开，缝内应嵌填密封材料，上部应设置防水卷材保护层（见图 6-18、图6-19）。

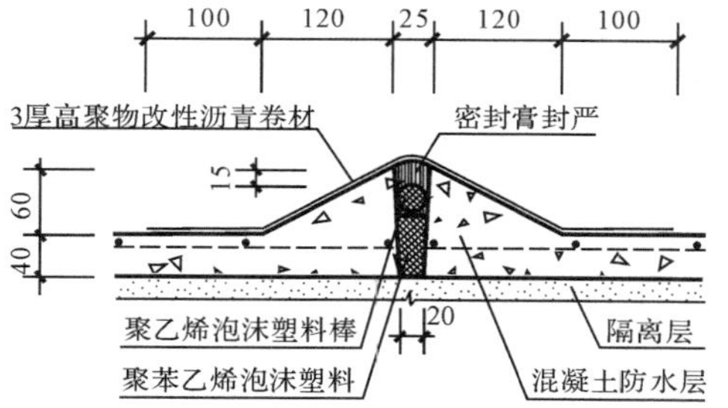

图 6-18　平行流水方向分格缝

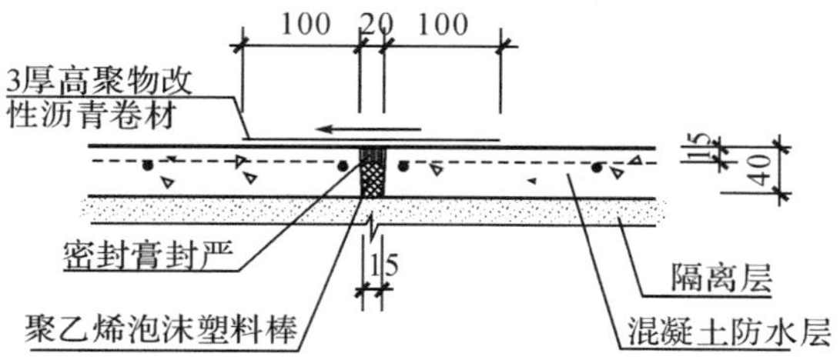

图 6-19　垂直流水方向分格缝

（2）泛水

为了改善刚性防水层的整体防水性能，发挥不同材料的特点，刚性防水层与山墙、女儿墙交接处，留宽度为 30mm 的缝隙，并用密封材料嵌填；泛水处铺设卷材或涂膜附加层。卷材或涂膜的收头处理与卷材防水屋面相同（见图 6-20）。

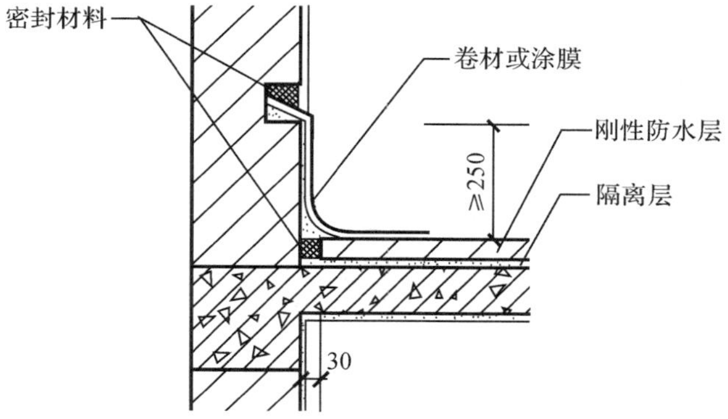

图 6-20　刚性防水屋面的女儿墙泛水

檐沟、水落口处防水构造也采用柔性卷材防水处理，做法与卷材防水屋面相同（见图

6-21、图 6-22）。

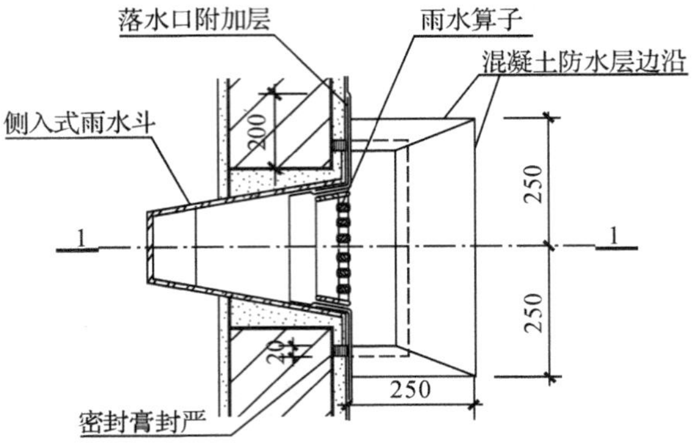

图 6-21　刚性防水屋面的水落口 1

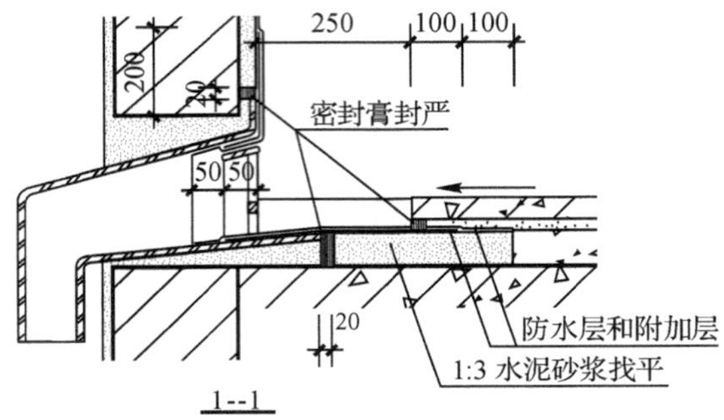

图 6-22　刚性防水屋面的水落口 2

6.2.3　涂膜防水屋面

涂膜防水屋面是用涂料单独或与胎体增强材料复合，分层涂刷或喷涂在混凝土及砂浆等屋面防水基层表面，即可在常温条件下形成一个连续无缝整体且具有一定厚度的涂膜防水层。涂膜防水材料一般有良好的性能，防水性好，粘结力、延伸性大，在常温下可以施工以及能适用于各种复杂形状的结构基层，特别有利于阴阳角、无沟雨水口及端部头的封闭，是当前继卷材防水材料后，应“适当发展”的防水材料。缺点是不能达到像卷材防水层那样的均匀一致的厚度，施工技术要求较高。

按屋面防水等级和设防要求，涂膜防水可单独做成一道设防，广泛用于防水等级为Ⅲ、Ⅳ级的建筑屋面，也可用作Ⅰ、Ⅱ级屋面多道设防中的一道防水层。

1. 涂膜防水材料

常用的防水涂料按其涂膜的材料可分高聚物改性沥青、合成高分子类、无机类、聚合物水泥类等。按其状态与形式，大致可分为溶剂型、乳液型、反应型等。

溶剂型防水涂料将高分子材料溶解于有机溶剂中所形成的溶液，在施工时有大量有毒的有机溶剂逸出，对人体和环境有较大的危害，因此近年来应用逐步受到限制。如溶剂型氯丁橡胶沥青防水涂料、溶剂型氯丁橡胶防水涂料等。乳液型防水涂料施工工艺简单方便，成膜过程靠水分挥发和乳液颗粒融合完成，无有机溶剂逸出，施工安全。反应型防水涂料采用成膜物质与固化剂发生反应而交联成膜。反应型防水涂料几乎不含溶剂，其涂膜的耐水性、弹性和耐老化性通常都较好，防水性能也是目前所有防水涂料中较好的一种，有聚氨酯防水涂料与环氧树脂防水涂料两大类。

有些防水材料（如氯丁橡胶防水涂料）需要与胎体增强材料配合使用，以增强涂膜的覆盖和抗变形能力。常用的胎体增强材料有聚酯无纺布和化纤无纺布。

2. 涂膜防水屋面构造

涂膜防水屋面构造有找平层、防水层、保护层等。找平层的做法和要求同卷材防水屋面。

涂膜防水层应根据气候、建筑结构形式、涂膜暴露程度等条件综合选择涂膜材料，屋面排水坡度大于 25%时，不宜采用干燥成膜时间过长的涂料。每道涂膜防水层厚度选用应符合表 6-5 的规定。

涂膜防水屋面应设置保护层。保护层材料可采用细砂、云母、蛭石、浅色涂料、水泥砂浆、块体材料或细石混凝土等。细砂、云母、蛭石可在涂刮最后一遍涂料时边涂边撒布，使其与涂料粘结牢固。采用水泥砂浆、块体材料或细石混凝土时，为避免此类材料的变形把防水层拉裂，应在涂膜与保护层之间设置隔离层，做法同卷材防水屋面。

表 6-5　涂膜厚度选用表

屋面防水等级	设防道数	高聚物改性沥青防水涂料	合成高分子防水涂料和聚合物水泥防水涂料
Ⅰ级	三道或三道以上设防	—	不应小于 1.5mm
Ⅱ级	二道设防	不应小于 3mm	不应小于 1.5mm
Ⅲ级	一道设防	不应小于 3mm	不应小于 2mm
Ⅳ级	一道设防	不应小于 2mm	—

3. 涂膜防水屋面细部构造

涂膜防水屋面细部构造基本同卷材防水屋面。

对易开裂、渗水的部位，应留凹槽嵌填密封材料，并增设一层或多层带有胎体增强材料的附加层。天沟、檐沟与屋面交接处的附加层宜空铺，空铺宽度不小于 20mm（见图 6-23、图6-24）。

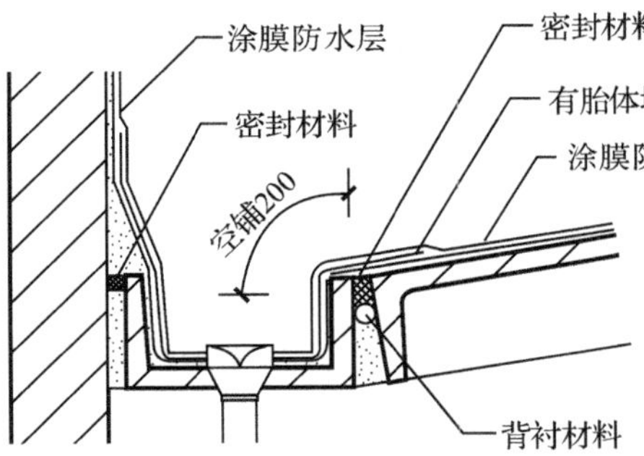

图 6-23　涂膜防水屋面天沟、檐沟

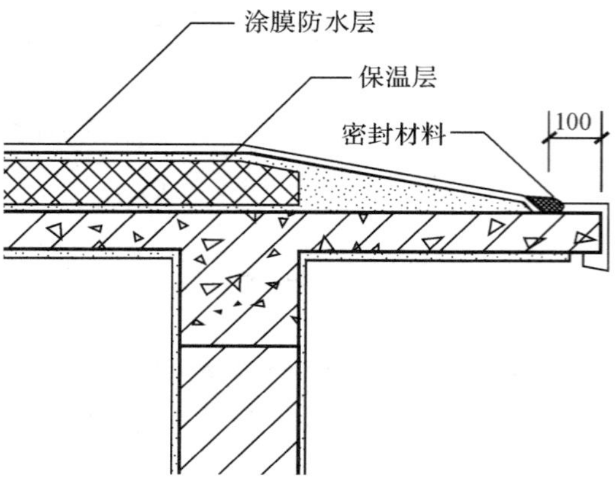

图 6-24 涂膜防水屋面檐口

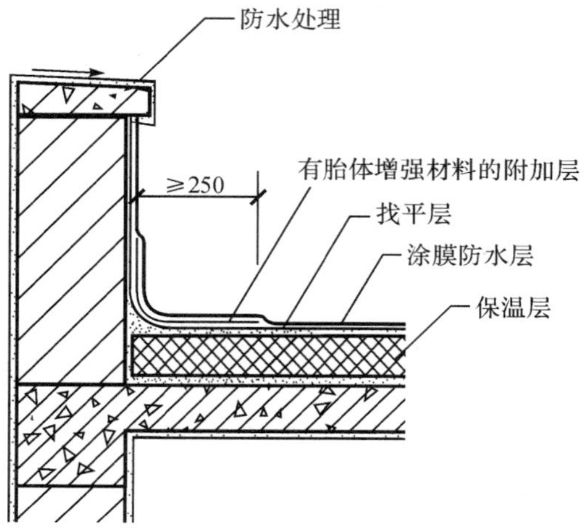

图 6-25 涂膜防水屋面泛水

由于防水涂料与水泥砂浆抹灰层具有良好的粘结性，在女儿墙泛水处的砖墙上不设凹槽和排水砖，而将防水涂料一直涂刷至女儿墙的压顶下，压顶也应做防水处理，避免泛水处和压顶的抹灰层开裂而造成渗漏（见图 6-25）。

6.2.4 瓦屋面

瓦屋面构造及防水做法历史久远，有“秦砖汉瓦”之称。瓦屋面防水依据屋面坡度大、水向下流的道理，采取以排为主、以防为副的原则。瓦块上下左右互为搭压，并不封闭，瓦屋面是古老而简单的形式。随着建筑材料和技术的发展，屋面材料发生了很大的变化，再按传统的做法已不适宜，应该以新的屋面材料设计防水构造。本节主要以当前大量使用的平瓦为主要对象，说明瓦屋面构造，而金属瓦由于其材料及构造的特殊性另行在下节论述。

1. 瓦屋面的支承结构

瓦屋面的支承结构一般可分为墙承重、屋架承重、梁架结构承重和空间结构承重几种系统。墙承重结构主要用在小开间横墙承重的结构布置中，可将横墙砌至屋顶直接作为屋面的支承结构；当房屋开间较大或采用纵墙承重时，可用屋架代替横墙成为屋面承重结构。瓦屋面所用的屋架多为三角形屋架，根据材料可分为木、钢木、钢筋混凝土或全钢屋架。梁架结构承重一般可分为传统木梁架和钢筋混凝土框架两种。传统建筑多采用由木柱、木梁、木枋构成的梁架结构，这种结构又被称为穿斗结构。空间结构承重则主要用于大跨度建筑，如网架结构和悬索结构等。

瓦屋面按屋面基层的组成方式也可分为有檩和无檩体系两种。这两种体系一般也采用不同的支承结构。

有檩体系常采用墙承重、屋架承重或传统木梁架承重。檩条搁置在承重墙、屋架或梁架上。檩条常用木材、型钢或钢筋混凝土制作。一般需根据建筑的使用、防火等要求制作檩条，同时还要使檩条的跨度保持在一个比较经济的尺度以内。木檩条的跨度一般在 4m 以内，断面为矩形或圆形，钢筋混凝土檩条的跨度一般为 4m，大的也可达 6m。其断面有矩形、T 形和 L 形等。有檩体系基层做法通常有两种方法，一种是不设基层（冷摊瓦），在椽子上钉挂瓦条后直接挂瓦。这种做法的缺点是：如果建筑物属于内部高大空旷且通风良好的话，屋面瓦片有可能在负风压的情况下被吹走，而且屋顶热工性能较差。另外一种做法是在坡屋面的结构支承构件上面铺设各类板材（天然木板、人造叠合层板等）基层，完成对建筑物顶部空间的封闭，而后再进行相关的防水、热工方面的处理。

无檩体系是将屋面板直接搁在墙、屋架或梁上，当前建筑多采用框架结构支承、钢筋混凝土现浇屋面板，这种构造方式近年来常见于住宅或风景园林建筑。

2. 瓦材料及构造做法

瓦屋面用瓦根据外形可分弧形瓦、平瓦、波形瓦等，根据使用材料可分陶瓦、黏土瓦、一般水泥瓦、彩色水泥瓦和沥青油毡瓦等几种。弧形瓦常见的有琉璃瓦、小青瓦，平瓦主要指传统的黏土机制平瓦和混凝土平瓦。当前使用较多的为彩色混凝土瓦，油毡瓦次之。传统瓦屋面一般用于有檩体系木基层上，近年来瓦屋面已广泛在混凝土基层屋面上使用。

铺瓦方式有水泥砂浆卧瓦、钢挂瓦条挂瓦及木挂瓦条挂瓦。卧瓦常用 1∶3 水泥砂浆，端部多铺盖专用异形瓦，有时也用卧瓦砂浆封堵抹平，外刷与瓦同色涂料。钢、木挂瓦有两种方法：1）挂瓦条固定在顺水条上，顺水条钉在细石混凝土找平层上；2）不设顺水条，将挂瓦条和支承垫块直接钉在细石混凝土找平层上。

根据现行《屋面工程技术规范》规定，平瓦单独使用时，可用于防水等级为Ⅲ级、Ⅳ级的屋面防水；平瓦与防水卷材或防水涂膜复合使用时，可用于防水等级为Ⅱ级、Ⅲ级的屋面防水。油毡瓦单独使用时，可用于防水等级为Ⅲ级的屋面防水；油毡瓦与防水卷材或防水涂膜复合使用时，可用于防水等级为Ⅱ级的屋面防水。

（1）弧形瓦

在中国传统建筑中，琉璃瓦使用较为普遍。“黄色最尊，用于皇宫及孔庙；绿色次之，用于王府及寺观；蓝色像天，用于天坛。其他红紫黑等杂色，用于离宫别馆。”（见梁思成的《中国建筑史》）琉璃瓦是在陶瓦上涂釉，经过 1000°以上的高温烧结，彩釉变成琉璃（玻璃）后，具有防自然老化、不渗吸水分的功能。现在琉璃瓦一般只用于建造古建筑、文物史馆、园林中的亭廊馆舍等，做法多用水泥砂浆坐浆。

小青瓦为陶土瓦的一种，青灰色，多用于民房。小青瓦表面粗糙，水流动慢，吸水率较大，烧制简单，价格低廉，易于施工，在南方农村曾广泛应用。小青瓦的构造做法南北方不同，在北方基本与琉璃瓦屋面做法相同，采用瓦下坐浆卧瓦，在南方多椽子上铺设（冷摊）。

（2）平瓦

平瓦有两种材质，一种为黏土平瓦，另一种是水泥砂浆制成的水泥瓦。平瓦是在弧形瓦的基础上改进而成的。弧形瓦（琉璃瓦、小青瓦）搭接太多，易产生虹吸现象，又增加了屋面荷载。平瓦则搭接很少，构造合理，屋面荷载相对减轻，尤其瓦上端下方设了突肋（挂勾），瓦可以挂在挂瓦条上，使屋面外观更显整齐，施工更方便。

由于黏土瓦生产需要消耗大量农田资源，生产过程中能耗大，大气污染严重，因此黏土瓦已被国家明令禁止生产和使用。彩色混凝土瓦（简称彩瓦），在欧美已有 100 多年的历史，20 世纪 80 年代末开始引进到国内，到 90 年代中期，美国、英国、意大利、澳大利亚等国的彩瓦设备和技术相继进入我国。彩色混凝土瓦主要特点有：不占用土地资源；生产过程中能耗低，无烟尘污染产生；强度高、防水效果好、使用寿命长；表面可做成多种色彩。

平瓦常用挂瓦条挂瓦，其屋面防水构造做法如图 6-26 所示。

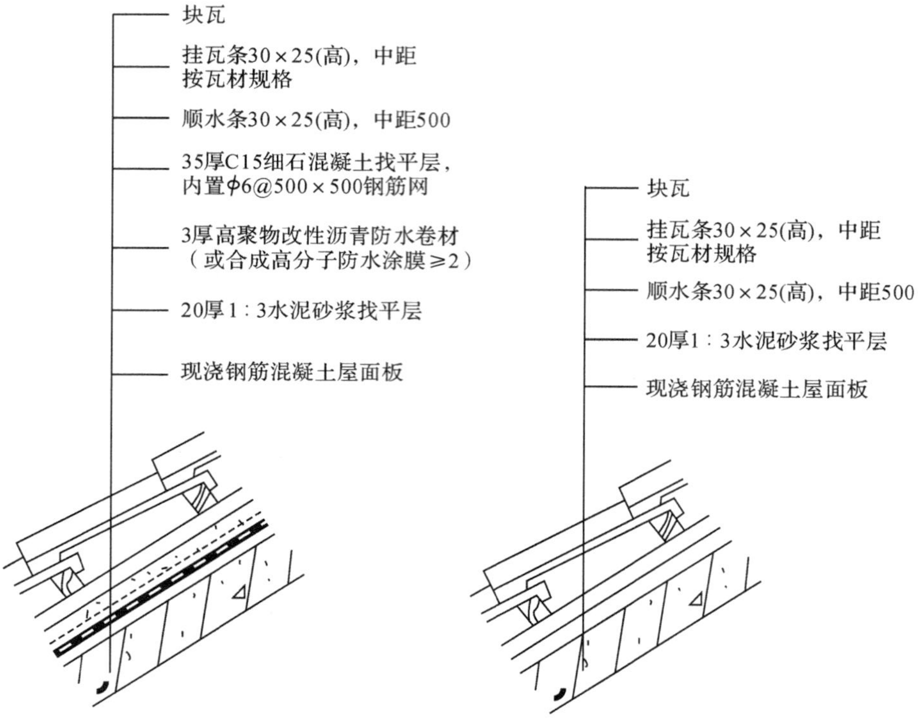

图 6-26 平瓦屋面构造层次

平瓦屋面应特别注意瓦与屋面基层的加强固定措施。一般说来地震地区和风荷载较大的地区，全部瓦材均应采取固定加强措施；非地震和非大风地区，当屋面坡度在大于1∶3小于1∶2时，檐口瓦、天沟瓦及屋脊两侧的一排瓦均应采取固定加强措施，当屋面坡度大于1∶2时，全部瓦材也应采取固定加强措施。用挂瓦方式的屋面可用 18 号铜丝将瓦片与挂瓦条绑扎，当为木挂瓦条时，也可用钉钉牢。

(3) 沥青油毡瓦

沥青油毡瓦，简称油毡瓦，以玻璃纤维布为胎基材料，浸渍、涂盖以氧化沥青，上表面覆以彩色矿物粒料或片料，下表面覆以细砂隔离层，制成卷材，然后切割近似瓦的平板。油毡瓦片上下搭接，与平板陶瓦相似，但无沟槽，又不需盖瓦，搭接处出现高差的阴影，形成图案。

油毡瓦瓦片平面搭接，搭接缝易吸水，瓦下必须另加一道有效防水层。因此，油毡瓦铺设时，不论在木基层或混凝土基层上，都应先铺钉一层卷材，然后再铺钉油毡瓦；为防止钉帽外露锈蚀而影响固定，需将钉帽盖在卷材下面，另外，卷材搭接宽度不应小于 50mm。

6.2.5 金属屋面

金属屋面可以追溯到几个世纪以前，古希腊人和罗马人在大型公共建筑物上已经使用金属屋面。中世纪欧洲的一些大教堂和城堡也使用金属保护屋顶。在我国，随着建筑技术的发展，特别是钢结构建筑的不断发展，金属屋面成为区别于其他屋面形式而逐渐成熟和完善起来的一个较为独立的分支。

金属屋面系统有一些有别于其他屋面系统的特点：不易受外界气候变化，如冷热循环和干湿循环的影响，因而使用寿命长，是一种很好的可持续建筑物的组成部分；许多金属屋面系统都具有反射性，易于通风，非常适用于有保温隔热要求的屋面系统；重量轻，金属屋面是最轻的屋面材料之一，整个屋面系统重量减轻，对于地震活动地区也非常有利；由于金属屋面可以接受各种颜色的涂料以及能制成各种形式的功能断面，因而几乎适用于所有的建筑物，有很强的视觉效果；另外金属屋面安装便捷，施工速度快。

当前，我国金属屋面主要应用于轻钢结构房屋压型钢板屋面和大跨度空间曲面屋面，本节重点介绍轻钢结构房屋钢板屋面。

1. 屋面材料

金属屋面板是目前轻型屋面有檩体系中应用最广泛的屋面材料之一，采用热镀层钢板或彩色镀层钢板，经辊压冷弯成各种波型，具有轻质、高强、美观、耐用、施工简便、抗震、防火等特点。根据是否具有屋面保温性能，可分为单层板和夹芯板两种板型。单层板的自重为 5 ～ 10kg/m²，常用钢板厚度为 0.5～1.0mm。夹芯板是制面层与芯层之间用粘合剂（或发泡）复合而成的板材，夹芯板屋面全部自重一般不超过 20kg/m²（含檩条）。芯层则选用如聚氨酯、聚苯乙烯和岩棉等，具有较好的保温性能。

常见的单层板型尺寸见图 6-27。

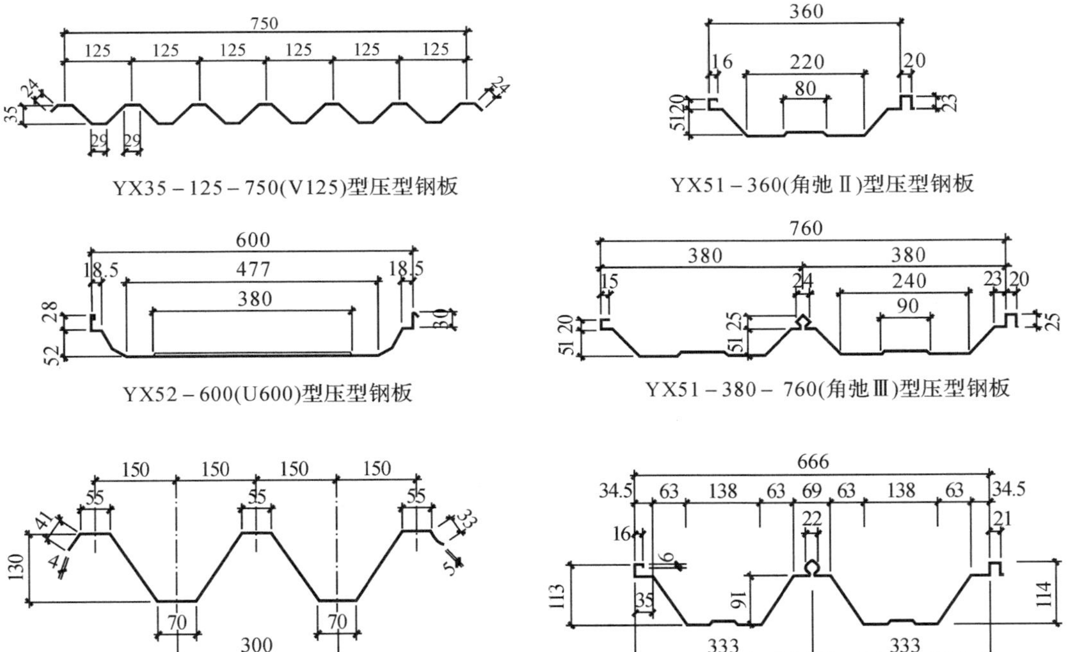

图 6-27　常见的单层板板型

2. 轻钢屋面构造

轻钢屋面构造主要包括金属压型板的固定和连接，屋面采光、通风及保温隔热等构造。金属压型板屋面细部构造随屋面压型板及夹芯板的板型不同而有不同的特点和要求。

(1)金属压型板的固定和连接

金属压型板的固定和连接是屋面系统中最为重要的环节。调查发现,屋面漏雨的主要原因是由于压型板的连接不好造成的。压型板与檩条的固定和连接应传力明确,避免应力集中。屋面压型钢板的连接分为长向连接和侧向连接。长向连接只有搭接一种形式,即上坡板压下坡板,搭接部位设置防水密封胶带。当前常用的侧向连接主要有以下五种形式:

1)搭接式连接(见图6-28)。这种连接最简单,易操作、成本低,因此要求不太高的工程大都采用这种方式,但由于施工的因素、板材变形的因素、温度变化的因素等影响,这种连接往往容易产生漏水现象。

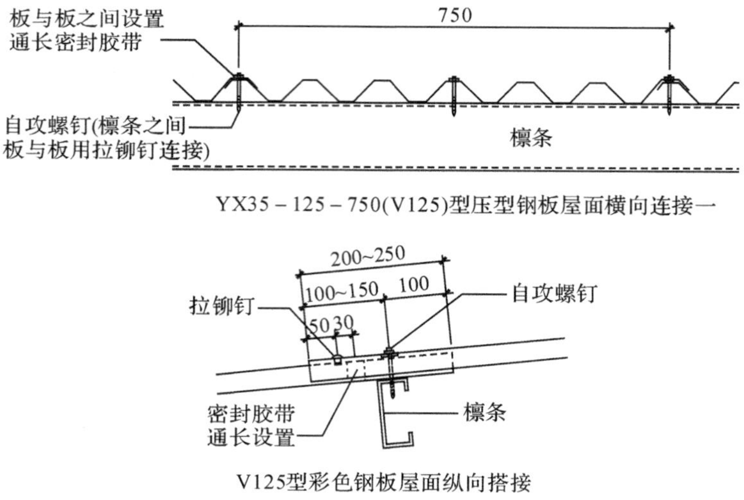

图6-28 搭接式连接

2)咬边式连接(见图6-29)。这种连接方式有利于防水和增强屋面的整体性,但施工技术要求较高,需要专用工具。

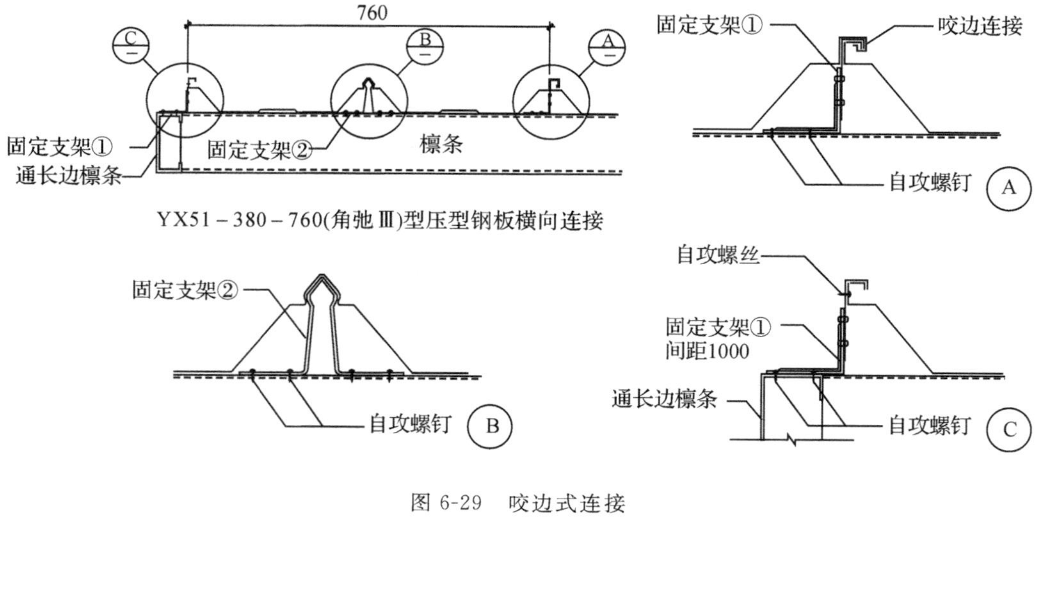

图6-29 咬边式连接

3）扣盖式连接（见图 6-30）。扣盖式连接是近几年来开发的一种新式连接方法，克服了咬边式连接难度大和维修困难的缺点，操作工人不需要使用专用工具即可进行施工操作。这种连接防水性能亦好。

上述三种方式最大的问题是都没有很好地解决板材的热膨胀问题，因而温差变化对屋面板有较大的影响，轻则有金属爆裂声，重则使屋面板发生变形或漏水。

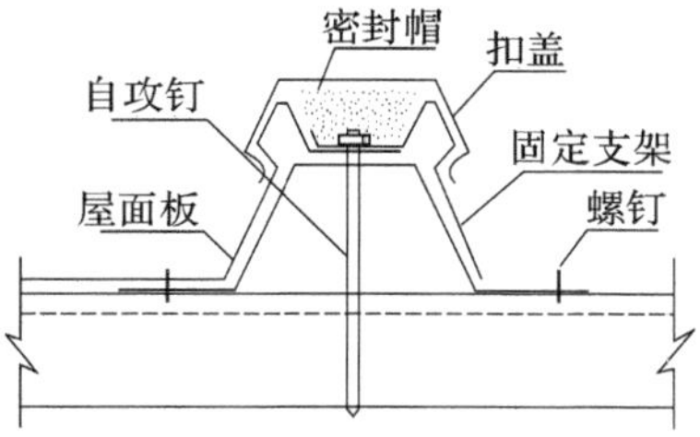

图 6-30　扣盖式连接

4）暗扣式连接（见图 6-31）。暗扣式连接彻底解决了屋面板外露螺钉的问题，因而解决了因螺钉孔的原因而引起的漏水问题，同时也能部分解决热膨胀问题。但其侧向仍是搭接，因而仍有漏雨的可能性。

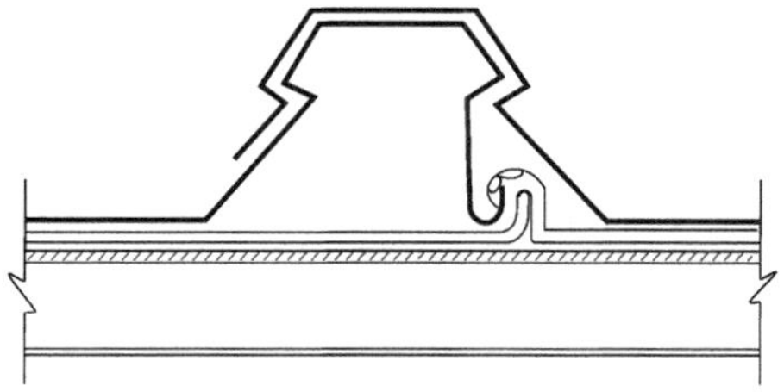

图 6-31　暗扣式连接

5）机械锁缝式连接（见图 6-32）。这种连接方式是近年来屋面板及连接设计出现的新形式，能够较好地解决防水和热膨胀问题，施工也比较方便，但需使用专用的施工工具，同时由于其连接件数量较大，故成本略高。

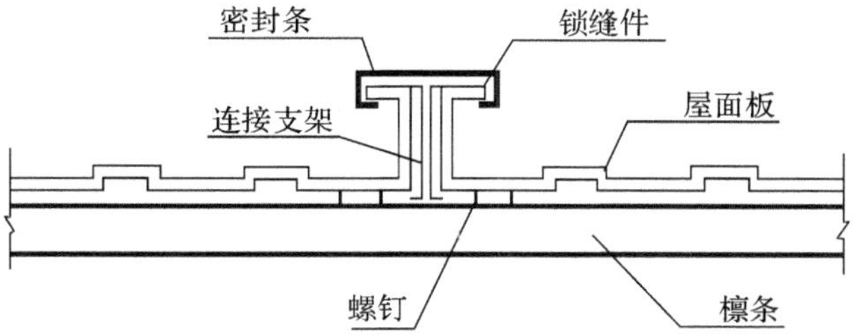

图 6-32　机械锁缝式连接

（2）屋面采光

屋面采光目前采用的方法有如下几种方式：1）采光瓦采光（见图 6-33），在屋面构造上与压型金属板屋面类似，处理简单（不需专门设置骨架），防水性能可等同压型金属板屋面。

采光瓦的材料种类有聚酯树脂模具挤出型和玻璃纤维布涂刷型。2)采光窗采光(见图6-34),可选用的材料品种很多,有聚碳酸酯板(阳光板)、PC 板、夹胶玻璃、夹丝玻璃等。这种采光方式需要为采光专门设置骨架,采光部分均高出金属压型板屋面,防水处理较复杂,但采光部分不易积灰,透光率较高。

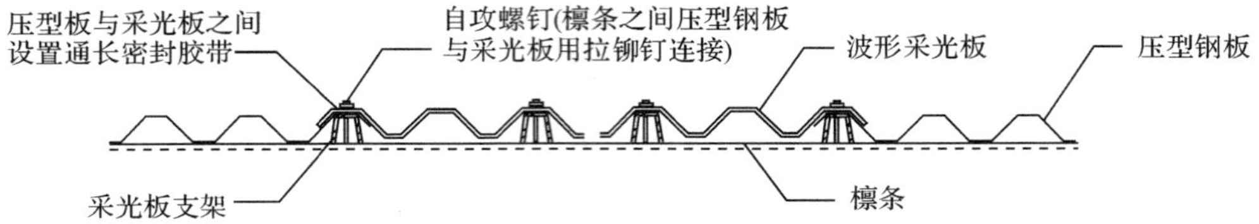

波形采光板与屋面板横向连接

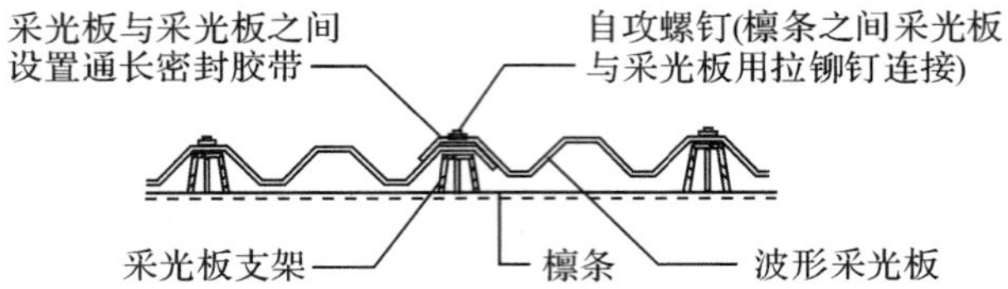

波形采光板屋面横向连接

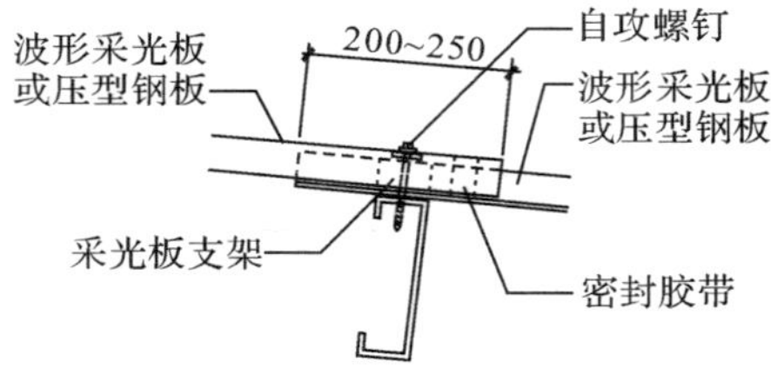

波形采光板屋面纵向连接

图 6-33 采光瓦采光

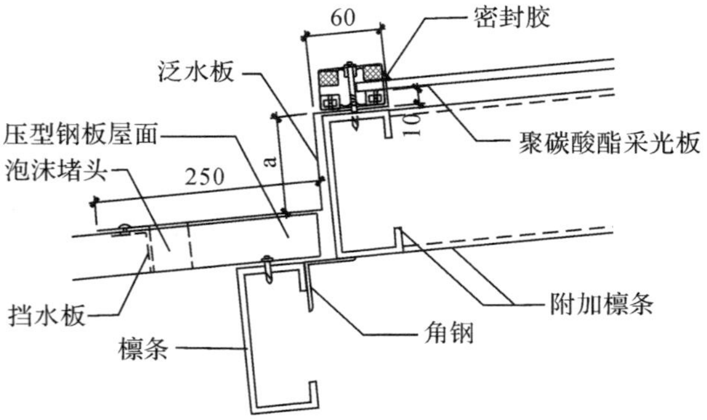

图 6-34 聚碳酸酯板采光

(3)层面通风

屋面的通风传统上是采用设置气楼、安装轴流风机的方式来解决,这些方法需专门设计相应的结构作为其支撑架，在屋面防雨水方面也需较复杂的处理，目前在轻钢结构中广泛采用涡轮通风器克服以上问题，由于它的工作原理是利用自然风力及室内外温差造成的空气热对流进行排气，故不需外界动力，节约能源。

(4)屋面的保温和隔热

屋面保温隔热目前大量使用超细离心玻璃棉，导热系数为 0.035～0.047W/(m·K)，常用的容积密度分别为 $12kg/m^3$、$14kg/m^3$、$16kg/m^3$，厚度常用的有 50mm、75mm、100mm 等，具体选用应根据建筑所在地的气象条件及建筑物的要求经计算确定。防潮层材料有加筋铝箔、铝箔布、聚丙烯膜加筋网线等。当防潮层采用聚丙烯膜加筋网线时可取消下衬板，以降低造价。

6.3　屋顶的保温和隔热

屋顶作为房屋的围护结构之一，不仅要遮风避雨，还应为下部空间提供良好的舒适性。房屋屋顶必须具有一定的热工性能，从而提高建筑中的能源利用效率，实现积极意义上的建筑节能。因此，屋顶的保温与隔热是屋顶系统工程的重要组成部分之一。保温隔热屋面设计，应根据建筑物的使用要求、屋面的结构形式、环境条件、防水处理方法、施工条件等因素确定。

6.3.1　屋顶的保温

根据热工原理，防止室内热能从屋顶散发出去，主要的措施是在屋面设置保温层，提高屋顶的热阻。

1. 屋顶保温材料

屋顶保温材料应具有吸水率低、表观密度和导热系数小的特点，并有一定的强度。保温层可采用板材保温层或整体保温层。

(1)板材保温层是用泡沫玻璃板、加气混凝土板、膨胀珍珠岩板和聚苯乙烯泡沫塑料等铺设而成的。当前常用表观密度小，导热系数小的聚苯乙烯泡沫塑料板做屋面保温层，此种板的导热系数仅为 0.03～0.04W/m·K，表观密度仅为 $15\sim30kg/m^3$，不仅大大减小了保温层的厚度，减轻了屋面的荷载，而且由于吸水率极低，不易导致防水层起鼓。

(2)整体现浇(喷)保温层主要有沥青膨胀珍珠岩、沥青膨胀蛭石或现喷硬质聚氨酯泡沫等。现喷硬质聚氨酯泡沫是采用直接喷涂结构层成形技术，将硬泡喷涂于屋面形成无接缝并与基层粘结牢固，不仅重量轻，导热系数小，保温效果好，施工方便，而且由于这种保温层施工完后，吸水率非常低，有利于解决防水层的鼓泡问题，是一种较理想的屋面保温材料。珍珠岩、蛭石类现浇保温层往往施工完后含水率也较大，易导致卷材防水层起鼓，因此一般用于非封闭式保温层，不宜用于整体封闭式保温层。当前整体现浇(喷)保温层常用的主要为现场喷涂发泡聚氨酯硬泡。

在保温隔热屋面设计中，炉渣一般仅用作屋面找坡材料，不宜作为保温材料使用。

2. 屋顶保温构造

平屋顶保温层的位置有以下两种处理方式。

(1)正置式保温(见图 6-35)：将保温层放在结构层之上，防水层之下，成为封闭的保温层，这时保温层的上面应做找平层。

(2)倒置式保温(见图 6-36)：将保温层放在防水层上，保温层的上面做保护层。

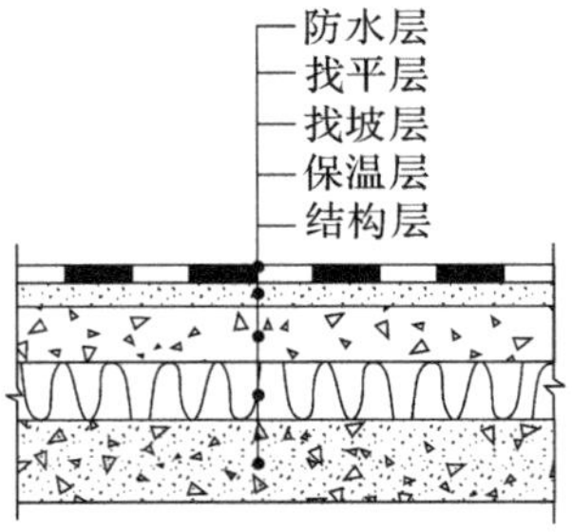

图 6-35 正置式保温

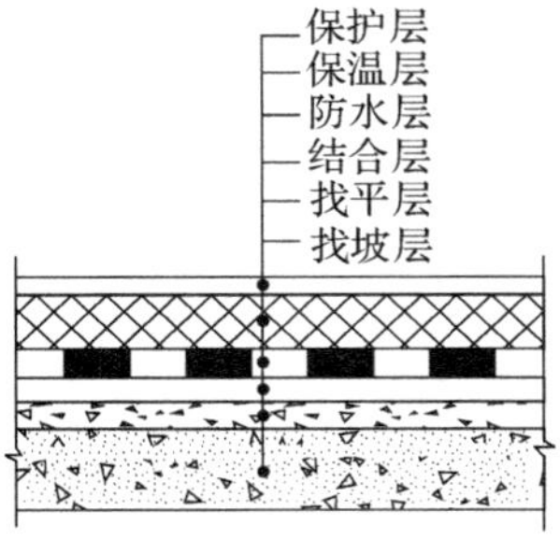

图 6-36 倒置式保温

正置式保温层上保温材料的强度通常较低，表面也不够平整，其上需经找平后才便于铺贴防水卷材。

由于水的导热系数比空气大得多，保温材料的含水率是影响保温效果的一个重要因素。如果湿汽滞留在保温层的空隙中，遇冷将结露为冷凝水，从而增大保温层的含水率，降低了保温效果；另外当气温升高时，保温层中的水分受热后变为水蒸气，将导致防水层起鼓。因此，在纬度40°以北且室内空气湿度大于75％的地区或室内空气湿度常年大于80％的地区，在保温层下还需做隔汽层以隔绝室内水汽对保温层的渗透。隔汽层应选用水密性、气密性好的防水材料，可采用各类防水卷材铺贴，但不宜用气密性不好的水乳型薄质涂料，具体做法应视材料的蒸汽渗透阻通过计算确定。

一般封闭式保温层的含水率，应相当于该材料在当地自然风干状态下的平衡含水率。但有时屋面施工时基层没有完全干燥，保温层湿施工后干燥有困难，这需在保温层设置采用排汽措施：找平层设置的分格缝可兼作排汽道；排汽道需纵横贯通，间距宜为6m，屋面面积每36m^2宜设置一个排汽孔，并同与大气连通的排汽管相通；排汽管可设在檐口下或屋面排汽道交叉处。屋面的排汽出口应埋设排汽管，排汽管宜设置在结构层上，穿过保温层及排汽道的管壁四周应打排汽孔，排汽管应做防水处理，常见的做法如图6-37、图6-38所示。

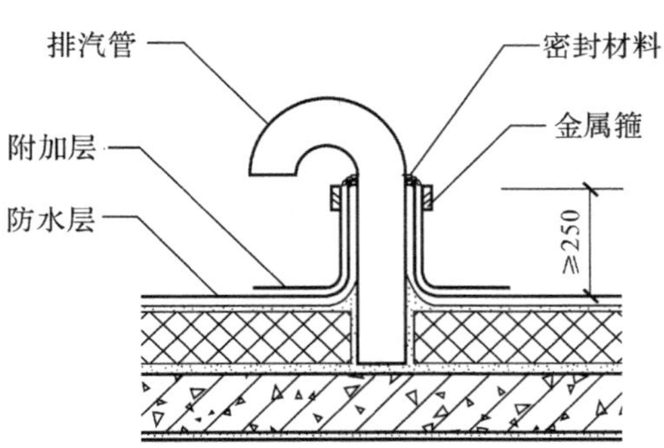

图 6-37 屋面排汽口 1

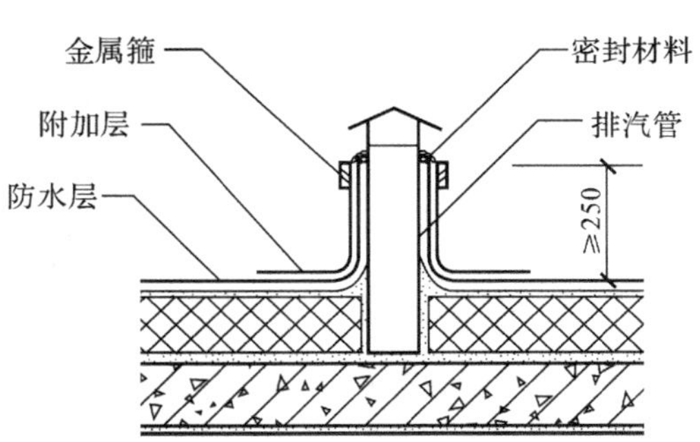

图 6-38 屋面排汽口 2

近几年来，随着屋面防水、保温材料工艺的进步，倒置式保温屋面得到了大量推广使用。

倒置式屋面由于将憎水性或吸水率低的保温材料设置在防水层的上面，它与传统做法相比有以下优点：提高了防水层的耐久性，防止屋面结构内部结露，防水层不易受到损伤，施工工序少等。但由于倒置式屋面的防水层较多处于潮湿环境，且防水层返修较困难，在防水材料选择时，应尽可能提高防水层的耐用年限，并考虑防水材料的耐水性、抗腐蚀性、与保温材料的亲和性等，以减少建筑物使用年限内防水层返修的次数。为避免保温层暴露在大气中受紫外线的直接照射加速老化，或被风掀起吹起，必须在保温层上设置保护层。保护层应起到保护保温层的作用，因此要求连续、完全覆盖。

倒置式保温屋面坡度不宜大于3%；保温层应采用吸水率低且长期浸水不腐烂的保温材料，可采用干铺或粘贴聚苯乙烯泡沫塑料板，也可采用现喷硬质聚氨酯泡沫塑料，现喷硬质聚氨酯泡沫塑料与涂料保护层间应具相容性。保护层可采用预制钢筋混凝土板（见图6-39）或卵石（见图6-40）保护层，当采用卵石保护层时，保护层与保温层之间应铺设隔离层，如铺设一层聚酯纤维无纺布等。

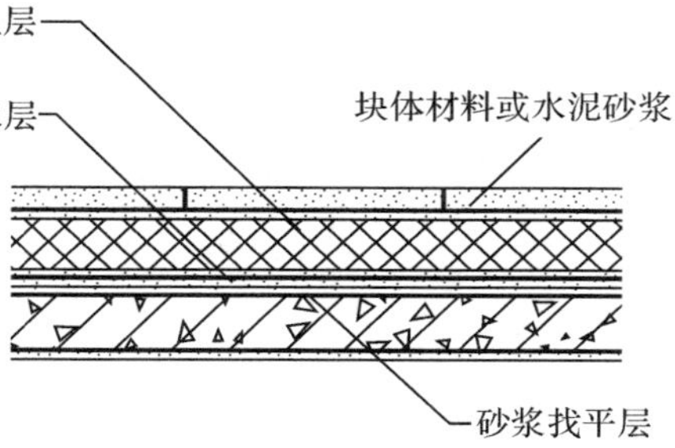

图6-39 倒置式保温屋面1

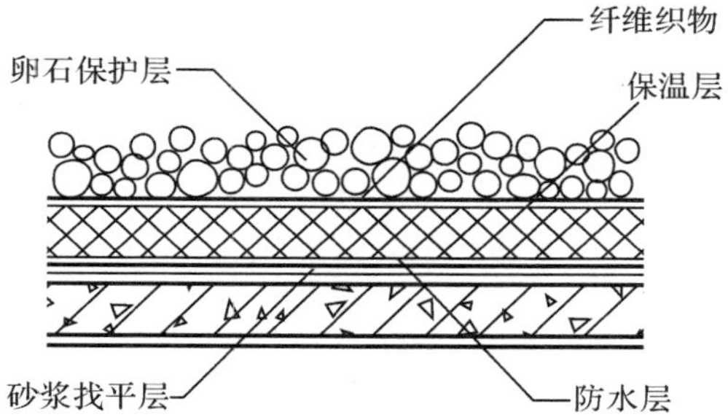

图6-40 倒置式保温屋面2

坡屋面的保温应根据不同屋面结构基层、防水材料选择不同的保温构造做法。轻钢彩瓦屋面，可采用毡状保温玻璃面，现浇钢筋混凝土挂瓦坡屋面一般采用板状或现喷保温层，如图6-41所示。

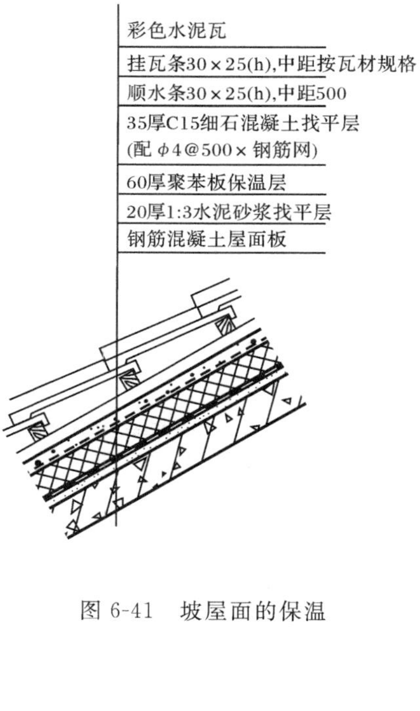

图6-41 坡屋面的保温

6.3.2 屋顶的隔热

屋顶的夏季得热和冬季失热不仅仅是传导传热，还有一部分是辐射得热失热。夏季太阳辐射使屋顶表面升温，并可以使室内温度升高；在冬季的夜晚，少量的室内热辐射透过屋顶向外散失使屋顶表面温度降低，从而加剧了室内的热量散失。我国南方地区的建筑夏季太阳辐射强，屋面隔热显得尤为重要。屋顶隔热的构造做法主要有：结合建筑造型，设遮阳构架；在平屋顶上设通隔热间层；种植屋面、反射“冷”屋面，少数建筑还采用蓄水隔热屋面。

1. 设遮阳构架

阻挡太阳辐射的最直接办法就是设置遮阳构架。杨经文为自家设计 Roof House(见图6-42),屋顶覆盖着遮阳格片,遮蔽整个房子。设计中根据太阳从东到西各季节运行的轨迹,将格片做成不同的角度,以控制不同季节和时间阳光进入的多少。在屋面上有了这样一个遮阳格片后,使得屋面空间成为很好的活动空间。同时由于屋面减少了曝晒,有利于节能。这样的设计非常现代,构成了对地点和生活方式的创新回应。印度建筑师查尔斯·柯里亚设计的 ECIL 办公楼入口平台屋面采用了遮阳构架(见图 6-43)。

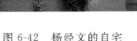

图 6-42 杨经文的自宅

图 6-43 ECIL 办公楼入口

2. 设通隔热间层

在平屋顶设置架空通风间层,太阳光辐射得到直接遮挡,同时利用风压和热压作用将间层中的热空气不断带走,使通过屋面板传入室内的热量大为减少,从而达到隔热降温的目的。通风间层的设置通常是在屋面上做架空通风隔热间层,有时也利用吊顶棚内的空间做通风间层。通隔热间屋面适合在通风较好的建筑物上采用。

架空通风层通常用砖墩架空混凝土板(或大阶砖)通风层。架空通风层的设计要点有:

(1)架空隔热层的高度,应按屋面宽度或坡度大小的变化确定,净空高度一般以 180~300mm 为宜。屋面宽度大于 10m 时,应在屋脊处设置通风桥以改善通风效果(见图 6-44)。

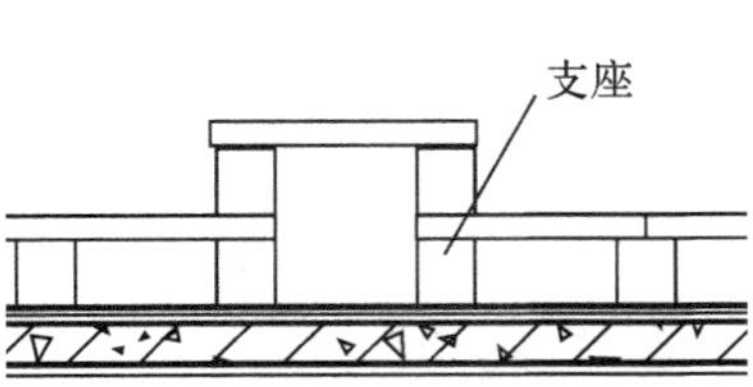

图 6-44 架空隔热屋面通风桥

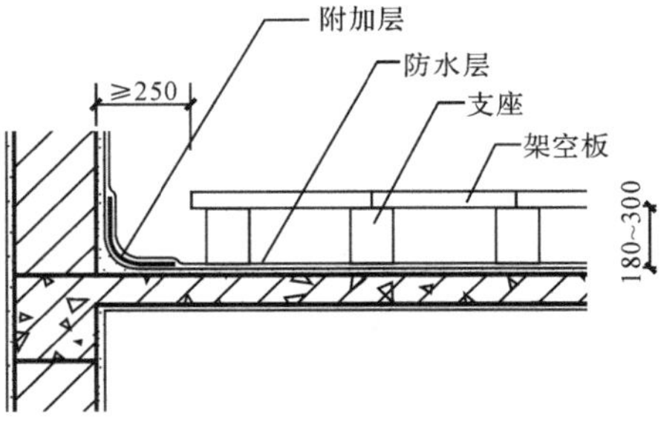

图 6-45 架空隔热屋面

(2)为使架空层内空气形成对流,在离女儿墙 250mm 宽的范围内一般不铺架空板(见图 6-45),让架空板周边开敞,当立面造型允许时,可女儿墙直接开通风口、进风口,并使进风口设在当地炎热季节最大频率风向的正压区,出风口宜设置在负压区。

3. 种植屋面

近几年来，种植屋面发展较快，种植屋面的构造可根据不同的种植介质确定，也可以有草坪式、园林式、园艺式以及混合式等。防水层位于整个系统底部，并受上部结构的多层保护，防水效果较传统的单一工艺更为安全有效。种植屋面不直接受到阳光直射，夏季通过植物吸收热量、水分蒸发和系统本身的遮挡作用，有效地阻止了屋顶表面温度的升高；冬季室内的热量也不会通过屋顶轻易散失，起到冬暖夏凉的作用，完全可以超过现有常规方法的隔热和保温效果，非寒冷地区一般不需另设保温隔热措施。另外，种植屋面能有效地降低光、声污染和二次扬尘，又能吸废、排氧、截留雨水和降低城市热岛效应等，具有改善城市生态环境、调节小气候的功能。大力推广种植屋面对于推行节能建筑、绿色建筑、建设“生态园林城市”的发展要求具有深远的战略意义。

种植屋面应根据地域、气候、建筑环境、建筑功能等条件，选择相适应的屋面构造形式，图 6-46 为较常用的做法之一。

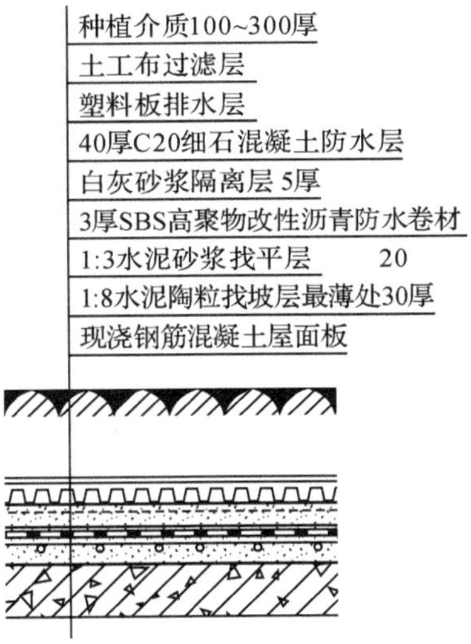

图 6-46　种植屋面构造层次

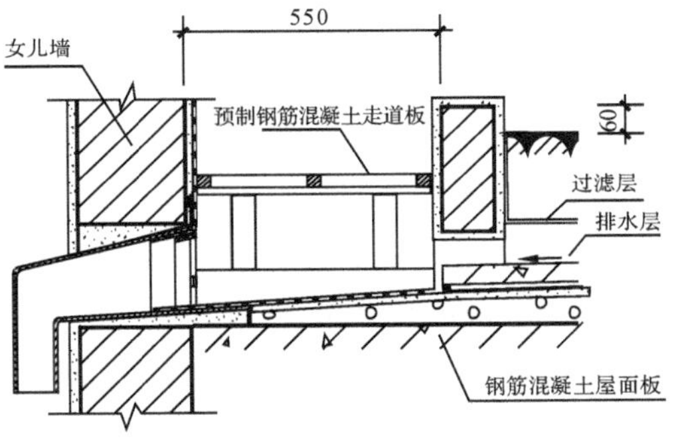

图 6-47　种植屋面挡墙

考虑到种植屋面翻修困难，种植屋面的防水等级一般均按二级及以上设置，防水层应采用耐腐蚀、耐霉烂、防植物根系穿刺、耐水性好的防水材料；卷材、涂膜防水层上部应设置刚性保护层。种植屋面根据植物及环境布局的需要，可设挡墙（板）分区布置，也可整体布置。排水层材料应根据屋面功能、建筑环境、经济条件等进行选择，可选择成品塑料排水板、预制混凝土架空板或陶粒卵石排水。介质层材料应根据种植植物的要求，选择综合性能良好的材料，介质层厚度应根据不同介质和植物种类等确定。种植屋面可用于平屋面或坡屋面。屋面坡度较大时，其排水层、种植介质应采取防滑措施。种植屋面上的种植介质四周应设挡墙，挡墙下部应设泄水孔（见图 6-47）。

种植屋面应进行蓄水、淋水试验，这是为了检验防水层的质量，合格后才能进行覆盖种植介质。如采用刚性防水层则应进行养护，养护后方可进行蓄水、淋水试验。

4. 反射“冷”屋面

一般来说，如果材料表面反射太阳能的能力强，即反射率大，并且还能辐射其吸收的大部分热量，即热辐射系数大，则材料表面温度低。对屋面而言，屋面表面温度低，对于暖和地区的建筑物是十分有利的。屋面面层的反射率一般与材料本身、面层颜色及粗糙程度有关。在美国将反射率大于0.65和热辐射系数大于0.75的屋面，定义为“冷”屋面。设计时有时可将屋面面层刷上白色涂料，可起到一定的隔热效果，但在城市建筑密度较高的地区，也会带来一定的光污染。

5. 蓄水屋面

蓄水屋面主要在我国南方炎热地区使用，地震地区和振动较大的建筑物上，最好不采用蓄水屋面，振动易使建筑物产生裂缝，造成屋面渗漏。另外，除屋面上建游泳池的除外，屋面防水等级为Ⅰ级、Ⅱ级时，不宜采用蓄水屋面。

6.4 屋面工程设计的基本内容及原则

屋面工程作为一个系统工程，与屋面造型、结构形式、防水、节能等紧密相关。一般屋面工程设计的基本内容及原则包括以下内容：

1. 确定屋面防水等级和设防要求

根据建筑物的性质、重要程度、使用功能要求，确定建筑屋面防水等级及防水层合理使用年限，具体见表6-2。

2. 屋面排水系统的设计

排水设计中确定屋面汇水面积、檐沟的形式及布置、雨水管布置、屋面找坡形式、屋面及檐沟的排水坡度。有组织排水的设计要点可详见本章6.1.2，特别要注意屋面布置雨水管时，要注意综合考虑屋面排水与下部使用空间及立面造型，避免造成水落管没有合适地方，或者排水线路很长、坡度过小，或破坏立面造型等情况的出现。

3. 屋面工程的构造设计

屋面总体构造层次及细部构造的设计，因屋面形式、建筑功能、气候条件不同，设防道数和选材都不会一致，所以屋面构造必须根据具体工程进行设计。一般要遵循以下原则：①屋面防水多道设防时，可将卷材、涂膜、细石防水混凝土、瓦等材料复合使用，也可使用卷材叠层。②屋面防水设计采用多种材料复合时，耐老化、耐穿刺的防水层应放在最上面，相邻材料之间应具相容性。③屋面防水层细部构造，如天沟、檐沟、阴阳角、水落口、变形缝等部位应设置附加层。

4. 确定防水层、隔热层材料和密封材料及其主要物理性能

选用防水材料、保温隔热材料和密封材料的要求，并指明主要物理性能。因为目前有许多假冒伪劣材料，很难达到国家制订的技术指标，如果设计时不严加控制，容易被伪劣材料混充，注明技术指标便于检测，是保证材料质量的措施。

防水材料的品种、型号、规格及其主要物理性能应符合国家规范对该材料质量指标的规定，考虑施工环境的条件和工艺的可操作性及防水材料与基层等之间的相容性。同时遵循以下原则：

（1）外露使用的不上人屋面，应选用与基层粘结力强和耐紫外线、热老化保持率、耐酸雨、耐穿刺性能优良的防水材料。

（2）上人屋面，应选用耐穿刺、耐霉烂性能好和拉伸强度高的防水材料。

(3) 蓄水屋面、种植屋面，应选用耐腐蚀、耐霉烂、耐穿刺性能优良的防水材料。

(4) 薄壳、装配式结构、钢结构等大跨度建筑屋面，应选用自重轻和耐热性、适应变形能力优良的防水材料。

(5) 倒置式屋面，应选用适应变形能力优良、接缝密封保证率高的防水材料。

(6) 斜坡屋面，应选用与基层粘结力强、感温性小的防水材料。

(7) 屋面接缝密封防水，应选用与基层粘结力强、耐低温性能优良，并有一定适应位移能力的密封材料。

屋面应选用吸水率低、密度和导热系数小，并有一定强度的保温材料；封闭式保温层的含水率，可根据当地年平均相对湿度所对应的相对含水率以及该材料的质量吸水率，通过计算确定。

本章小结

屋顶既是房屋顶部的承重结构，也是房屋最上部的围护结构。屋顶设计有结构安全、防水、保温隔热、建筑造型及城市设计等方面的要求。我们必须把屋顶当作一个系统工程来进行研究、设计。

屋面防水设计“以防为主、防排结合”，排水是屋面防水的重要内容之一，尤其对平屋面，应尽快将水排走，减轻防水层的负担，避免屋面较长时间积水，这就要求合理设计屋面及天沟的排水坡度和排水路线、排水管的管径、数量及位置。

屋面工程应根据建筑物的性质、重要程度、使用功能要求以及防水层合理使用年限等，选用不同的防水卷材和不同的构造层次，以满足设防要求，并根据不同防水做法特点，做好天沟、檐沟、泛水、水落口等防水薄弱环节的细部构造设计。

在屋面构造设计中除防水外，还有一重要内容就是屋顶节能，选择适合当地气候条件、屋面防水构造的保温隔热措施。

复习思考题

1. 屋顶设计一般有哪些要求？

2. 影响屋顶坡度的因素有哪些？屋顶坡度的形成方法有哪些？各种方法有何优缺点？

3. 屋面排水的方式有哪些？各适用于何种条件？

4. 层盖有组织排水设计的内容和设计要点有哪些？

5. 有组织排水设计中，如何确定屋面排水坡面？屋面采用何种找坡形式？屋面坡度为多少？如何确定天沟(或檐沟)布置、断面形式及大小和天沟纵坡值？如何确定雨水管和雨水口的数量及布置？

6. 有哪些卷材防水材料？分别适合何种使用条件？. 卷材屋面的构造层有哪些？各层如何做法？卷材卷材的设计厚度是如何确定的？上人和不上人的卷材屋面在构造层次及做法上有什么不同？

7. 卷材防水屋面的泛水、天沟、檐口、雨水口等细部构造的要点是什么？

8. 刚性防水屋面有几种做法？分别适合何种使用条件？刚性防水屋面有哪些构造层？

普通细石混凝土防水层的做法？刚性防水屋面与卷材防水屋面的细部构造做法有哪些异同点？

9. 刚性屋面的防水层中设分隔缝的作用？分隔缝应设在哪些部位？通常怎么做？现浇屋面与装配式屋面的分隔缝做法相同吗？

10. 涂膜防水屋面的特点是什么？适用于哪些屋面？

11. 常见瓦屋面有哪几种？瓦屋面适用于哪些屋面的防水？屋面铺瓦的方式有哪些？

12. 屋面保温的材料有哪些？平屋顶保温有哪些构造做法？在哪些情况下要设置隔汽层？排汽屋面的做法如何？

13. 屋顶隔热的措施有哪些？各种做法适用于何种条件？通风隔热屋面的设计要点有哪些？

第7章 门窗

学习要点

本章主要讲述各种门窗的形式、构造、特点以及天窗遮阳的简单介绍，通过学习，应在设计中正确选用。

7.1 概述

门和窗是房屋建筑中的围护及分隔构件，不承重。门的主要功能是交通联系，并兼有采光、通风之用；窗的作用主要是采光和通风及观望。

门窗对建筑物的外观及室内装修造型影响很大，它们的大小、比例尺度、位置、数量、材质、形状、组合方式等是决定建筑视觉效果的非常重要的因素。设计门窗时，应注意如下要求：

(1) 防风防雨、保温、隔声、防沙等能力；

(2) 开启灵活、关闭紧密；

(3) 便于擦洗和维修方便；

(4) 坚固耐用、耐腐蚀；

(5) 符合《建筑模数协调统一标准》的要求。

7.1.1 门窗形式

门窗的形式主要是取决于门窗的开启形式。门窗有各种开启方式，与其使用方式有很大的关系。

1. 门的开启方式(见图 7-1)

(1) 平开门

即水平开启的门，可做单扇或双扇，开启方向可内开或外开。平开门构造简单，开启灵活，制作、安装和维修方便，使用广泛。

(2) 弹簧门

弹簧门可单向或双向开启，其侧边用弹簧铰链或下面用地弹簧传动，制作简单、开启灵活，开启后能自动关闭，适用于人流出入频繁或有自动关闭要求的场所。考虑到使用安全，门上都安装玻璃，避免相互碰撞。幼托、中小学建筑中不得使用弹簧门。

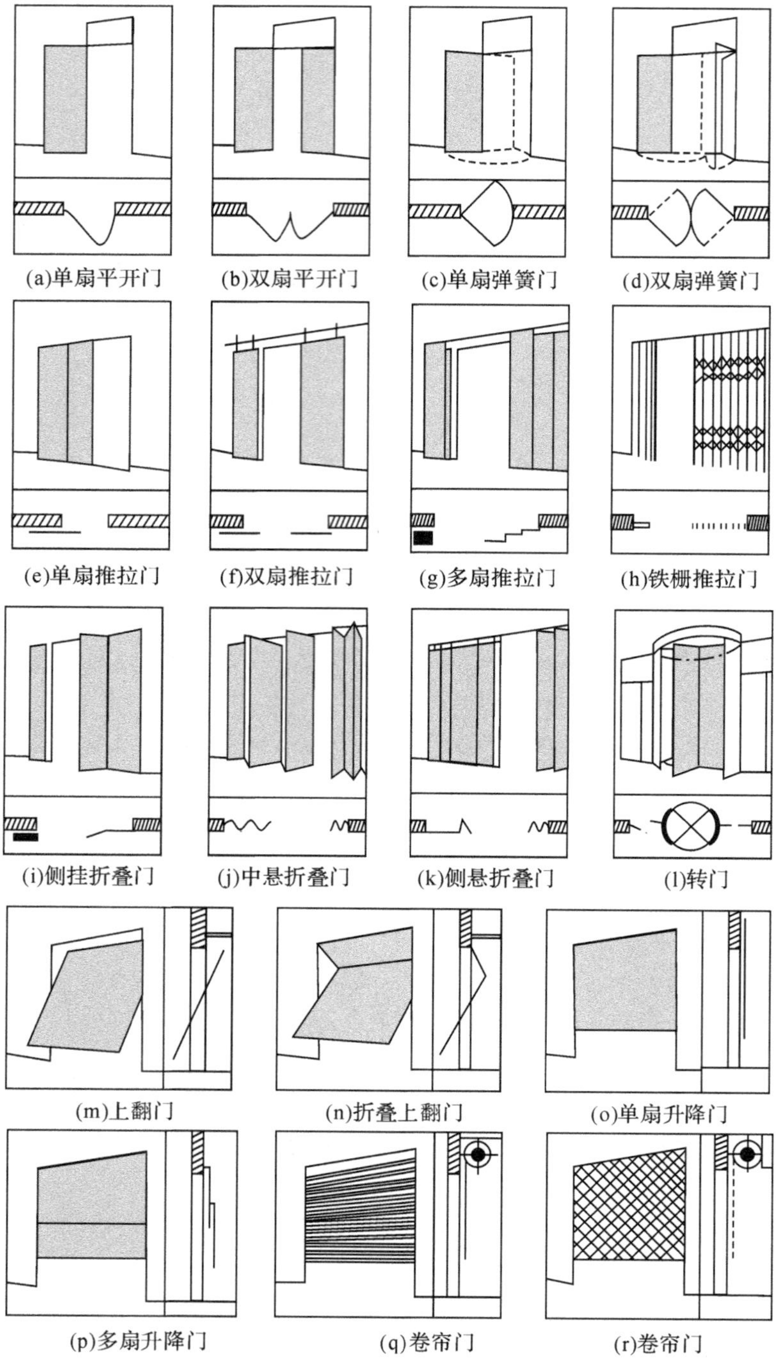

图 7-1　门的开启方式

(3) 推拉门

推拉门也叫扯门或移门，开关时沿轨道左右滑行，可藏在夹墙内或贴在墙面外，占用空间少。推拉门五金零件较复杂，开关灵活性取决于五金的质量和安装的好坏，适用于各种大小的洞口。在一些人流众多的公共建筑，还可以采用传感控制自动推拉门。

(4) 折叠门

折叠门由多道门扇组合，门扇可分组叠合并推移到侧边，以使门两边的空间在需要时合并为一个空间。优点是开启时占用空间少，但五金制作相对复杂，安装要求较高。适用于各种大小洞口。

(5) 转门

为两到四扇门连成风车形，在两个固定弧形门套内旋转的门。对防止室内外空气的对流有一定的作用，可作为公共建筑及有空调房屋的外门。加工制作复杂，造价高。转门的通行能力较弱，不能作疏散用，故在人流较多处在其两旁应另设平开门或弹簧门。

(6) 升降门

多用于工业建筑，一般不经常开关，需要设置传动装置及导轨。

(7) 卷帘门

多用于较大且不需要经常开关的门洞，例如商店的大门及某些公共建筑中用作防火分区的构件等。其五金件制作复杂，造价较高。

(8) 上翻门

多用于车库、仓库等场所。按需要可以使用遥控装置。

2. 窗的开启方式(见图 7-2)

(1) 固定窗

无窗扇、不能开启的窗，一般将玻璃直接安装在窗框上，作用是采光、眺望。固定窗构造简单，密闭性好。

(2) 平开窗

平开窗将窗扇用铰链固定在窗框侧边，有外开、内开之分，外开可以避免雨水侵入室内，且不占室内面积，故常采用。平开窗构造简单、制作方便、五金便宜、开启灵活，使用较为普遍。

(3) 悬窗

按转动铰链或转轴位置的不同有上悬、中悬和下悬之分。上悬和中悬窗向外开启防雨效果较好，常用于高窗，下悬窗外开不能防雨，内开又占用室内空间，只适用于内墙高窗及门上亮子(又叫腰头窗)。

(4) 立转窗

在窗扇上下冒头中部设置转轴，立向转动。有利于采光和通风，但防雨及密闭性较差，多用于有特殊要求的房间。

(5) 推拉窗

分垂直推拉和水平推拉两种。开启时不占室内空间，窗扇受力状态好，窗扇及玻璃尺寸均可较平开窗为大，尤其适用于铝合金及塑料门窗。但通风面积受限制，五金及安装也较复杂。

(6) 百叶窗

百叶窗的百叶板又分活动和固定两种。活动百叶窗常作遮阳、通风之用，易于调整；固定百叶窗常用于山墙顶部作为通风之用，采光较差。

(7) 折叠窗

全开启时视野开阔，通风效果好，但需用特殊五金件。

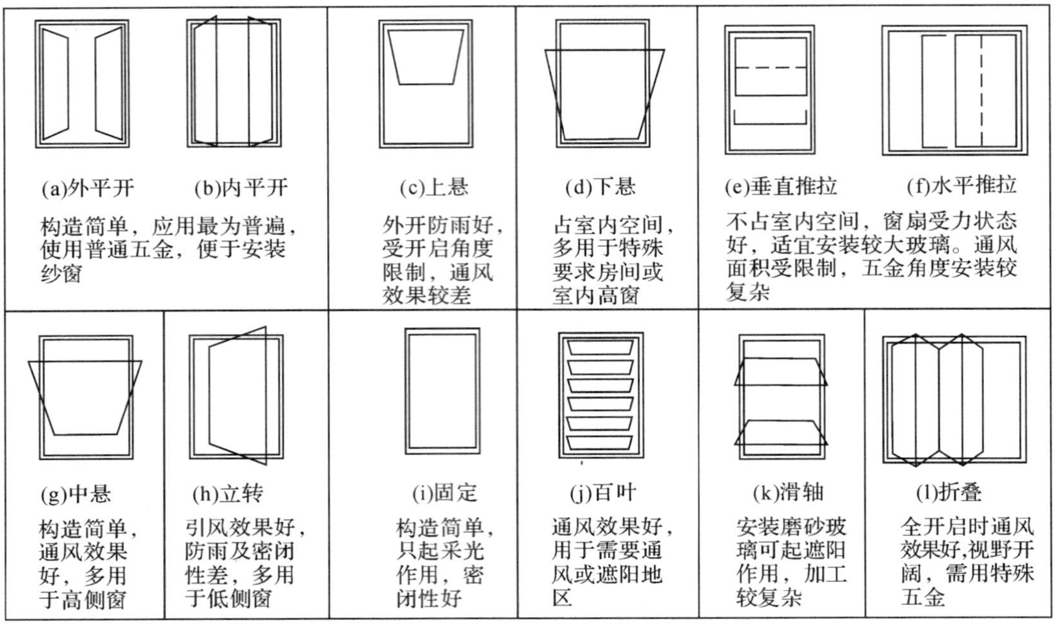

图 7-2 窗的开启方式

7.1.2 门窗组成

门窗主要由门窗框、门窗扇、门窗五金几部分组成。有时为了完善构造节点，加强密封性能或改善装修效果，还用到一些门窗附件，如披水、贴脸板等。

1. 门窗框

门窗框是门窗与建筑墙体、柱、梁等构件连接的部分，起固定作用，还能控制门窗扇启闭的角度。门窗框又称作门窗樘，一般由两边的垂直边梃和自上而下分别称作上槛、中槛（又称作中横档）、下槛的水平构件组成（见图 7-3）。在一樘中并列有多扇门或窗的，垂直方向中间还会有中梃来分隔及安装相邻的门窗扇。考虑到使用方便，门大多不设下槛。为了控制门窗扇关闭时的位置和开启时的角度，门窗框一般要连带或增加附件，称为铲口或铲口条（又称止口条）。

传统木门的门框用料，大门可为 60～70mm×140～150mm（毛料），内门可为 50～70mm×100～120mm，有纱门时用料宽度不宜小于 150mm。

2. 门窗扇

门窗扇是门窗可供开启的部分。

（1）门扇

门扇的类型主要有镶板门、夹板门、百叶门、无框玻璃门等（见图 7-4）。镶板门由垂直构件边梃，水平构件上冒头、中冒头和下冒头以及门芯板或玻璃组成。夹板门由内部骨架和外部面板组成。百叶门乃是将门扇的一部分做成可以通风的百叶。

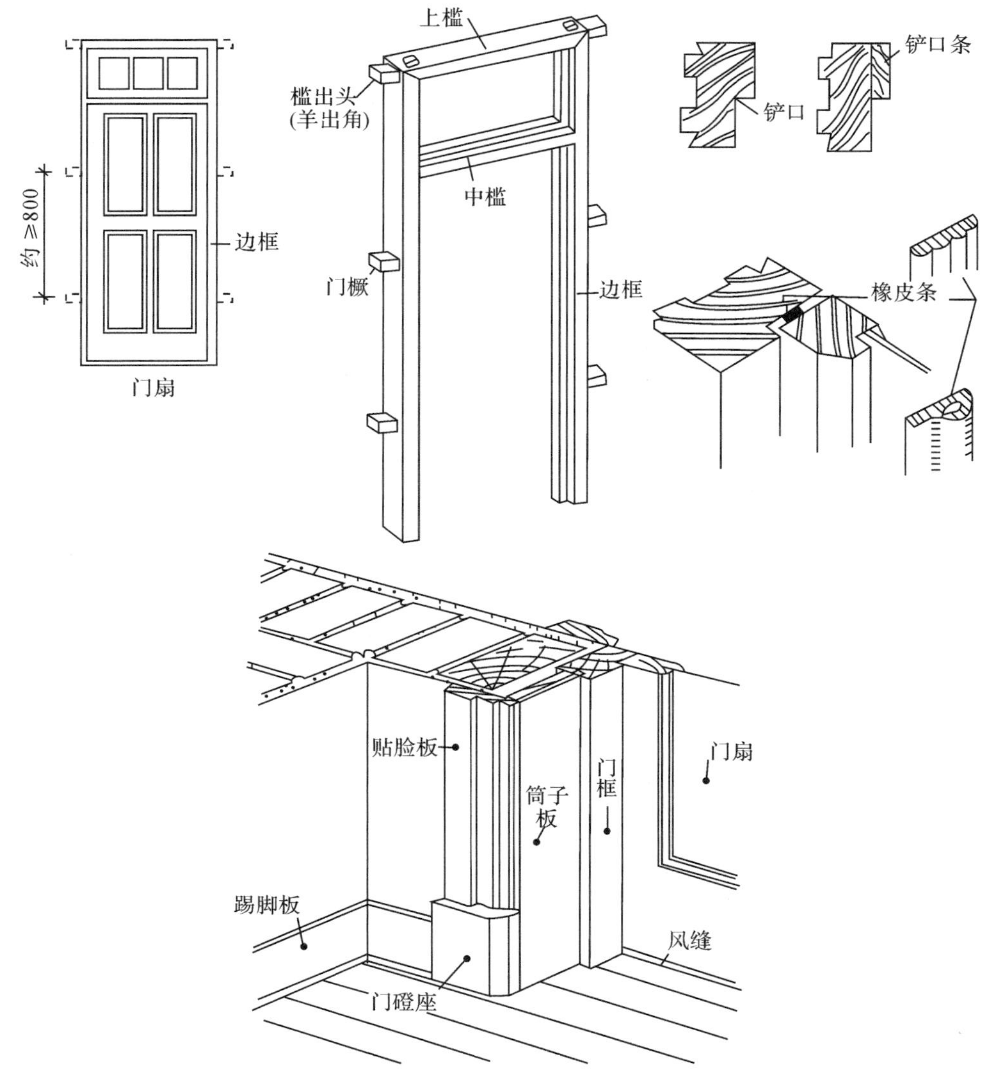

贴脸板及筒子板

图 7-3 门框构成

1)镶板门

镶板门以冒头、边梃用全榫结合成框,中镶木板(门芯板)或玻璃(见图 7-5)。常见的木质镶板门门扇边框的厚度一般为 40～45mm,纱门 30～35mm,镶板门上冒头尺寸为 45～50mm×100～120mm,中冒头、下冒头为了装锁和坚固要求,宜用 45～50mm×150mm,边梃至少 50mm×150mm。门芯板可用 10～15mm 厚木板拼装成整块,镶入边框,或用多层胶合板、硬质纤维板及其他塑料板等代替。冒头及边梃、中梃断面可根据要求设计。有的镶板门将锁装在边梃上,故边梃尺寸也不宜过细。门芯板如换成玻璃,则成为玻璃门。

2)夹板门

夹板门一般是在胶合成的木框格表面再胶贴或钉盖胶合板或其他人工合成板材,骨架

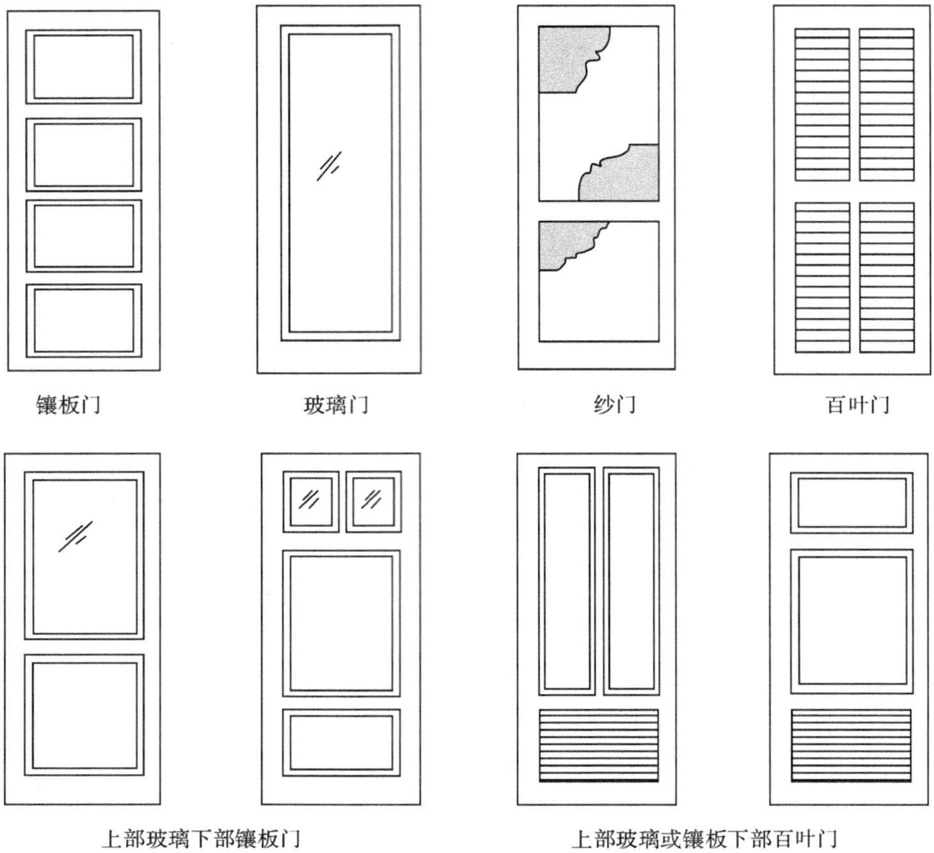

图 7-4 镶板门、玻璃门、纱门和百叶门的立面形式

形式参见图 7-6。其特点是料省、自重轻、外形简洁，适用于房屋的内门。夹板门的内框一般边框用料 35mm×50～70mm，内芯用料 33mm×25～35mm，中距 100～300mm。面板可整张或拼花粘贴，也可预先在工厂压制出花纹。应当注意，在装门锁和铰链的部位，框料需另加宽。有时为了使门扇内部保持干燥，可作透气孔贯穿上下框格。现在另有一种做法是将两块细木工板直接胶合作为芯板，其外侧再胶三夹板，这样门扇厚度约为 45mm，与一般门扇相同。与镶板门类似，夹板门也可局部做成百叶的形式。为保持门扇外观效果及保护夹板面层，常在夹板门四周钉 10～15mm 厚木条收口。

3)无框玻璃门

无框玻璃门用整块安全平板玻璃直接做成门扇，立面简洁，常用于公共建筑(见图7-7)。最好是能够由光感设备自动启闭，否则应有醒目的拉手或其他识别标志，以防止产生安全问题。

(2)窗扇

窗扇因为需要采光，多需镶玻璃，其构成大多与镶玻璃门相仿，也由上下冒头、中间冒头以及左右边梃组成(见图 7-8)。有时根据需要，玻璃部分可以改为百叶。玻璃种类也很多，通常采用单层透明玻璃(称作净片)。有时为了隔声保温等需要可采用双层中空玻璃，或采

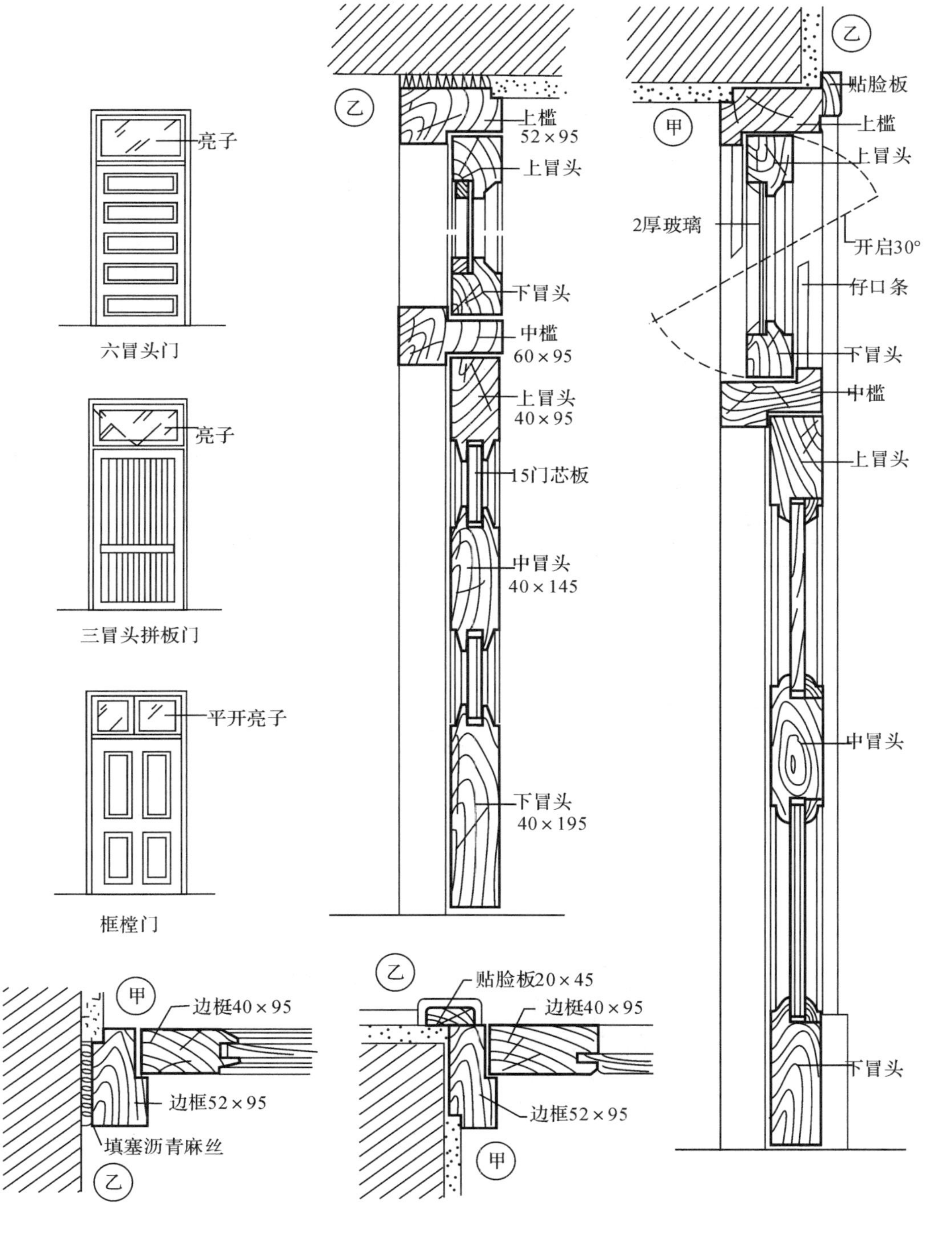

图 7-5　镶板门构造

用有色、吸热和涂层、变色等种类的玻璃。需遮挡或模糊视线时可选用磨砂玻璃或压花玻璃；为了安全可采用夹丝玻璃、钢化玻璃或有机玻璃等。

对应于无框玻璃门，窗也可做成无框的窗扇。

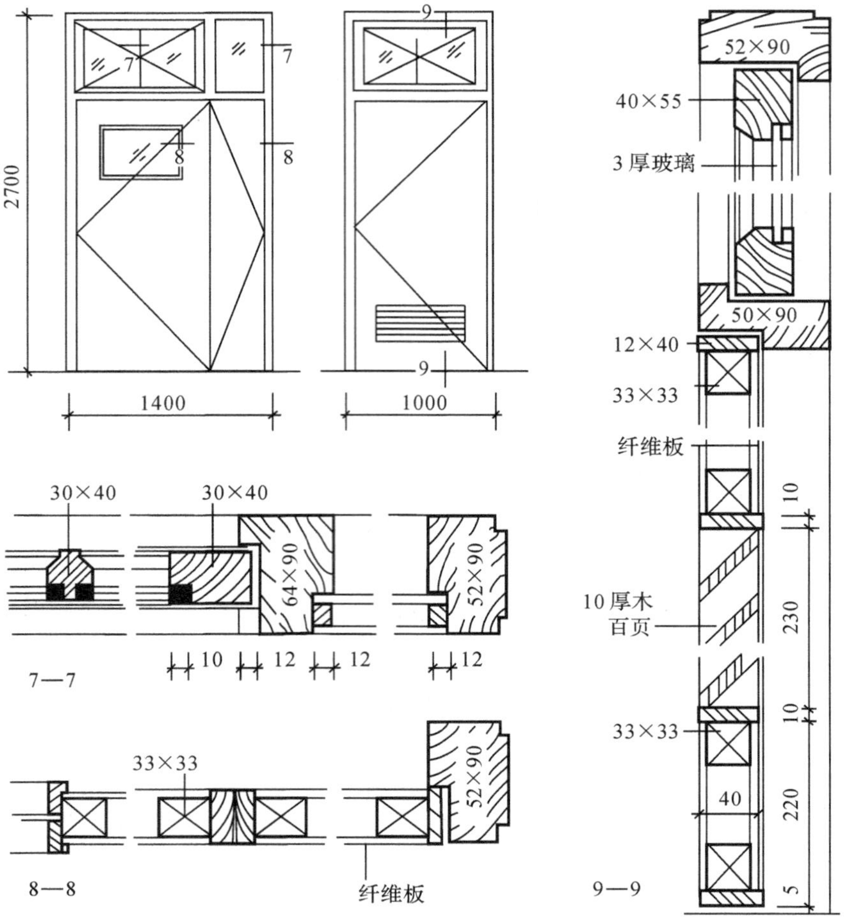

图 7-6 夹板门构造

图 7-7 自动门

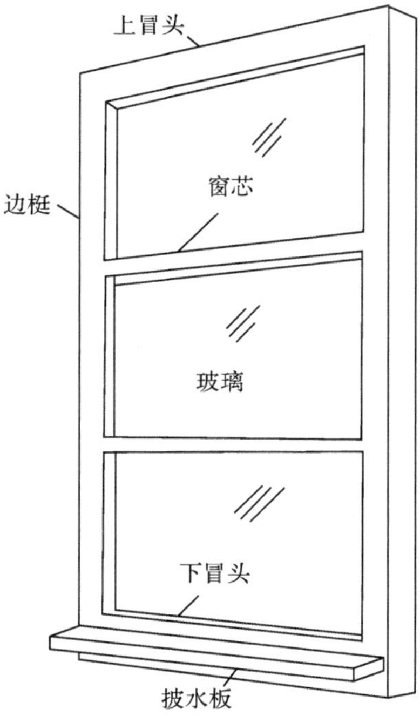

图 7-8　窗扇构成

3. 门窗五金

门窗五金的用途是在门窗各组成部件之间以及门窗与建筑主体之间起到连接、控制以及固定的作用。门的五金主要有把手、门锁、铰链、闭门器和门挡等。窗的五金有铰链、风钩、插销、拉手以及导轨、转轴、滑轮等。

(1) 铰链

铰链是连接门窗扇与门窗框，供平开门及平开窗开启时转动的五金件。有些铰链又被称为合页。铰链的形式很多，有明铰链和暗铰链，也有普通铰链和弹簧铰链，还有固定铰链和抽心铰链(方便装卸)等类型的区分(见图 7-9)。常用规格有 50、70、100 等几种。门扇上的铰链一般需装上下两道，较重时则采用三道铰链。有时为了使窗扇便于从室内擦洗以及开启后能贴平墙身，常采用长脚铰链或平移式滑杆。

(2) 插销

插销是门窗扇关闭时的固定用具。插销也有很多种类，推拉窗常采用转心销，转窗和悬窗常用弹簧插销，有些功能特别的门会采用通天插销。

(3) 把手

把手是装置在门窗扇上，方便把握开关动作时用的(见图 7-10(a))。最简单的固定式把手也叫拉手，而有些把手与门锁或窗销结合，通过其转动来控制门窗扇的启闭，它们也被称为执手。由于直接与人手接触，所以设计时要考虑它的大小、触觉感受等方面的因素。

(4) 门锁

门锁多装于门框与门扇的边梃上，也有的直接装在门扇和地面及墙面交接处，更有些与把手结合成为把手门锁。弹子门锁是较常用的一种门锁，大量应用于民用建筑中，随着技术

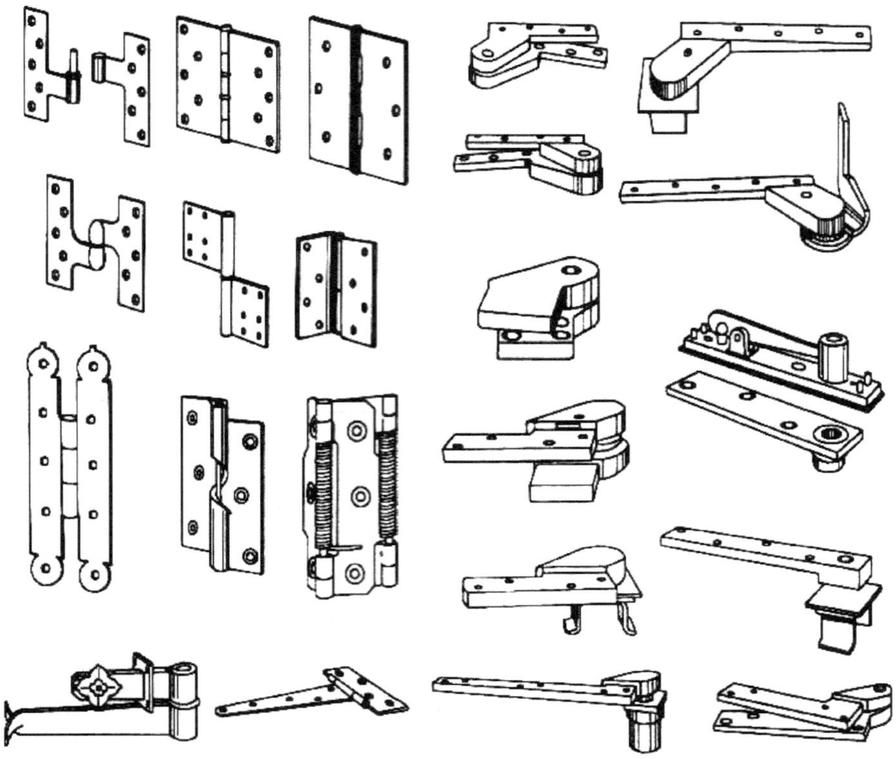

图 7-9 各式铰链

的进步，它们的类型也不断增加。把手门锁由于使用方便，现在应用也很普遍，这种门锁只要转动旋钮拉住弹簧钩锁就能打开。圆筒销子锁在室外则需要钥匙，在室内通过指旋器就能打开锁。智能化的电子门锁近几年开始在居住和公共建筑中大量出现，它们配合建筑的管理措施加强了安全性和合理性，有的可以通过数字面板设置密码，还有的用电子卡开锁，而且不同的卡可以设置不同的权限以规定不同的使用方式，除此之外还有指纹锁等。

(5) 闭门器

闭门器是安装在门扇与门框上自动关闭开启门的机械构件(见图 7-10(b))。闭门器有机械式液压控制的，也有通过电子芯片控制的。由于门的使用情况不同，闭门器的设计性能也是各种各样的。选用时一般要注意闭门力、缓冲、延时、停门功能等技术参数，如果需要也可以在使用时调节。

(6) 定门器

定门器也称门碰头或门吸(见图 7-10(c))。装在门扇、踢脚或地板上。门开启时作为固定门扇之用，同时使把手不致损坏墙壁。有钩式、夹式、弹簧式、磁铁式等数种。

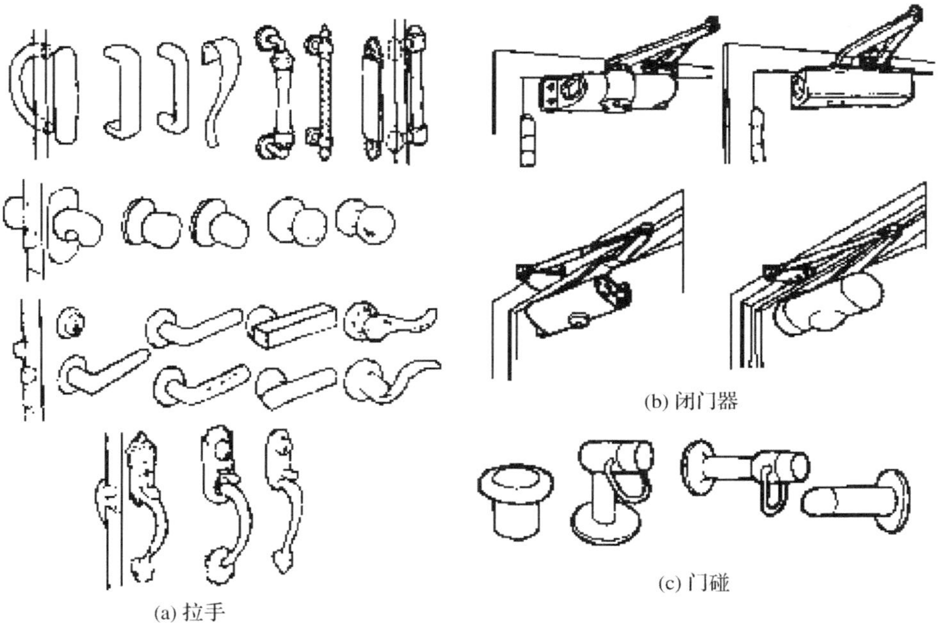

图 7-10　门的五金

7.1.3　门窗尺寸

1. 门的尺寸

门的尺寸主要根据通行、疏散以及主要立面造型的需要设计，并应符合国家颁布的门窗洞口尺寸系列标准。在一般的民用建筑中，门的宽度为：单扇门 800～1000mm，双扇门 1200～1800mm；次要房间的门如厨房、卫生间等，可为 650～850mm。门扇的高度一般为 1900～2100mm。个别的门，如用于储藏室、管井维修，可根据实际情况减小。亮窗的高度一般为 300～600mm。对于有特殊需要的门，则应根据实际需要扩大尺寸设计。

2. 窗的尺寸

窗的尺寸一般根据采光通风要求、结构构造要求和建筑造型等因素确定，同时应符合 300mm 的扩大模数要求。窗洞口常用尺寸为宽度 1200mm、1500mm、1800mm、2100mm、2400mm，高度为 1500mm、1800mm、2100mm、2400mm。窗扇宽度为 400～600mm，高度为 800～1500mm。

窗洞口大小的确定还应考虑房间的窗地比（采光系数）、玻地比以及建筑外墙的窗墙比。

(1)窗地比

窗地比是窗洞口与房间净面积之比。主要建筑的窗地比最低值详见表 7-1。

表 7-1 主要建筑窗地比最低值

建筑类别	房间或部位名称	窗地比
宿舍	居室、管理室、公共活动室、公用厨房	1/7
住宅	卧室、起居室、厨房	1/7
	厕所、卫生间、过厅	1/10
	楼梯间、走廊	1/14
托幼	音体活动室、活动室、乳儿室	1/7
	寝室、喂奶室、医务室、保健室、隔离室其他房间	1/6
文化馆	阅览、书法、美术	1/4
	游艺、文艺、音乐、舞蹈、戏曲、排练、教室	1/5
图书馆	展览室、装裱间	1/4
	陈列室、报告厅、会议室、开架书库、视听室	1/6
	闭架书库、走廊、门厅、楼梯、厕所	1/10
办公	办公、研究、接待、打字、陈列、复印 设计绘图、阅览室	1/6

(2)玻地比

窗玻璃面积与房间净面积之比叫玻地比。采用玻地比确定洞口大小时还需要除以窗子的透光率。透光率是窗玻璃面积与窗洞口面积之比。钢窗的透光率为 80%～85%,木窗的透光率为 70%～75%。

采用玻地比决定窗洞口面积的只有中小学校,其最小数值如下:

教室、美术、书法、语言、音乐、史地、合班教室及阅览室	1∶6
实验室、自然教室、计算机教室、琴房	1∶6
办公室、保健室	1∶6
饮水处、厕所、淋浴室、走道、楼梯间	1∶10

(3)窗墙比

窗墙比是指窗洞口面积与房间立面单元面积(层高与开间定位线围成的面积)的比值。《民用建筑热工设计规范》GB 50176—93 中规定:居住建筑各朝向的窗墙面积比,北向不大于 0.25;东、西向不大于 0.30;南向不大于 0.35。

从形式上看,长方形窗构造简单,在采光数值和采光均匀性方面最佳,所以最常用,但其采光效果还与宽、高的比例有关。通常竖立长方形窗适用在进深大的房间,这样阳光直射入房间的最远距离较大;正方形窗则可用于进深较小的房间;横置长方形窗仅用于进深浅的房间或者是需要视线遮挡的高窗,如卫生间等。在设置位置方面,如采用顶光,亮度会达到侧窗的 6～8 倍。

窗户的组合形式对采光效果也有影响。窗与窗之间由于墙垛(窗间墙)产生阴影的关系,一樘窗户所通过的自然光量比同一面积由窗间墙隔开的两樘窗户所通过的光量为大,因此理论上最好采用一樘宽窗来满足采光要求。比如,同样高度,一樘宽度 2100mm 的窗户就比并列的三樘 700mm 宽的窗户采光量大 40%。

7.1.4　门窗安装

1. 门窗框的安装

(1)安装方式

门窗框的安装有立口(又称立樘子)法和塞口(又称塞樘子)法两种(见图 7-11)。立口法是在砌墙前将框临时固定后再砌墙。这样框、墙结合紧密,但施工不方便。塞口法是在墙体施工时,预先留出门洞,待墙体完工后,再安装门框。这样,洞口较门框约大 20～30mm。除木质门有立口安装外,其他材质门窗框均用塞口法安装。

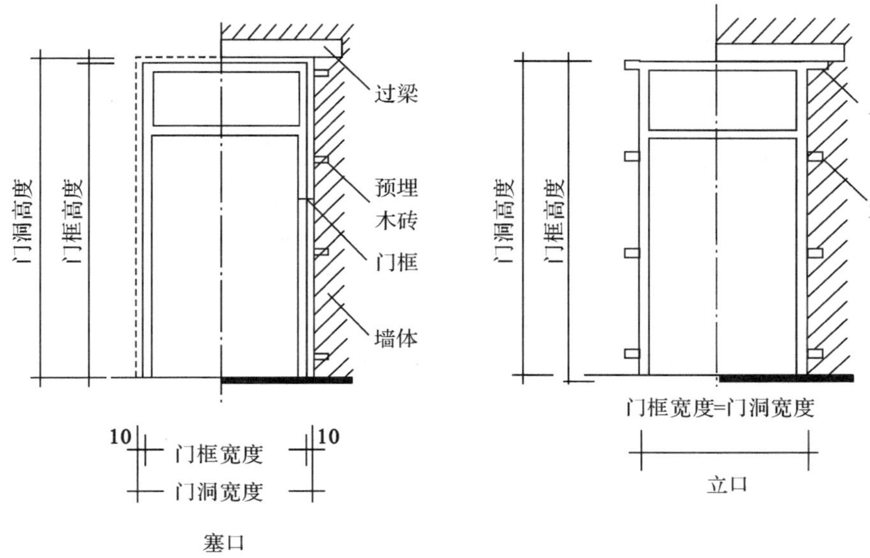

图 7-11　门框的安装方式

(2)框与墙的固定

不同材料、不同部位的固定方式各有不同:

①木框与墙的连接预埋木砖,见图 7-12。

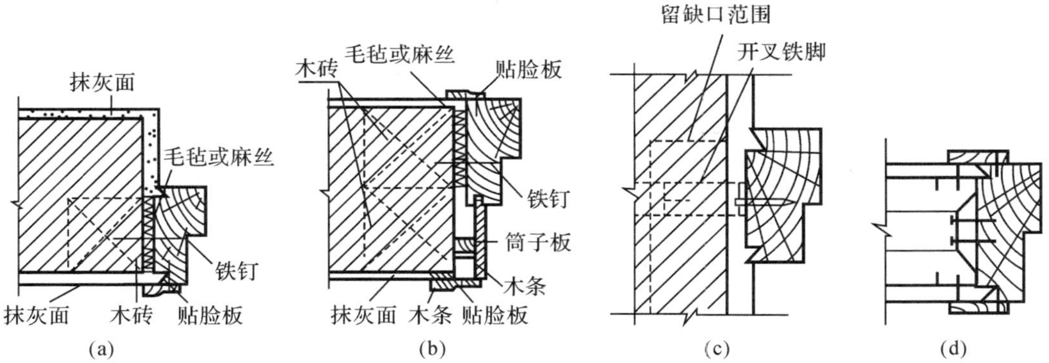

(a) 靠一侧设置　(b)靠一侧设置主要用于室内(内墙窗)　(c)砖墙留缺口,将铁脚伸入后用砂浆填实
(d)与轻钢龙骨连接时,用螺丝固定在轻钢竖龙骨

图 7-12　木框与墙的连接

②金属框与墙的连接见图 7-13。

③塑钢框与墙的连接见图 7-14。

④铝合金框与墙的连接见图 7-15。

门框在墙中的位置，可在墙的中间或与墙的一边平（见图 7-16）。一般多与开启方向一侧平齐，尽可能使门扇开启时贴近墙面。门框四周的抹灰极易开裂脱落，因此在门框与墙结合处应做贴脸板和木压条盖缝，装修标准高的建筑，还可在门洞两侧和上方设筒子板。

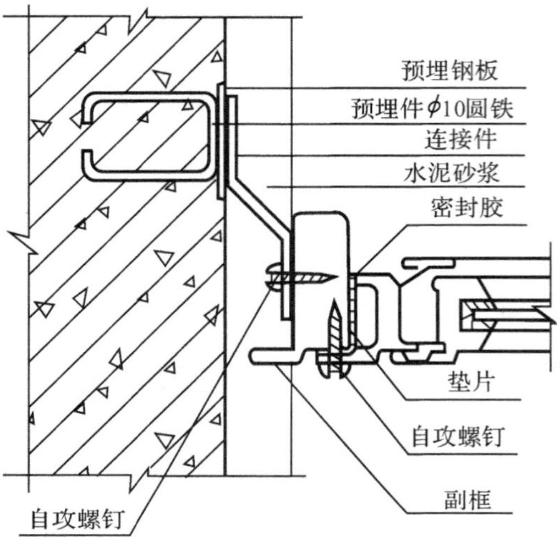

图 7-13 金属框与墙的连接

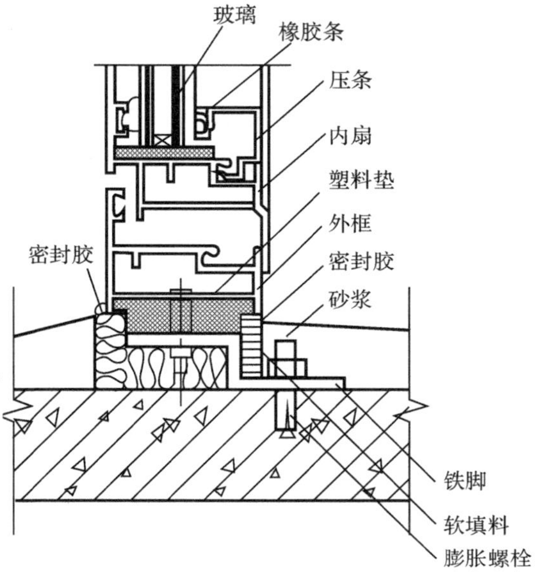

图 7-15 铝合金框与墙的连接

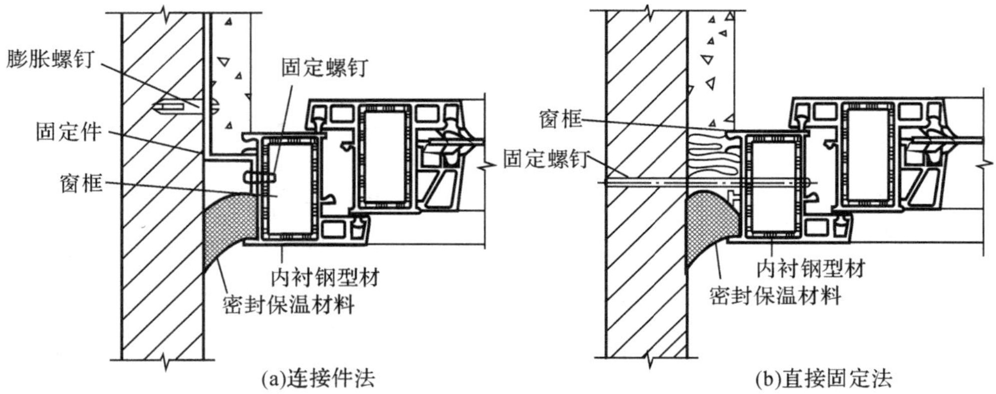

图 7-14 塑钢窗窗框与墙的连接

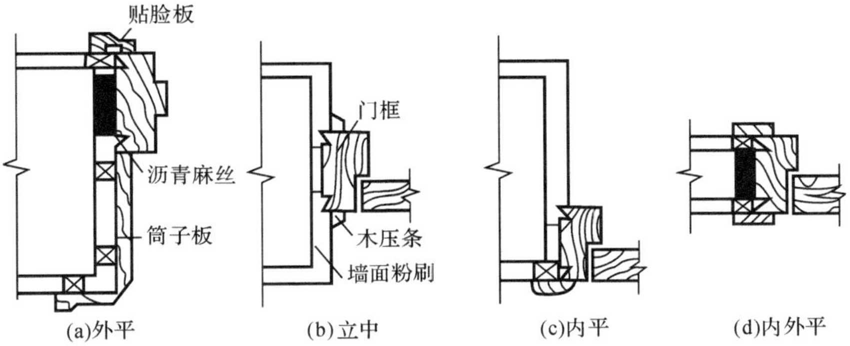

图 7-16　门框位置

7.2　木门窗构造

7.2.1　木门的构造

门一般由门框、门扇、亮子、五金零件及其附件组成(见图 7-17)。

门扇按其构造方式不同,有镶板门、夹板门、拼板门、玻璃门和纱门等类型。亮子又称腰头窗,在门上方,为辅助采光和通风之用,有平开、固定及上中下悬几种。

门框是门扇、亮子与墙的联系构件。

五金零件一般有铰链、插销、门锁、拉手、门碰头等。

附件有贴脸板、筒子板等。

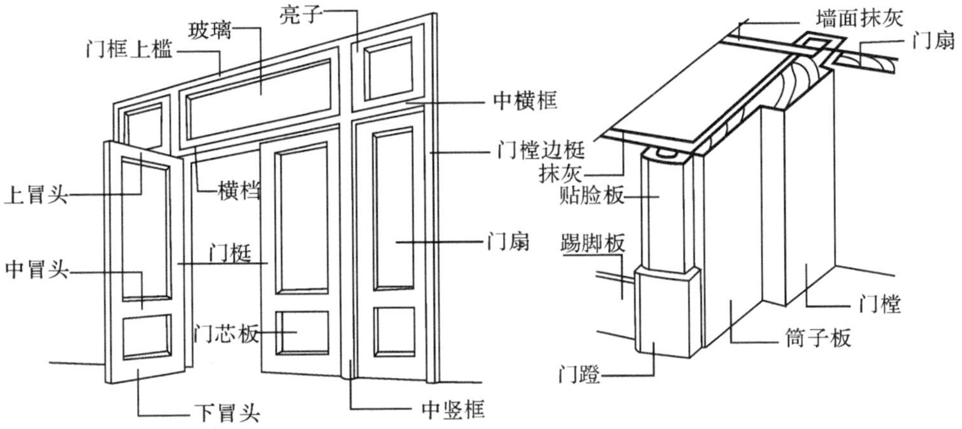

图 7-17　木门的组成

1. 门框

门框的断面形式与门的类型、层数有关,同时应利于门的安装,并具有一定的密闭性(见图 7-18)。门框的断面尺寸主要考虑接榫牢固与门的类型,还要考虑制作时刨光损耗,毛断面尺寸应比净断面尺寸大些。

为便于门扇密闭,门框上要有裁口(或铲口)。根据门扇数与开启方式的不同,裁口的形式可分为单裁口与双裁口两种。单裁口用于单层门,双裁口用于双层门或弹簧门。裁口宽度要比门扇宽度大 1～2mm，以利于安装和门扇开启。裁口深度一般为 8～10mm。

由于门框靠墙一面易受潮变形，故常在该面开 1～2 道背槽，以免产生翘曲变形，同时也利于门框的嵌固。背槽的形状可为矩形或三角形，深度约 8～10mm，宽约 12～20mm。

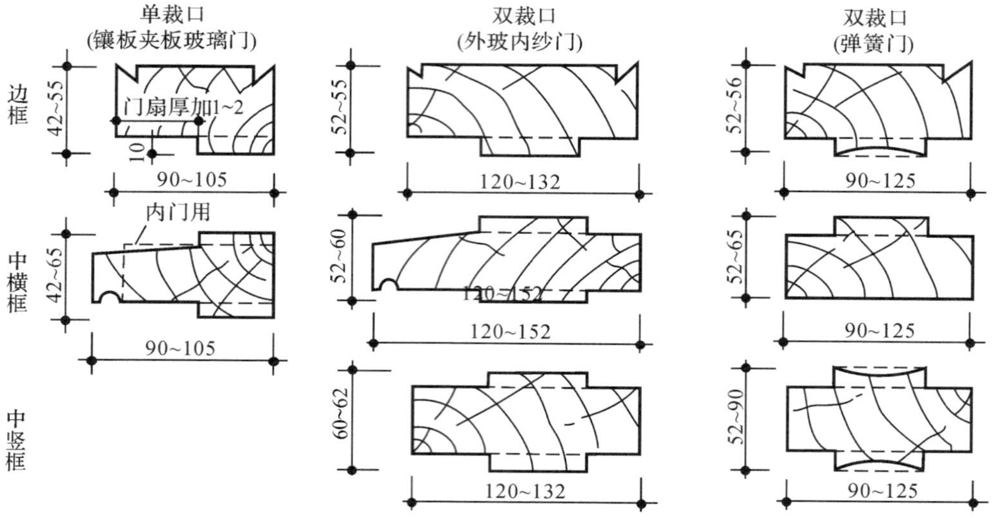

图 7-18 门框的断面形式与尺寸(单位：mm)

2. 门扇

常用的木门门扇有镶板门(包括玻璃门、纱门)和夹板门。

(1)镶板门

镶板门门扇由边梃、上冒头、中冒头(可做数根)和下冒头组成骨架、内装门芯而构成(见图 7-19)。

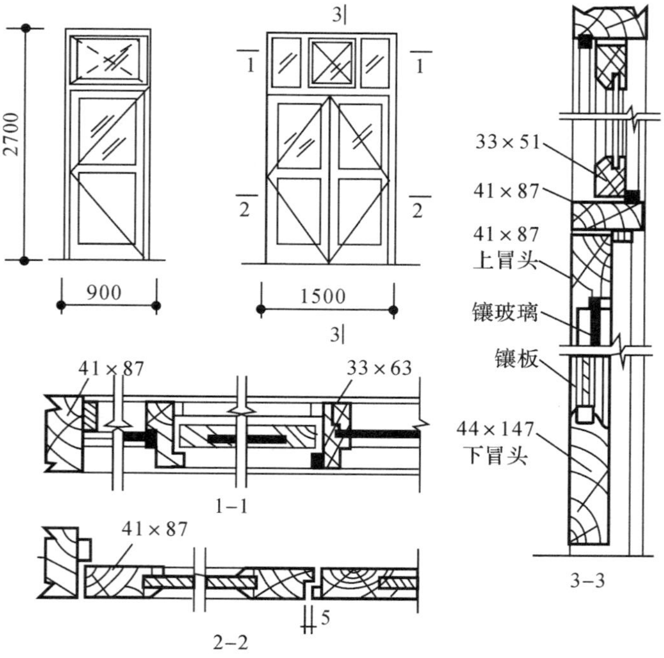

图 7-19 镶门板的构造

构造简单，加工制作方便，适于在一般民用建筑中作内门和外门。

门扇的边梃与上、中冒头的断面尺寸一般相同，厚度为 40～45mm，宽度为 100～200mm。为了减少门扇的变形，下冒头的宽度一般加大至 160～250mm，并与边梃采用双榫结合。

门芯板一般采用 10～12mm 厚的木板拼成，也可采用胶合板、硬质纤维板、塑料板、玻璃和塑料纱等。当采用玻璃时，即为玻璃门可以是半玻门或全玻门。若门芯板换成塑料纱(或铁纱)，即为纱门。由于纱门轻，门扇骨架用料可小些，边框与上冒头可采用 30～70mm，下冒头用 30～150mm。

(2)夹板门

夹板门是用断面较小的方木做成骨架，两面粘贴面板而成(见图 7-20)。门扇面板可用胶合板、塑料面板和硬质纤维板。面板和骨架形成一个整体，共同抵抗变形。夹板门的形式可以是全夹板门、带玻璃或带百叶夹板门。

平板门的骨架一般用厚约 30mm、宽 30～60mm 的木料做边框，中间的肋条用厚约 30mm、宽 10～25mm 的木条，可以是单向排列、双向排列或密肋形式，间距一般为 200～400mm，安门锁处需另加上锁木。为使门扇内通风干燥，避免因内外温湿度差产生变形，在骨架上需设通气孔。为节约木材，也有用蜂窝形成浸塑纸来代替肋条的。

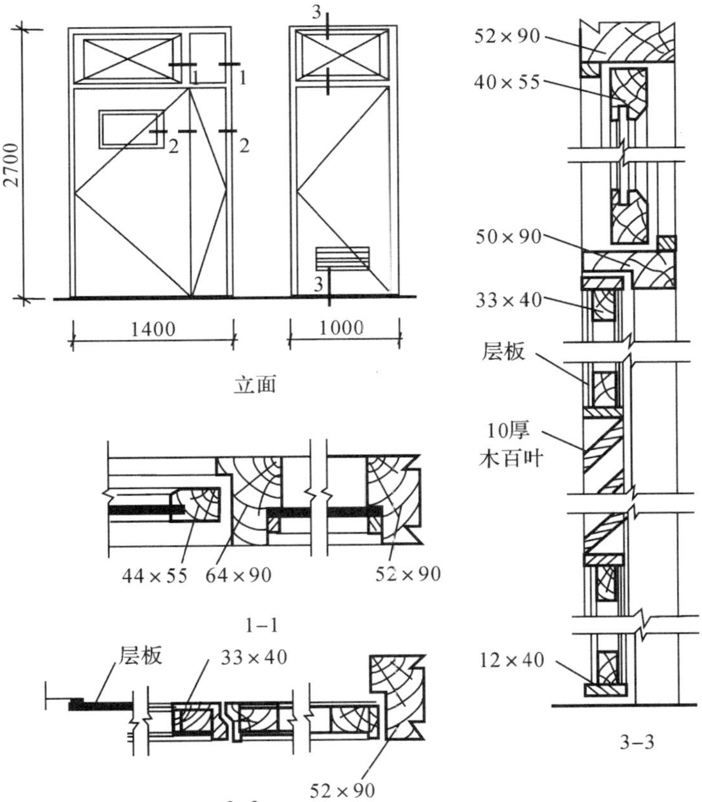

图 7-20　夹板门的构造(单位：mm)

由于夹板门构造简单，可利用小料、短料。自重轻，外形简洁，在一般民用建筑中广泛用作建筑的内门。

7.2.2 木窗的构造

1. 木窗的组成

木窗的组成见图 7-21。

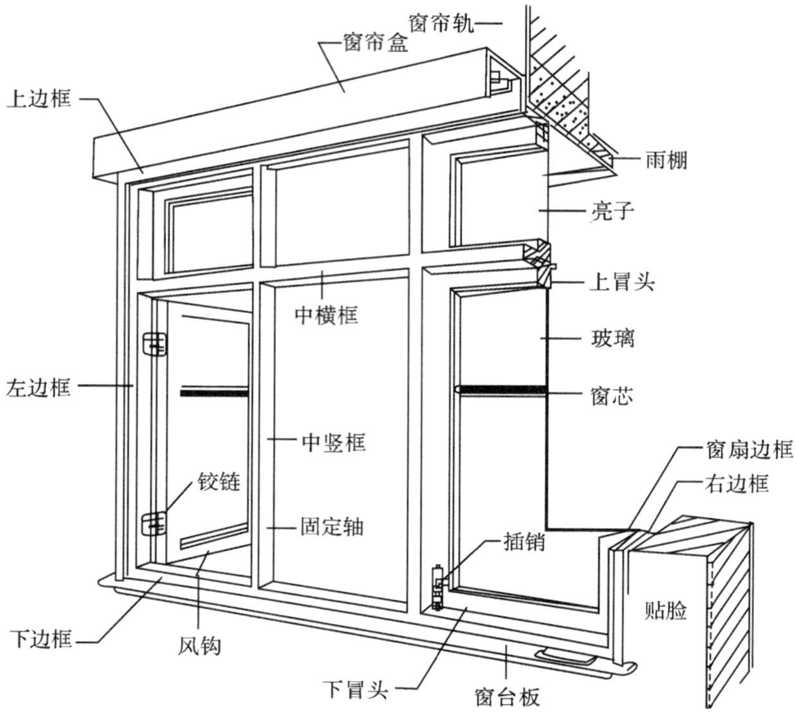

图 7-21 木窗的组成

2. 窗框

窗框是由上槛、下槛、边框、中横框组成。木质窗框须选用加工方便、不易变形的木料。为增加窗框的严密性,须将窗框刨出宽略大于窗扇厚度、深约 12mm 的凹槽,称作铲口。也可采用钉木条的方法,叫钉口,但效果较差。窗框的墙缝处理见图 7-22。

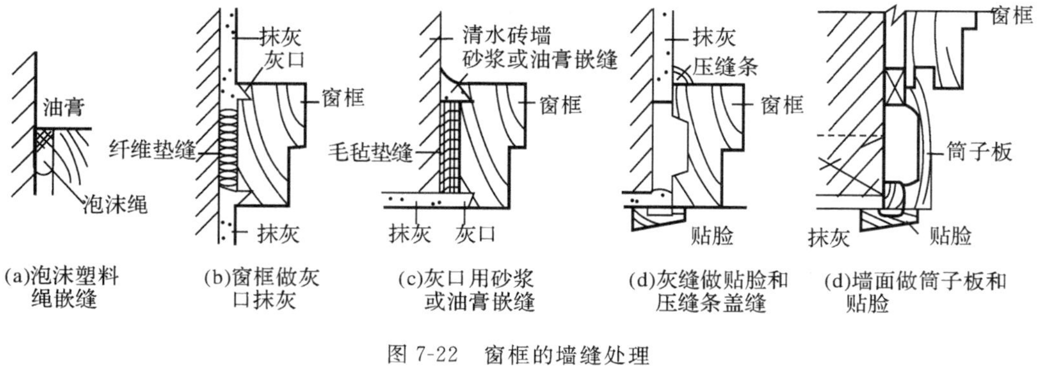

图 7-22 窗框的墙缝处理

3. 窗扇

窗扇是由上冒头、下冒头、窗芯玻璃组成。为使开启的窗扇与窗框间的缝隙不进风沙和雨水，应采取相应的密封性的构造措施。如在框与扇之间做回风槽，用错口式或鸳鸯式铲口增加空气渗透阻力等等。窗扇最主要的组成部分就是玻璃。窗用玻璃的品种繁多，包括有平板玻璃、浮法玻璃、钢化玻璃、夹丝玻璃、磨砂玻璃、吸热玻璃、压花玻璃、中空玻璃、夹层玻璃、防爆玻璃等等。

木窗的安装方式与木门同(见图 7-23)。窗框在砖墙的位置见图 7-24。

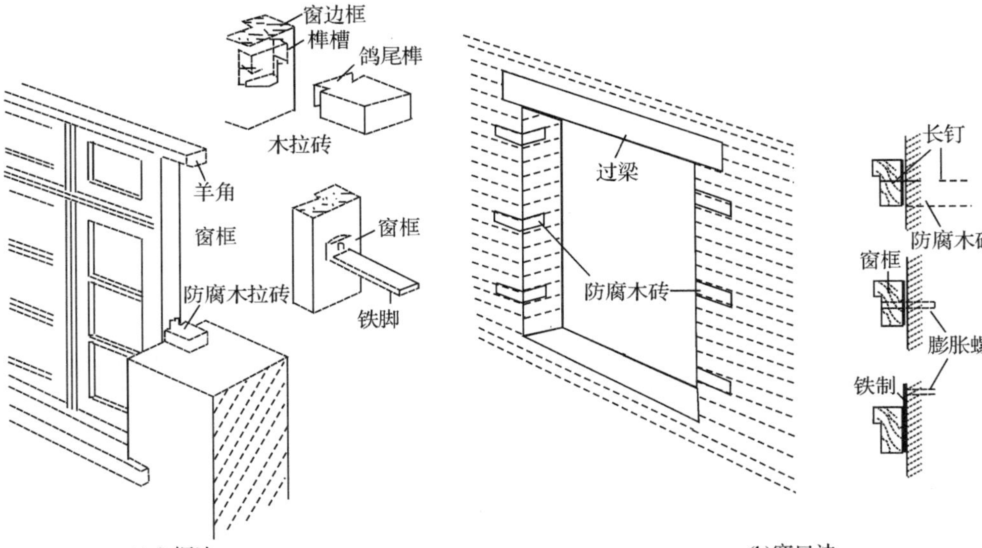

图 7-23　窗的安装方法

7.3　合金门窗简介

铝合金是我国 20 世纪 70 年代末开始发展起来的新兴建材，它是在铝中加入镁、锰、铜、锌、硅等元素形成的合金材料。其型材用料系薄壁结构，型材断面中留有不同形状的槽口和孔。它们分别具有空气对流、排水、密封等作用。不同部位、不同开启方式的铝合金门窗，其壁厚均有规定。普通铝合金门窗型材壁厚不得小于 0.8mm；地弹簧门型材壁厚不得小于 2mm；用于多层建筑室外的铝门。

窗型材壁厚一般在 1.0～1.2mm；高层建筑室外铝合金门窗型材壁厚不应小于 1.2mm。

铝合金门窗框料的系列名称是以门窗框的厚度构造尺寸来区分的。如门框厚度构造尺寸为 50mm 的平开门，就称为 50 系列铝合金平开门；窗框厚度构造尺寸为 90mm 的铝合金推拉窗，就称为 90 系列铝合金推拉窗。

铝合金门的构造如图 7-25 所示。

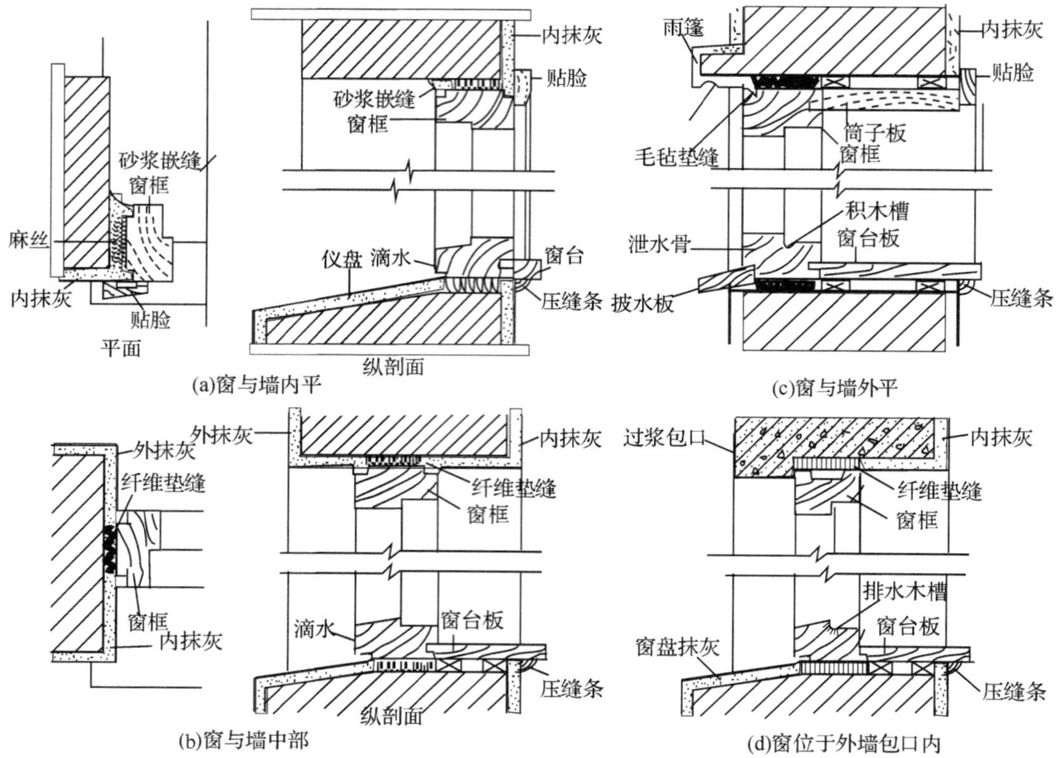

图 7-24 窗框在砖墙中的位置

7.3.1 铝合金门窗的特点

1. 质量轻

铝合金门窗用料省、质量轻。

2. 性能好

密封性好，气密性、水密性、隔声性、隔热性都较木门窗有显著的提高。因此，在装设空调设备的建筑中，对防潮、隔声有特殊要求的建筑中，以及多台风、多暴雨、多风砂地区的建筑更适用。铝合金材料导热系数大，为改善铝合金门窗的热工性能，已有一种塑料绝缘夹层的复合材料门窗生产，改善了铝合金门窗的热工性能。

3. 耐腐蚀、坚固耐用

铝合金门窗不需要涂涂料，氧化层不褪色、不脱落，表面不需要维修。铝合金门窗强度高，刚性好，坚固耐用，开闭轻便灵活，无噪声，安装速度快。

4. 色泽美观

铝合金门窗框料型材，表面经过氧化着色处理，既可保持铝材的银白色，也可以制成各种柔和的颜色或带色的花纹，如古铜色、暗红色、黑色等。还可以在铝材表面涂刷一层聚丙烯酸树脂保护装饰膜，制成的铝合金门窗造型新颖大方，表面光洁，外观美观、色泽牢固，增加了建筑立面和内部的美观。

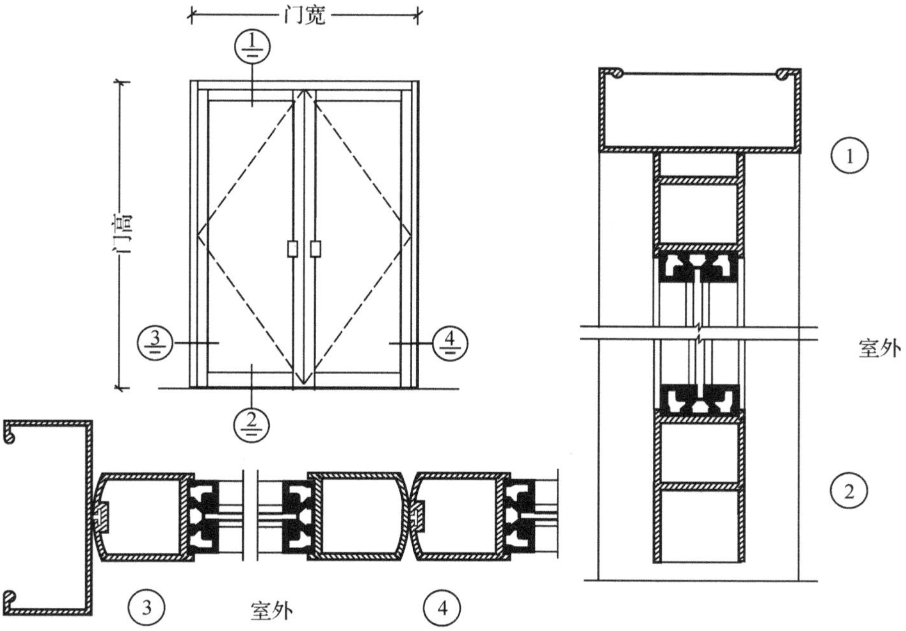

图 7-25 铝合金门构造

7.3.2 铝合金门窗的设计要求

(1)应根据使用和安全要求确定铝合金门窗的风压强度性能、雨水渗漏性能、空气渗透性能综合指标。

(2)组合门窗设计宜采用定型产品门窗作为组合单元。非定型产品的设计应考虑洞口最大尺寸和开启扇最大尺寸的选择和控制。

(3)外墙门窗的安装高度应有限制。广东地区规定,外墙铝合金门窗安装高度小于等于60m(不包括玻璃幕墙)、层数小于等于20层;若高度大于60m或层数大于20层则应进行更细致的设计。必要时,应进行风洞模型试验。

7.3.3 铝合金门窗安装

铝合金门窗是表面处理过的铝材经下料、打孔、铣槽、攻丝等加工制作成门窗框料的构件,然后与连接件、密封件、开闭五金件一起组合装配成的门窗。

门窗安装时,将门、窗框在抹灰前立于门窗洞处,与墙内预埋件对正,然后用木楔将三边固定。经检验确定门、窗框水平、垂直、无挠曲后,用连接件将铝合金框固定在墙(柱、梁)上,连接件固定可采用焊接、膨胀螺栓或射钉方法。

门窗框固定好后与门窗洞四周的缝隙,一般采用软质保温材料填塞,如泡沫塑料条、泡沫聚氨酯条、矿棉毡条和玻璃丝毡条等,分层填实。外表留5～8mm深的槽口用密封膏密封。这种做法主要是为了防止门、窗框四周形成冷热交换区产生结露,影响防寒、防风的正常功能和墙体的寿命,也影响了建筑物的隔声、保温等功能。同时,避免了门窗框直接与混凝土、水泥砂浆接触,消除了碱对门、窗框的腐蚀。

铝合金门窗装入洞口应横平竖直,外框与洞口应弹性连接牢固,不得将门、窗外框直接埋入墙体，防止碱对门、窗框的腐蚀。

门窗框与墙体等的连接固定点，每边不得少于两点，且间距不得大于 0.7m。安装节点见图 7-26。

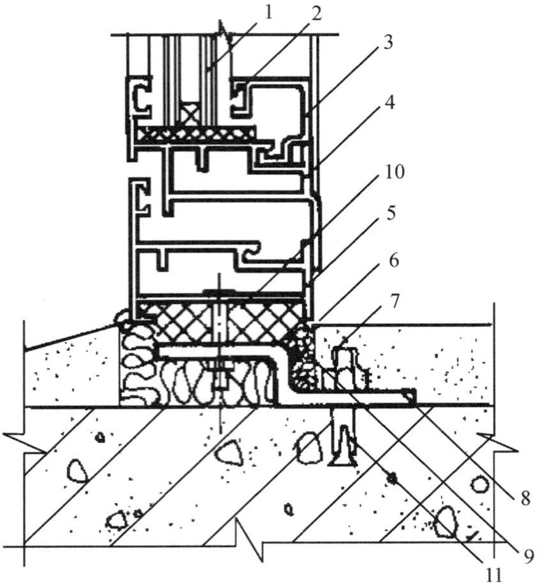

1—玻璃；2—橡胶条；3—压条；4—内扇；5—外框；6—蜜蜂膏；
7—砂浆；8—地脚；9—软填料；10—塑料；11—膨胀螺栓

图 7-26 铝合金门窗安装节点

在基本风压值大于等于 0.7kPa 的地区，间距不得大于 0.5m。边框端部的第一固定点与端部的距离不得大于 0.2m。

7.4 塑料门窗简介

塑料门窗是以聚氯乙烯、改性聚氯乙烯或其他树脂为主要原料，轻质碳酸钙为填料，添加适量助剂和改性剂，经挤压机挤出成各种截面的空腹门窗异型材，再根据不同的品种规格选用不同截面异型材料组装而成。由于塑料的变形大、刚度差，一般在型材内腔加入钢或铝等，以增加抗弯能力，即所谓塑钢门窗，较之全塑门窗刚度更好。

塑料门窗线条清晰、挺拔，造型美观，表面光洁细腻，不但具有良好的装饰性，而且有良好的隔热性和密封性。其气密性为木窗的 3 倍，铝窗的 1.5 倍；热损耗为金属窗的 1/1000；隔声效果比铝窗高 30dB 以上。同时，塑料本身具有耐腐蚀等功能，不用涂涂料，可节约施工时间及费用。因此，塑料门窗在国外发展很快，在建筑上得到大量应用。

7.4.1 塑料门窗类型

按塑料门窗型材断面分为若干系列，常用的有 60 系列、80 系列、88 系列推拉窗和 60 系列平开窗、平开门系列。

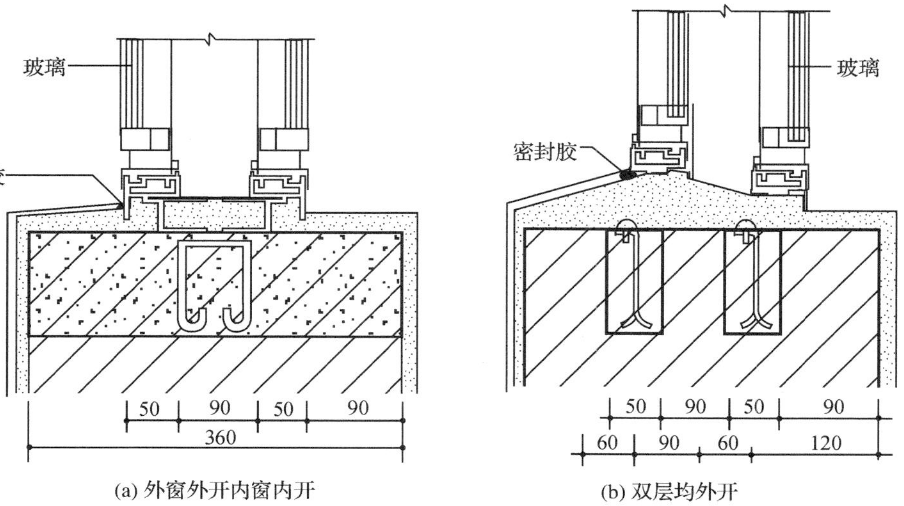

图 7-27 双层窗(单位:mm)

7.4.2　设计选用要点

(1)门窗的抗风压性能、空气渗透性能、雨水渗透性能及保温隔声性能必须满足相关的标准、规定及设计要求。

(2)根据使用地区、建筑高度、建筑体型等进行抗风压计算,在此基础上选择合适的型材系列。

7.4.3　塑料门窗安装

施工安装要点:

(1)塑钢门窗应采取预留洞口的方法安装,不得采用边安装边砌口或先安装后砌口的施工方法。门窗洞口尺寸应符合现行国家标准《建筑门窗洞口尺寸系列》有关的规定。对于加气混凝土墙洞口,应预埋胶粘圆木。

(2)门窗及玻璃的安装应在墙体湿作业完工且硬化后进行,当需要在湿作业前进行时,应采取保护措施。

(3)当门窗采用预埋木砖法与墙体连接时,其木砖应进行防腐处理。

(4)施工时,应采取保护措施。

塑钢窗构造见图 7-28。

7.5　特殊门窗简介

7.5.1　无框玻璃门

无框玻璃门,又称厚玻璃装饰门。通常采用 12mm 厚的浮法平板玻璃、钢化玻璃按一定规格加工后直接用作厅扇的无框玻璃门,玻璃门扇通常连同固定玻璃一起组成整个玻璃

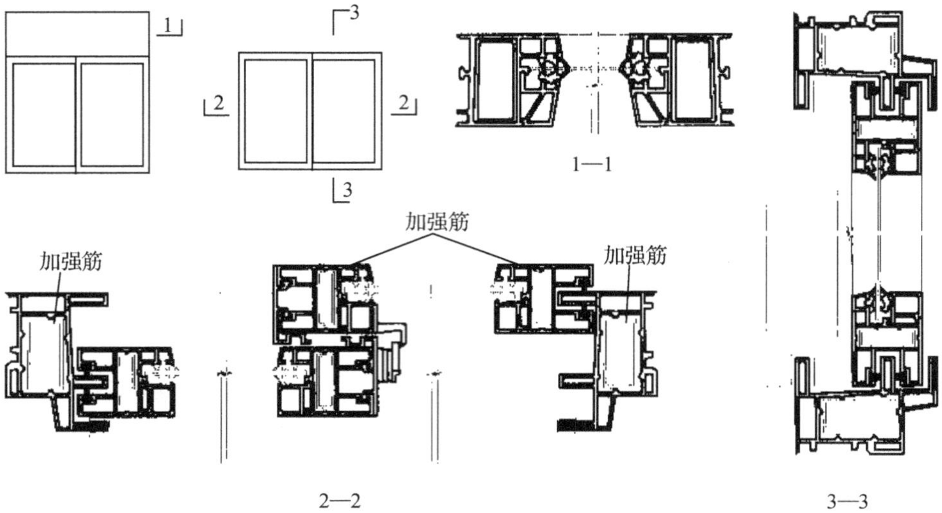

图 7-28 塑钢窗

墙，具有简洁、明快、通透、现代的整体效果；玻璃无框门用于建筑主入口，能同门厅的装饰融为一体，使门厅更为突出，用于落地玻璃幕墙的建筑中，更增强室内外的通透感和玻璃饰面的整体效果。

(1)玻璃无框门的种类

玻璃无框门按开启功能分手推门和自动门两种。手推门采用门顶枢轴和地弹簧人工开启，电动门安装有自动开启装置和感应自动开启装置。

(2)玻璃无框门的构造

玻璃无框门从构造上讲首先应确定门扇的尺寸，一般玻璃门扇的常用规格为(800～1000)×2100mm，根据此玻璃门的五金配件其做法分为两种：一种是有横梁加固定玻璃做法，另一种是直接用玻璃门夹把门扇同玻璃隔断进行连接，这种门构造简单、造型简洁，是目前使用较多的一种，见图 7-29。

玻璃门与门框或固定玻璃连接，都是通过顶夹的上枢轴和地面地弹簧上下两点的固定实现的，其技术要点是：要注意门扇与上枢轴和地簧应保持垂直，不能出现门扇与门框产生偏差的现象。

(3)电子感应自动玻璃门

电子感应门有探测和踏板两种(见图 7-30)。

①自控探测装置通过微波捕捉物体的移动，传感器固定于门上方的正中央，在门前形成半圆形的探测范围。

②踏板式传感器

踏板按照几种标准的尺寸安装在地面或藏在地板下。当踏板接受压力后，控制门的动力装置接收传感器的信号使门开启，踏板的传感能力不受湿度影响。

全玻自动门构造如图 7-31 所示。

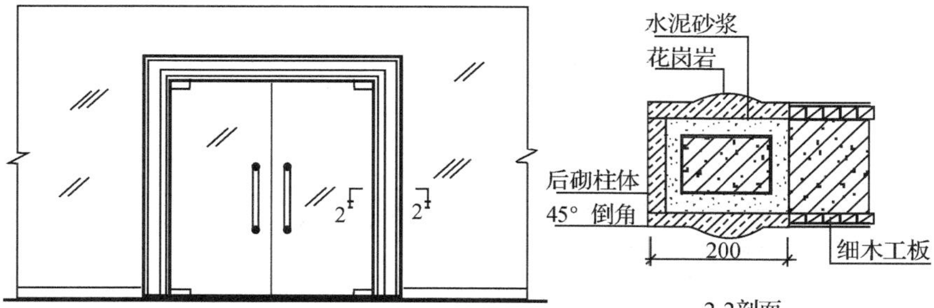

(a) 横梁固定形式

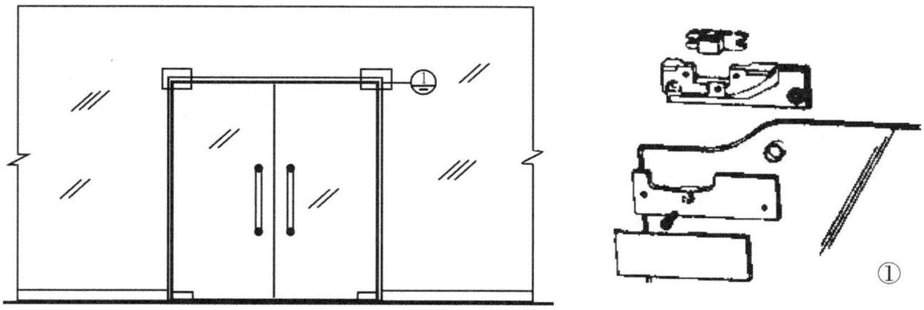

(b) 门夹的固定形式

图 7-29　玻璃无框门的构造

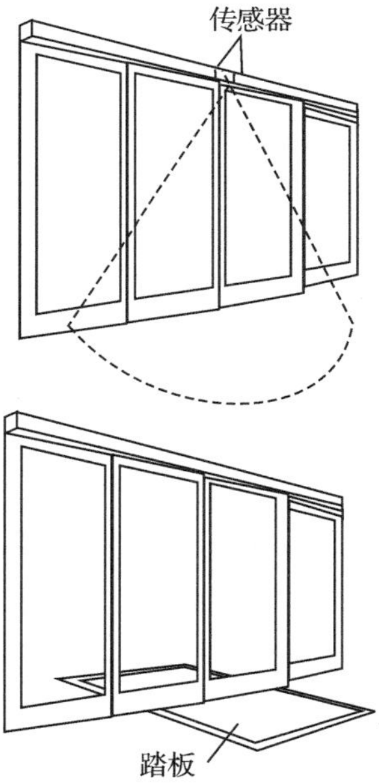

图 7-30　电子感应门的类型

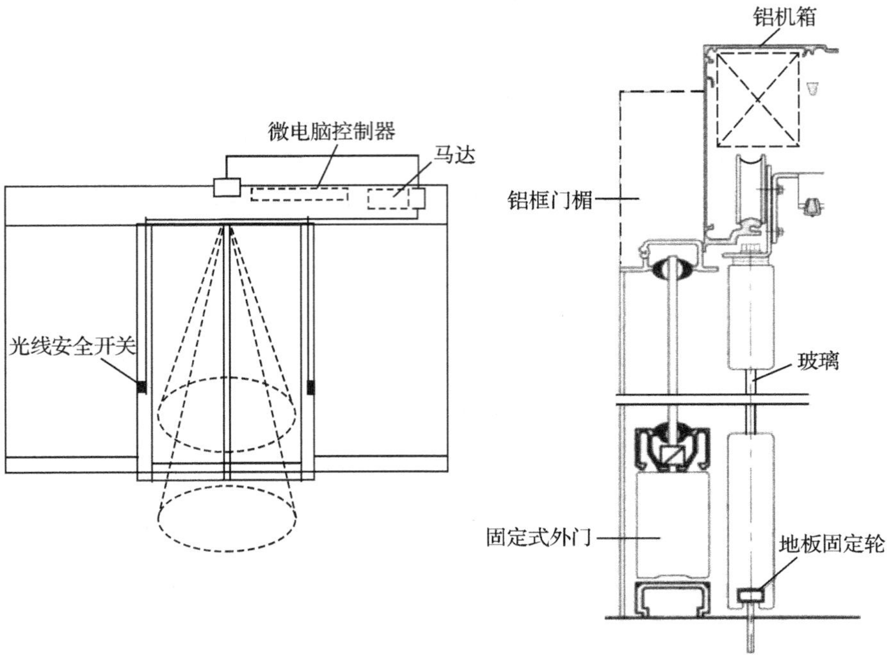

图 7-31 全玻自动门

7.5.2 隔声门窗

隔声门窗是指可以隔除噪声的门窗。隔声门窗多用于室内噪声允许级数较低的播音室、录音室、琴房、舞厅、娱乐场所等。隔声的要求是在室内、外噪声级基础上，经过一般围护结构或隔声、吸声设施后，使室内噪声级减少至允许噪声级之内。

门窗的隔声能力与材料的密度、构件的构造形式及声波的频率有关，一般低频的声波容易透入。因此，一般隔声门扇多采用多层复合结构，利用空腔结构和吸声材料来提高隔声效果。门扇的面层以采用整体板材为宜，因为企口木板干缩后将产生缝隙，对隔声性能产生不利影响，门扇复合结构也不宜层次过多、厚度过大和重量过重。图 7-32 所示是几种复合结构门扇的构造组成与隔声量。

隔声门的隔声效果与门缝的密闭处理直接有关，门扇构造与门缝处理要互相适应(见图 7-33)，门缝处理要严密和连续，并要注意五金安装处的薄弱环节，同时门框与门扇的裁口做成斜面，在门缝内粘贴具有弹性和压缩性的材料，以利于密闭。图 7-34 所示为隔声门构造。

隔声窗可以分为固定式和平开式两种。播音室、录音室等往往向外不开窗，而且做双层墙体，固定窗作观察窗使用。平开窗用于隔声要求的房间中，多做成双层密闭窗式或用双层玻璃，在窗间四周应设置有良好的去噪声作用的吸声材料，或将其中一层玻璃斜置，以防止玻璃间的空气发生共振现象，保证隔声效果良好。图 7-35 所示为隔声窗构造。

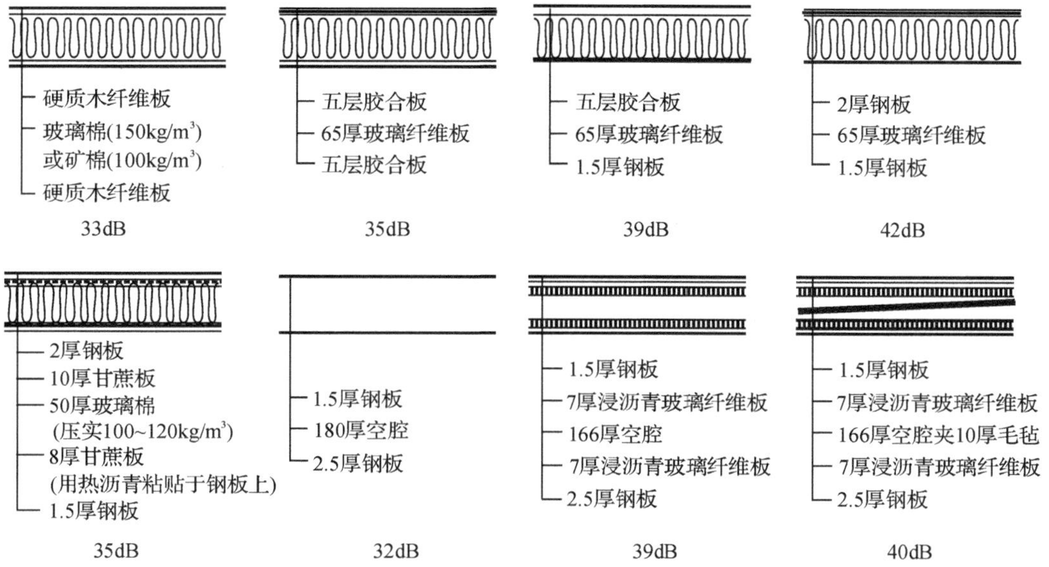

图 7-32　复合门扇的隔声量

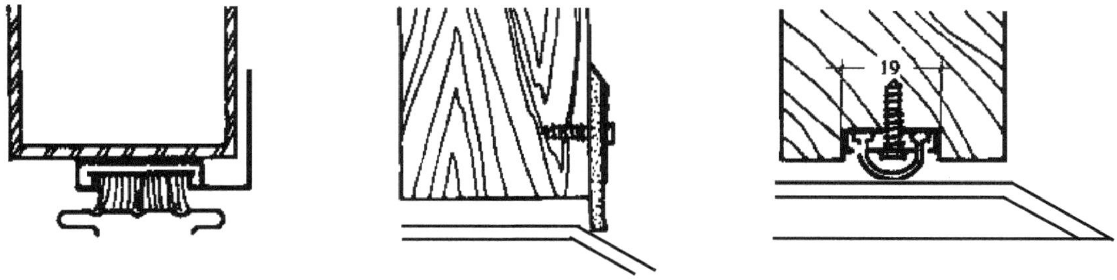

B型可调式化纤簇绒密封条　　橡胶密封条　　B型内嵌橡胶铝合金型材密封条

图 7-33　门槛与密封条细部构造

7.5.3　防火门窗

防火门的构造根据耐火等级要求的不同而有所不同。一般民用建筑中防火门按耐火极限分为甲、乙、丙三级，其耐火极限分为 1.2、0.9、0.6 小时等。耐火极限 2.0 小时的防火门，一般适用于贮存可燃物品的耐火性能较高的建筑物内，如混凝土结构的库房。耐火极限 1.5 小时的防火门，一般适用于贮存可燃物品的耐火性能较低的建筑物内，如砖木结构的库房，以及生产使用可燃物品的耐火性能较高的建筑物内，如钢筋混凝土结构的车间。耐火极限 1.0 小时的防火门。一般适用于公共建筑和生产使用可燃物品的耐火性能较低的建筑物内，如砖木结构的车间。总之，建筑等级越高，生产或贮存物品危险越大，则越须用耐火极限较高的防火门。防火门包括木板铁皮门、骨架填充门、金属门、防火漆门等多种形式，如图 7-36 所示。

钢质防火门由槽钢组成门扇骨架(见图 7-37)，内填防火材料，如矿棉毡等，根据防火材

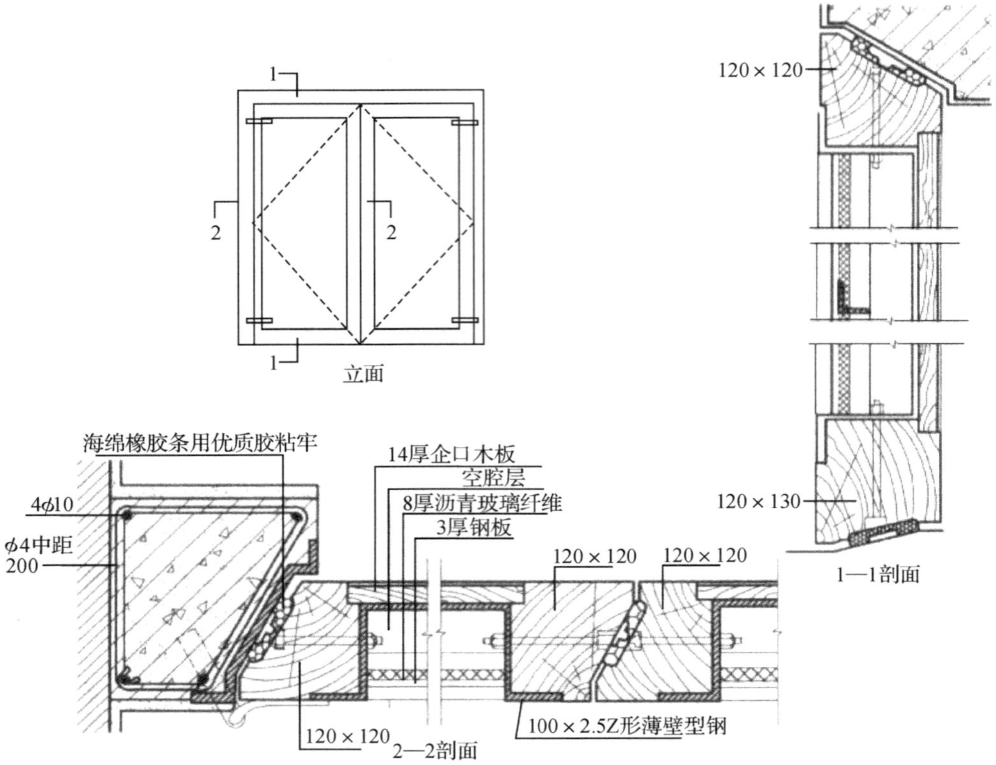

图 7-34 钢木隔声门

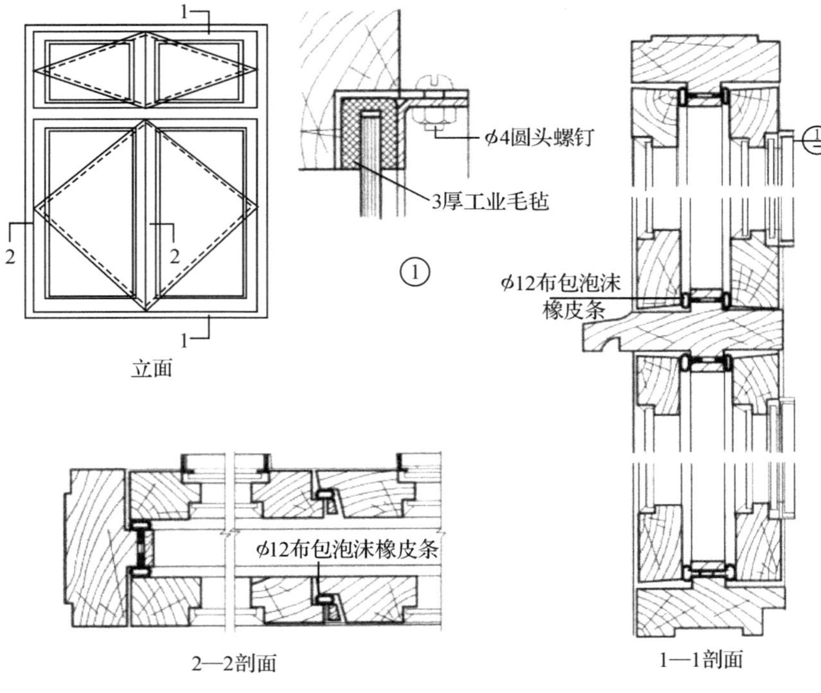

图 7-35 密闭保温隔声窗

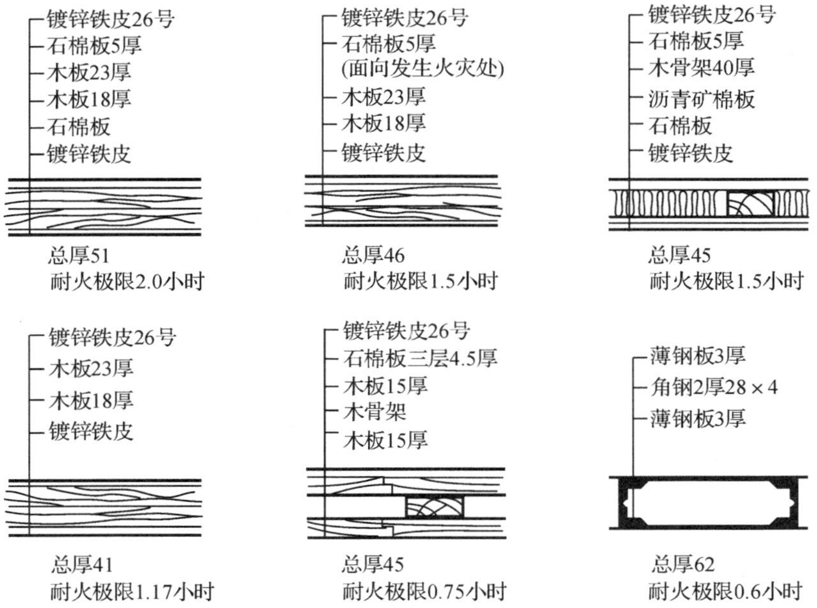
镀锌铁皮26号
石棉板5厚
木板23厚
木板18厚
石棉板
镀锌铁皮
总厚51
耐火极限2.0小时
镀锌铁皮26号
石棉板5厚
(面向发生火灾处)
木板23厚
木板18厚
镀锌铁皮
总厚46
耐火极限1.5小时
镀锌铁皮26号
石棉板5厚
木骨架40厚
沥青矿棉板
石棉板
镀锌铁皮
总厚45
耐火极限1.5小时
镀锌铁皮26号
木板23厚
木板18厚
镀锌铁皮
总厚41
耐火极限1.17小时
镀锌铁皮26号
石棉板三层4.5厚
木板15厚
木骨架
木板15厚
总厚45
耐火极限0.75小时
薄钢板3厚
角钢2厚28×4
薄钢板3厚
总厚62
耐火极限0.6小时

图 7-36　各种防火门的构造形式

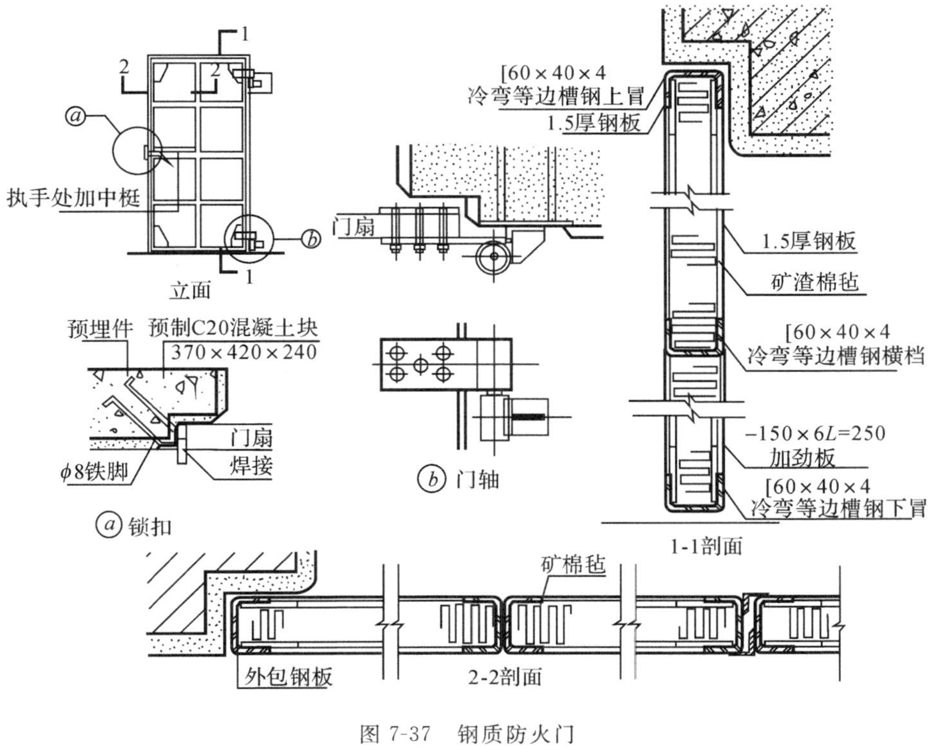
执手处加中梃
立面
预埋件
预制C20混凝土块
370×420×240
门扇
焊接
φ8铁脚
ⓐ 锁扣
门扇
ⓑ 门轴
[60×40×4
冷弯等边槽钢上冒
1.5厚钢板
1.5厚钢板
矿渣棉毡
[60×40×4
冷弯等边槽钢横档
−150×6L=250
加劲板
[60×40×4
冷弯等边槽钢下冒
1-1剖面
矿棉毡
外包钢板
2-2剖面

图 7-37　钢质防火门

料的厚度不同，确定防火门的等级，然后外包薄钢板(1.5mm 厚)。木质防火门一般以木板、木骨架、石棉板做门芯，外包薄钢板，最薄用 26 号镀锌薄钢板。图 7-38 所示为木质防火门。为防止火灾时因木板产生的蒸汽而破坏外包薄钢板，常在薄钢板上穿泄气孔。玻璃防火门是采用冷轧钢板作门扇的骨架，镶设透明防火安全玻璃或夹丝玻璃，其玻璃面积可达门扇面积的 80%，但它的安装精度较高。此外，透明防火安全玻璃还可加工成茶色或其他彩色或

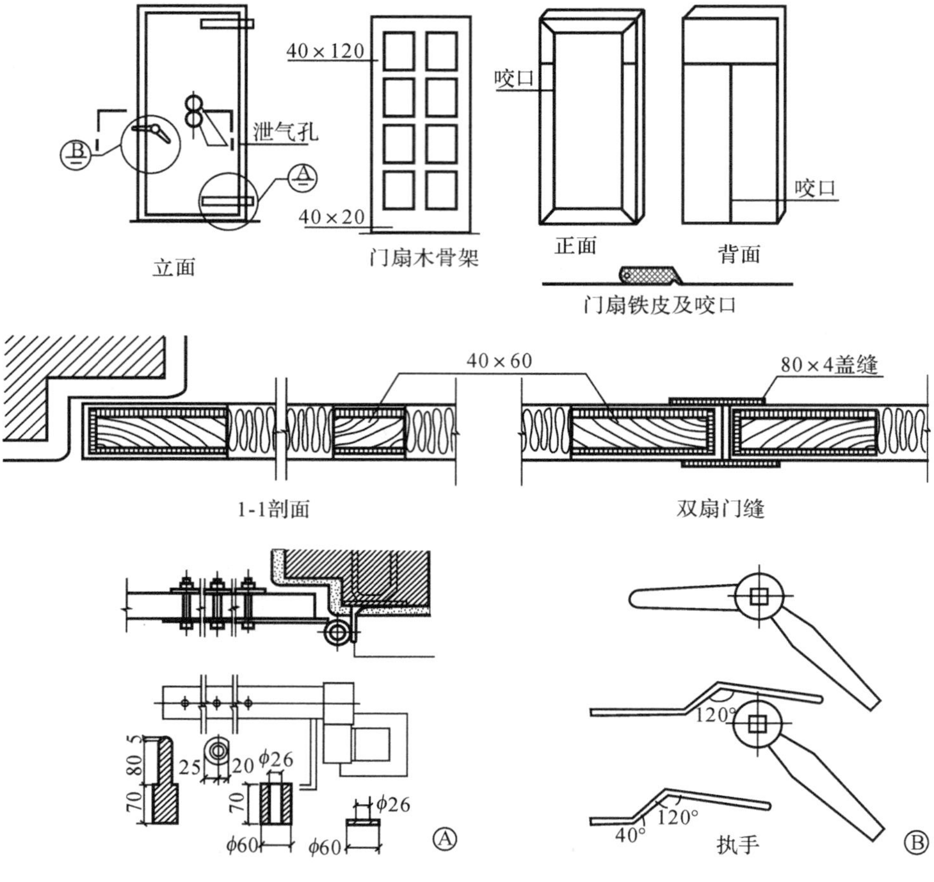

图 7-38 木质防火门

压花、磨砂成各种装饰图案等，形式较美观。防火卷帘门的帘板可采用 C 型单板或 C 型复合板(与隔热材料组合)，具有防火、隔烟、阻止火势蔓延的作用和良好的抗风压和气密性能。图 7-39 所示为防火卷帘门。重型钢卷帘的自重大，且洞口宽度不宜大于 4.50m，洞口高度不宜大于 4.80m，不适用于要求较高的大型建筑。纤维卷帘是新型的防火卷帘门，其自重小，多用于跨度及高度较大的建筑，防火性能优良。

防火窗必须采用金属窗，镶嵌夹丝玻璃，特别是高层建筑且人流密集的建筑，其防火要求更高。装一层夹丝玻璃的防火窗，其耐火极限为 0.7～0.9 小时，双层夹丝玻璃的防火窗耐火极限为 1.2 小时。

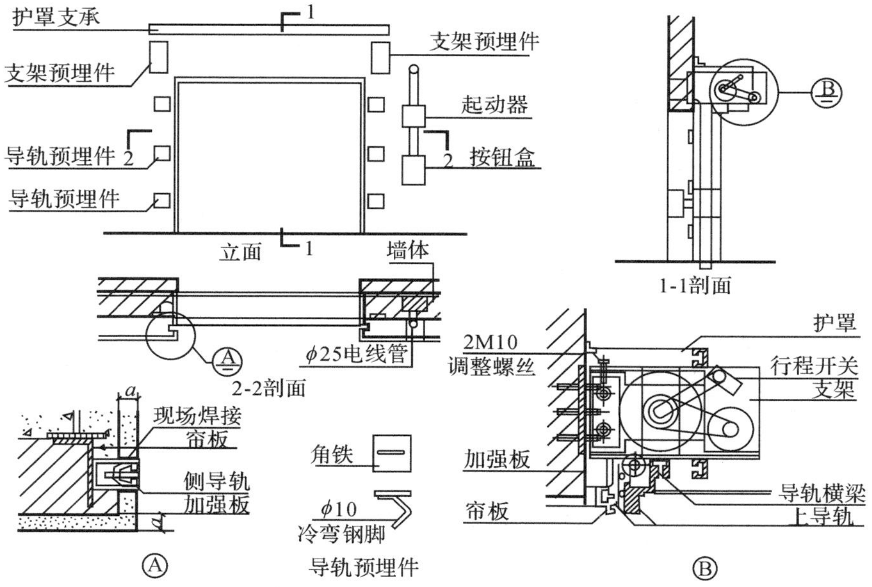

图 7-39　防火卷帘门

7.5.4　天窗

屋顶采光天窗随着各类建筑在功能与空间上设计要求和构造技术的提高，在建筑中的应用越来越广泛。在公共建筑的门厅、通廊及共享中庭、公共活动用房及工业厂房等建筑中，通过设置不同形式的屋顶采光天窗，来解决室内空间的采光、通风以及火灾时及时排烟的作用，优化空间效果与使用质量；坡屋顶住宅的顶层阁楼，设置采光天窗可以起到改善和创造可居住的坡屋顶空间，同时丰富了建筑的顶部造型。

1. 屋顶采光天窗的功能与形式

屋顶采光天窗是指在屋面（平屋顶或坡屋顶）上设置采光口，用各种透光板材或成品采光罩（分固定和开启两种），以满足屋顶层采光和通风的需要，起到改善和提高室内使用功能与质量的作用，同时也丰富了室内空间光影变化效果和建筑的立面造型。屋顶采光天窗具有采光效率高、光线均匀、布置灵活、构造简单、施工方便等特点，已成为建筑设计中重要的组成部分。

屋顶采光天窗的设置可平行或垂直于建筑的屋面结构布置；也可突出（高于）屋面或下沉于屋面进行布置，或水平与垂直组合布置。设计时应根据使用功能要求来选择，并确定采光天窗的形式。常见的屋顶采光天窗形式有平天窗、立式天窗、下沉式天窗、井式天窗等几种。在民用建筑中平天窗运用较多，其他形式主要适用于工业厂房。随着建筑设计与构造技术的进步，新的天窗组合形式正不断出现，如将屋面采光和墙面采光两者合二为一，成为全部由金属（铝合金或钢结构骨架）和玻璃构成的玻璃房等。

平天窗可分成采光罩、采光板、采光带、三角形等几种构造形式，如图 7-40 所示。采光罩形式一般根据洞口形式有圆形、方形、锥体或长方形洞口圆弧形罩等。使用类型上有固定型、通风型、开启型及其组合型等，如图 7-41 所示。

采光板或采光带因洞口的变化形式较多，其大小位置和造型应按设计要求，一般有一字

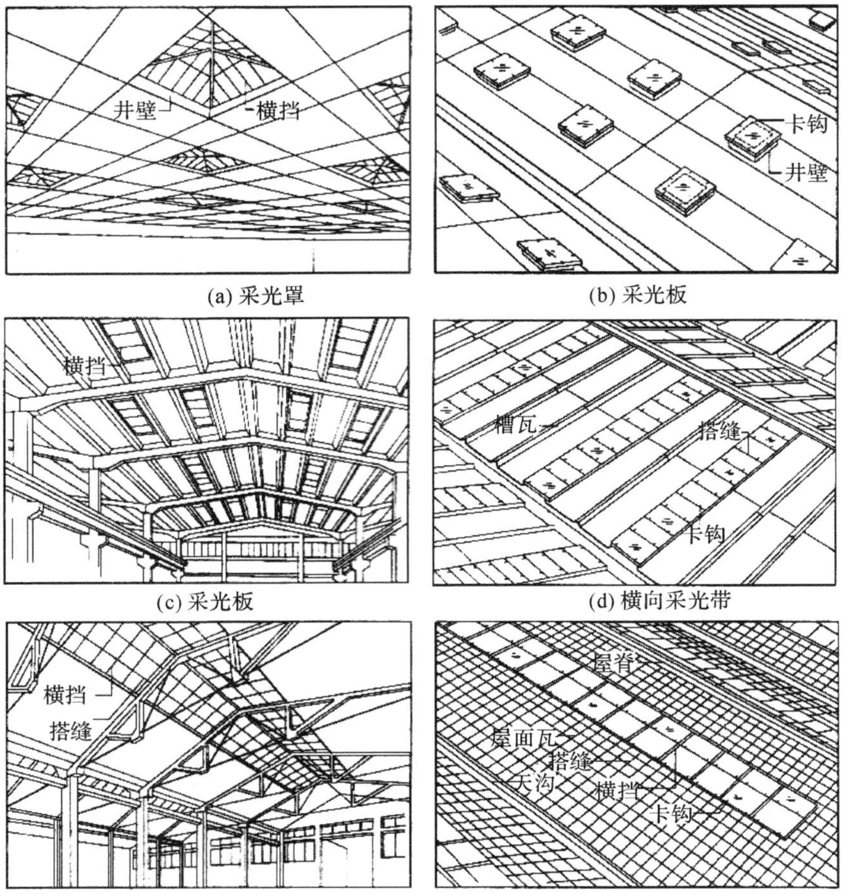

(a) 采光罩　(b) 采光板

(c) 采光板　(d) 横向采光带

(e) 三角形天窗　(f) 纵向采光带

图 7-40　平天窗

形、L 形、T 形、十字交叉形等。立式纵向天窗有矩形天窗、M 形天窗、锯齿形天窗、纵向避风天窗等构造形式，如图 7-42 所示。下沉式天窗和井式天窗主要有两侧下沉式天窗、横向下沉式天窗、中井式天窗和边井式天窗等几种，如图 7-43 所示。

在步行道天棚、人行天桥和建筑物的入口雨篷等，也采用类似于采光天窗(顶)的构造形式，如图 7-44 所示。这类采光顶形式多样，均以安全玻璃或其他透光板材覆盖于金属骨架之上，轻盈透光、造型美观。

2. 采光天窗的设计要求与材料选择

(1)设计要求

采光天窗的设置在满足建筑的功能使用要求与空间造型的基础上，对采光、通风、节能、安全、防火排烟、防雷等方面设计时应统一考虑，尽可能利用自然采光，起到调节温度和节能的作用。在构造设计上应考虑防水、保温、结露、遮阳、通风及安全性等问题。对于整体加工的采光罩等在制作上要保证其抗风、隔热、隔声、水密性、气密性等具体要求。

对于天窗的采光与遮阳可通过设置遥控或手控的配套遮阳帘、百叶，安装在采光天窗的下部，以有效地调整和控制室内的采光量。还可采用配置全透或半透的玻璃来调节。对于

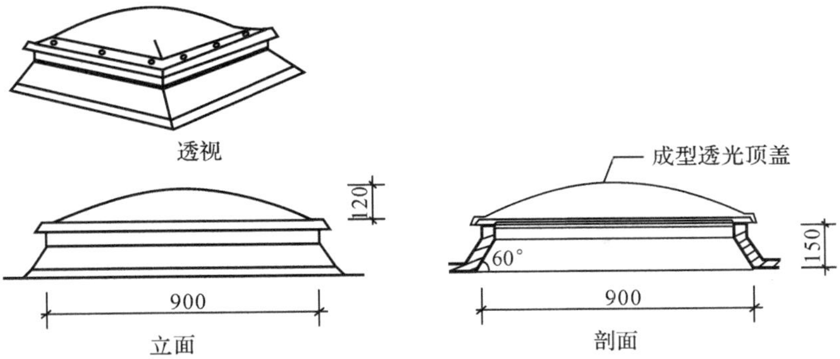

(a) 固定型

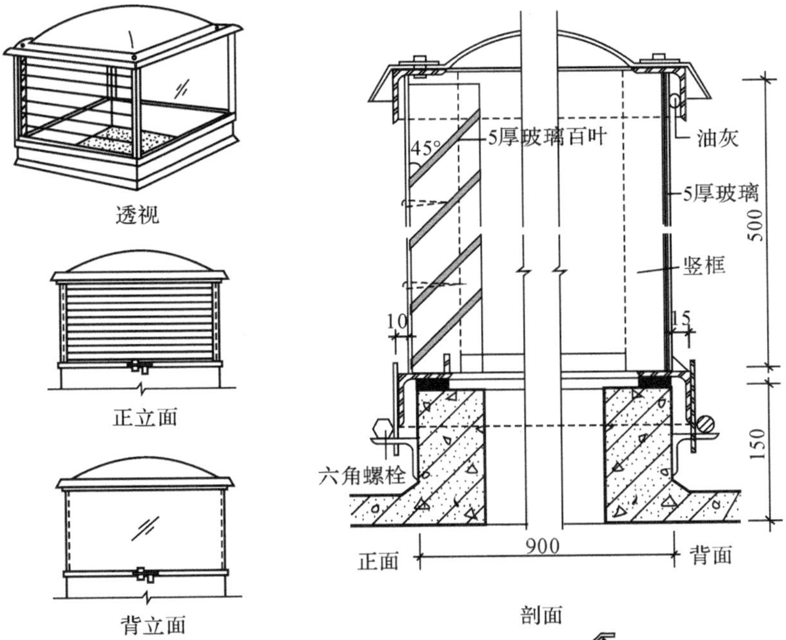

(b) 通风型

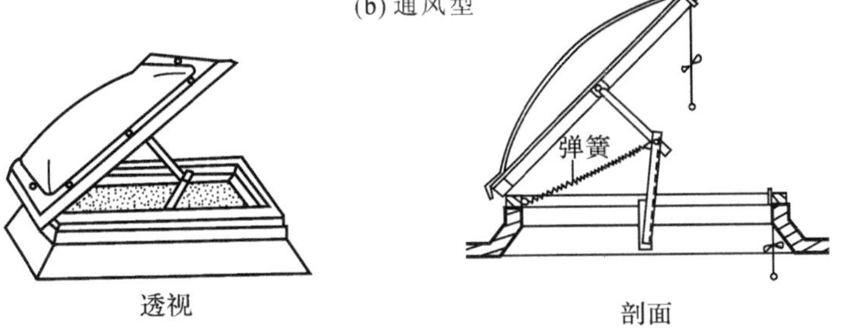

(c) 开启型

图 7-41　采光罩

大面积的屋顶采光天窗还应考虑便于排除冷凝水、屋面雨水及清除表面灰尘等构造要求。

(2)材料选择

采光天窗的材料主要由骨架材料、透光材料、连接件、胶结密封材料组成。这里主要介

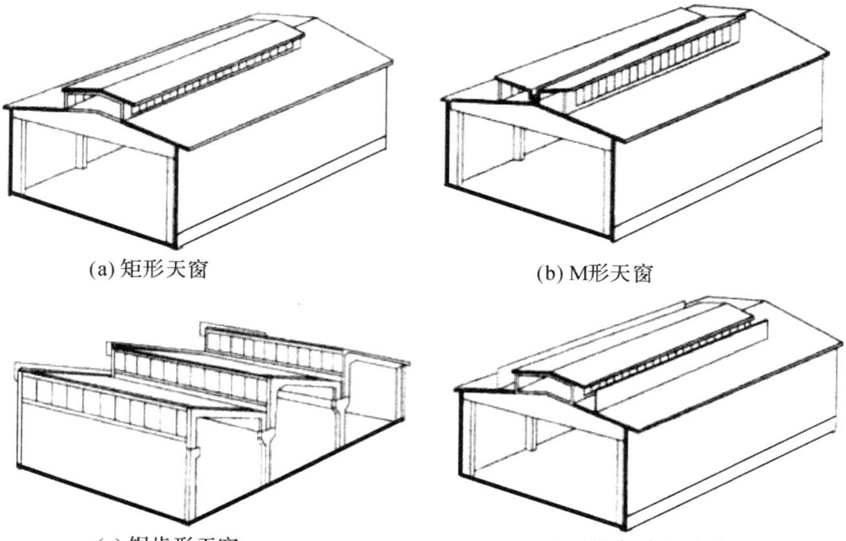

(a) 矩形天窗　(b) M形天窗

(c) 锯齿形天窗　(d) 纵向避风天窗

图 7-42　立式纵向天窗形式

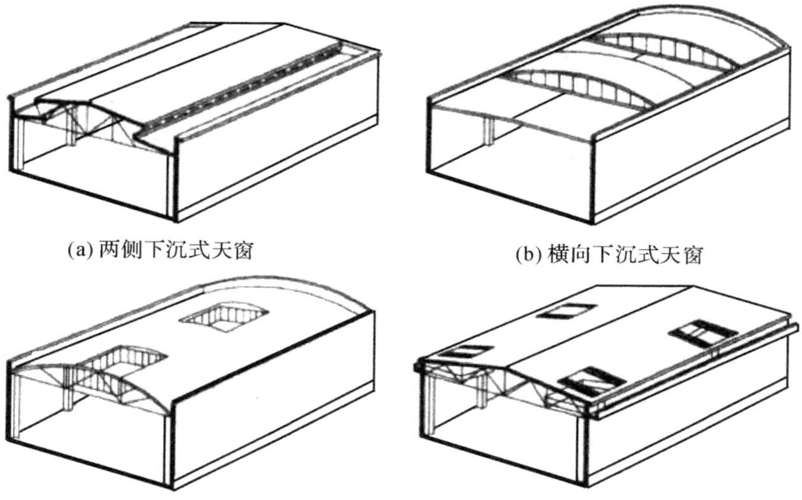

(a) 两侧下沉式天窗　(b) 横向下沉式天窗

(c) 中井式天窗　(d) 边井式天窗

图 7-43　下沉式与井式天窗形式

绍骨架材料和透光材料。

屋顶采光天窗的骨架材料有型钢、铝合金型材、不锈钢和复合木材等。钢材强度大，但需作防锈处理，并需经常进行维护和保养。铝合金型材可加工成隔断热桥的铝合金型材以及彩色的铝型材饰面，有静电粉末喷涂、氟碳喷涂等工艺做法。还可以选用不锈钢材料，但价格较高。也可采用复合木材作框，框外再包铝合金材料。由于木框热稳定性较好，加工制作方便。

屋顶采光天窗的透光材料应具有较好的透光性、耐久性、热工性和安全性。在设计中应

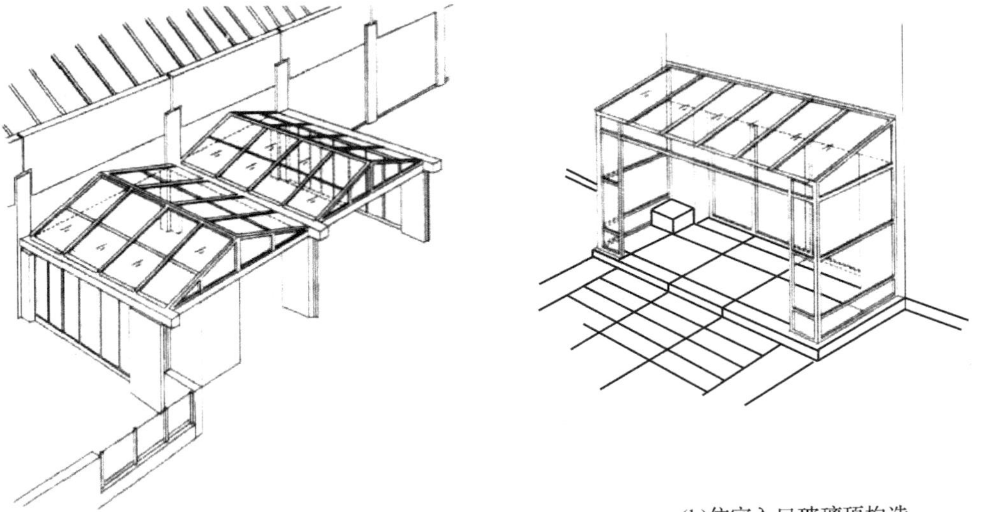

(a) 建筑出入口设置的双玻玻璃顶构造　　(b)住宅入口玻璃顶构造

图 7-44 采光顶形式

选用安全玻璃，如钢化玻璃、夹层玻璃、中空玻璃等；也可采用透光率较高、安全可靠和具有保温隔热功能的阳光板，如双层有机玻璃、聚碳酸酯(PC)透光板、UPVC透光板等。这些透光材料本身色彩丰富，并可加工成各种造型，以满足建筑的使用功能和立面造型设计的需求。

建筑玻璃制品已由过去的单一采光功能向装饰、控制噪声、降低建筑物的自重、控制光线、调节热量、安全防爆、防辐射、改善室内装饰环境等多种功能方向发展，是建筑工程中常采用的重要装饰材料。

玻璃的透光率是影响天窗采光量的重要因素之一，它随玻璃厚度的增大而减小。当光线透过玻璃时，一部分光能被反射，一部分光能被玻璃吸收，从而使透光玻璃的光线强度降低。光线透过玻璃或透光板材的多少用透光率表示，它是确定玻璃性能的主要指标，见表7-1。

表7-1 玻璃的透光率

透光材料名称	厚度(mm)	透光率(%)	透光材料名称	厚度(mm)	透光率(%)
钢化玻璃	6	78	普通玻璃加铁丝网	5～6	69
夹层玻璃(PVB)	3+3	78	磨砂玻璃加铁丝网	6	49
夹丝玻璃	6	66	压花玻璃加铁丝网	3	63
透明有机玻璃	2～6	85	塑料(UPVC)透光板	3	85
玻璃钢(本色)	3～4	70～75	聚碳酸酯(PC)透光板	1～12	75～91

用采光罩作玻璃面时，采光罩本身具有足够的强度和刚度，不需要用骨架加强，只要直接将采光罩安装在玻璃屋顶的承重结构上。而其他形式的玻璃天窗必须设置骨架。大多数的玻璃天窗，安装玻璃的骨架与屋顶承重结构是分开来设计的，即玻璃装在骨架上构成天窗标准单元，再将各单元装在承重结构上。而越来越多的玻璃天窗将安装玻璃面的骨架与承重结构合并起来，即玻璃装在承重结构上，结构杆件就是骨架。随着现代材料技术的发展和建筑设计的创新与实践，新的透光材料在采光天窗构造中甚至取代骨架材料的作用，使得天窗构造更加简洁、轻盈，建筑空间更加通透、开放。

3. 采光天窗的构造设计

(1)屋顶结构形式的确定

屋顶采光天窗的形式选择可采用不同的屋顶结构形式来实现，主要依据采光天窗的造型、平面及剖面尺寸、透光材料的尺寸等因素来确定。屋顶结构形式一般分为钢筋混凝土结构和钢结构两类。

对于设置以单个采光天窗的，其屋顶结构一般可结合钢筋混凝土井字梁的形式；当设置带状采光天窗时，屋顶结构可做成钢筋混凝土密肋梁的形式。屋面必须做好防、排水构造。

屋顶采用钢结构形式时，采光天窗的设置可按照使用要求灵活布置，既可适应做单个采光天窗，也能设计成各种造型和面积较大的采光屋顶，满足建筑的使用功能。当屋顶采用空间网架结构形式时，整个屋顶系统全部可以做成采光玻璃顶，但在细部构造设计时应重点解决好屋面的排水以及钢网架的防腐和防火问题。

(2)屋顶采光天窗构造设计

在屋顶采光天窗的构造设计中应主要考虑防水、通风、保温、安全等因素。构造要求结构简单，使用方便。

1)平屋顶采光天窗构造

在平屋顶上设置天窗时可采用采光罩或采光板天窗。因采光口分散布置且有规律，只需按要求直接在钢筋混凝土屋面板上预留孔洞，并在孔洞四周做出井壁。

井壁一般应高出屋面面层 150mm 以上，并应设置预埋铁件，按选用形式的采光罩覆盖于屋顶采光口之上，如图 7-45 所示。对于尺度较大或有特殊使用要求的带形采光天窗，则需另行设计，单独加工，如图 7-46 所示。

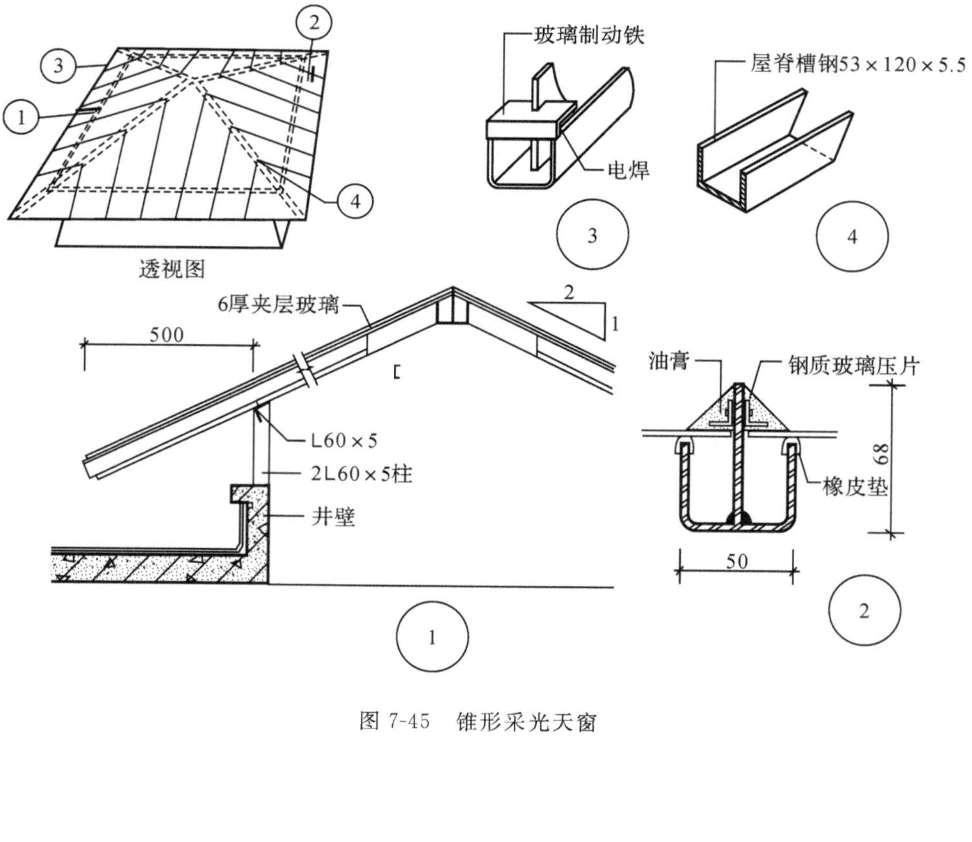

图 7-45 锥形采光天窗

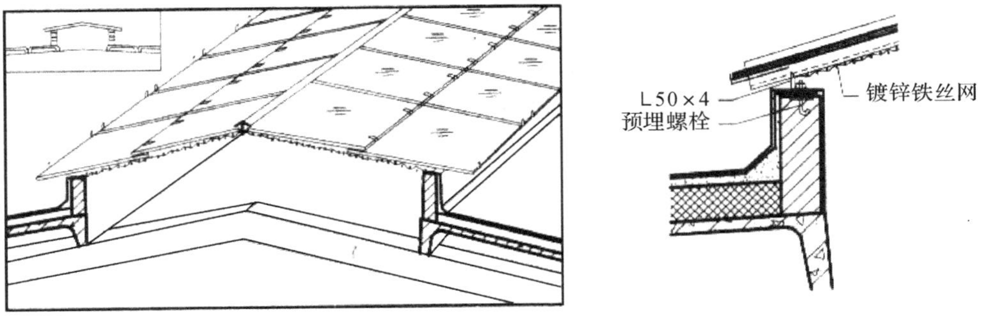

(a) 封闭式

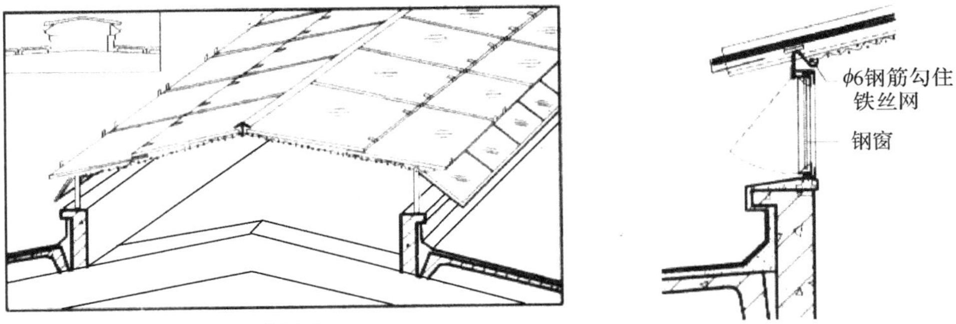

(b) 启闭式

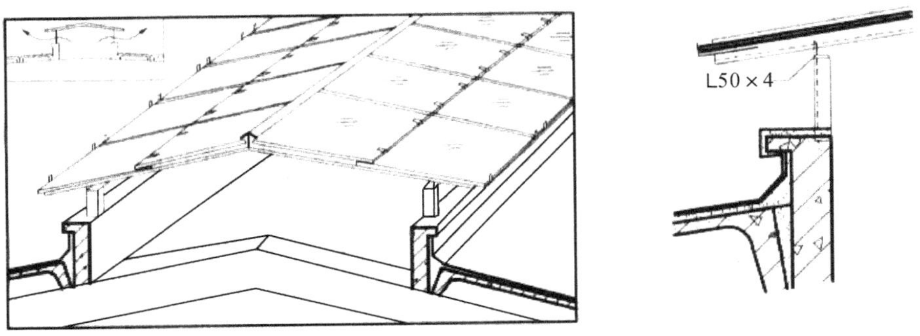

(c) 开敞式

图 7-46　屋脊纵向采光带

2)坡屋顶采光天窗构造

坡屋顶采光天窗一般采用传统的老虎天窗(如图 7-47 所示),或顺坡式成品斜屋顶天窗(如图 7-48 所示)。从采光通风来讲,斜屋顶天窗比老虎天窗采光效果好,一樘玻璃面积相同的安装在坡度为 45°斜屋顶上的天窗,其采光量要比普通老虎天窗多 40%左右,而且可使室内外空气形成对流。斜屋顶天窗的窗台距地为 900～1100mm,窗框顶部距地 1850～2200mm,这样可获得较佳的空间效果,同时便于操作控制(如图 7-49 所示)。斜屋顶天窗构造见图 7-50。

图 7-47　老虎天窗形式示意

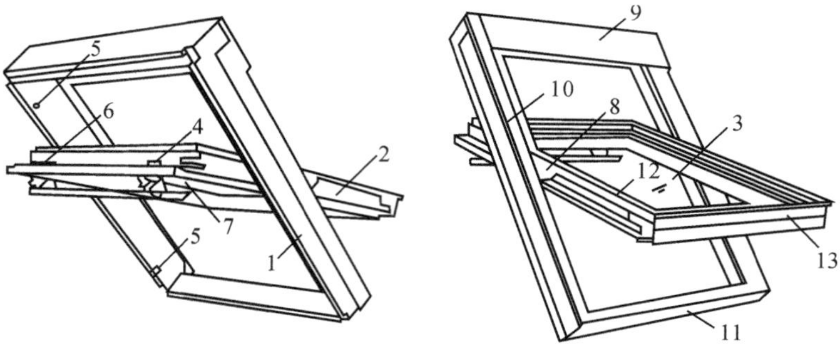

1—窗框;2—窗扇;3—玻璃;4—商标;5—插销孔;6—插销;7—窗帘和遮阳帘
8—摩擦合页;9—顶框罩板;10—边框罩板;11—底框罩板;12—边扇罩板;13—底扇罩板

图 7-48　斜屋面成品天窗组成

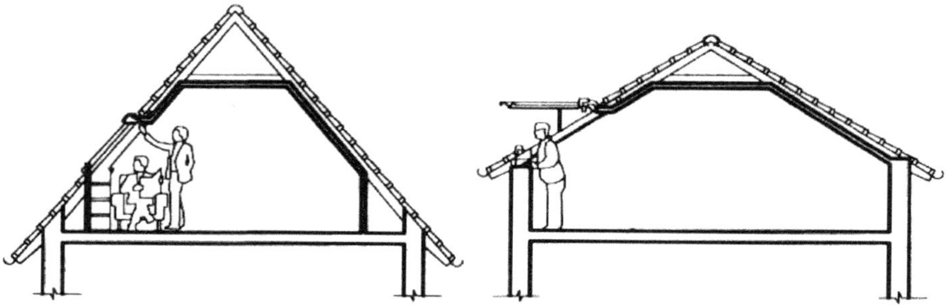

图 7-49　斜屋面成品天窗空间示意

坡屋顶上开设的老虎天窗,窗台一般距地 900～1100mm;而且为防止溅水及保证铺瓦构造层次所需的高度,窗台还必须高出斜屋顶洞口之上 300mm,并做好四周泛水部位的防水处理,以满足使用要求。

总之,设计屋顶采光天窗构造时除考虑结构安全和屋面防水外,还需考虑眩光问题,设计时应根据实际选择适宜的透光板材。对大面积的屋顶采光天窗,可通过设置可控的配套遮阳设施,有效地调整和控制室内的采光量。在炎热地区,大面积的采光玻璃顶易造成室内过热,需考虑自然通风问题。在采暖地区,玻璃下表面易形成结露,需采取排除冷凝水的具体构造措施,并采用中空玻璃形式和加强屋顶保温。在少雨多尘地区,采光天窗玻璃表面易积尘污染,从而影响采光效率,还应考虑为清洗擦窗提供便利条件等。

屋顶采光天窗实例见图 7-51、图 7-52。

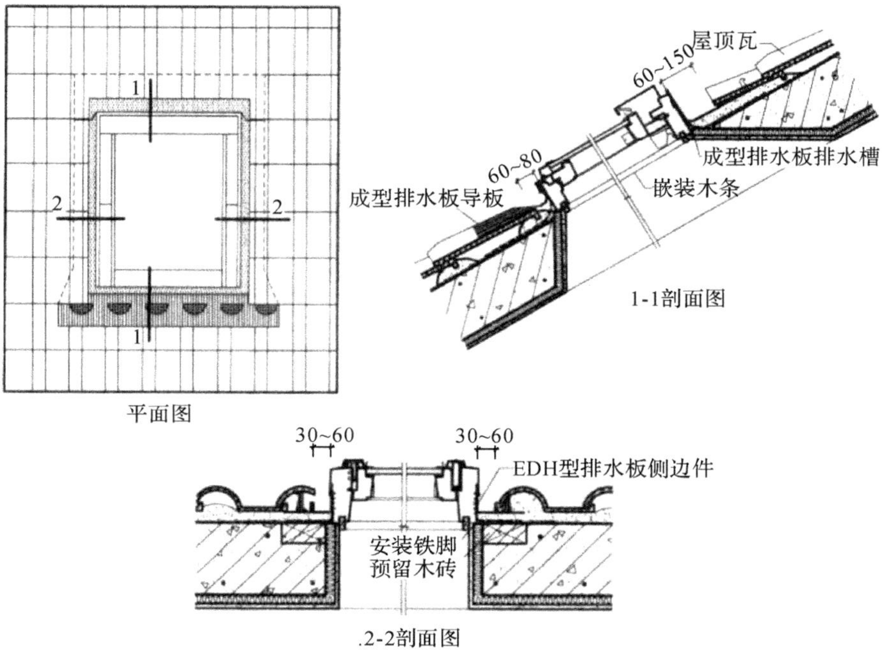

图 7-50　斜屋面成品天窗构造

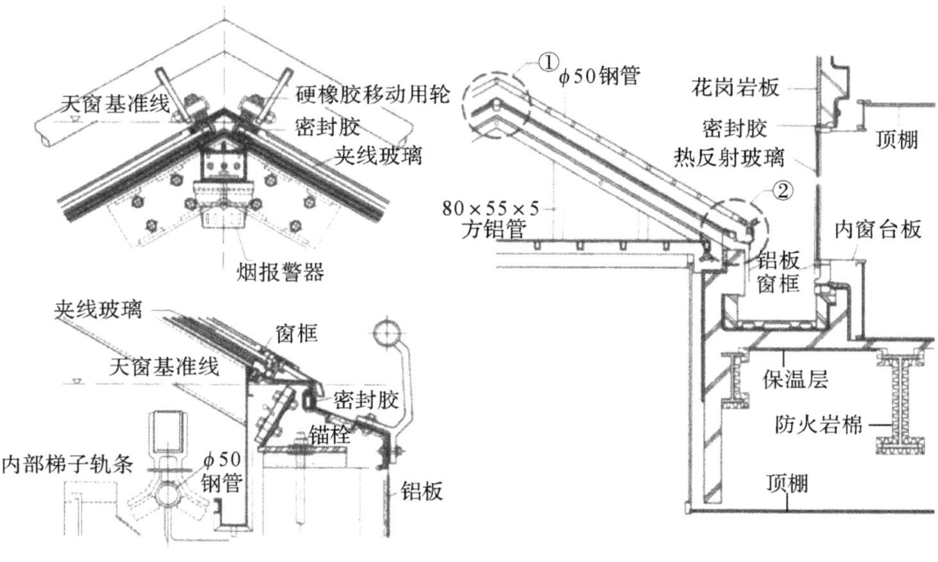

图 7-51　屋顶天窗实例(一)

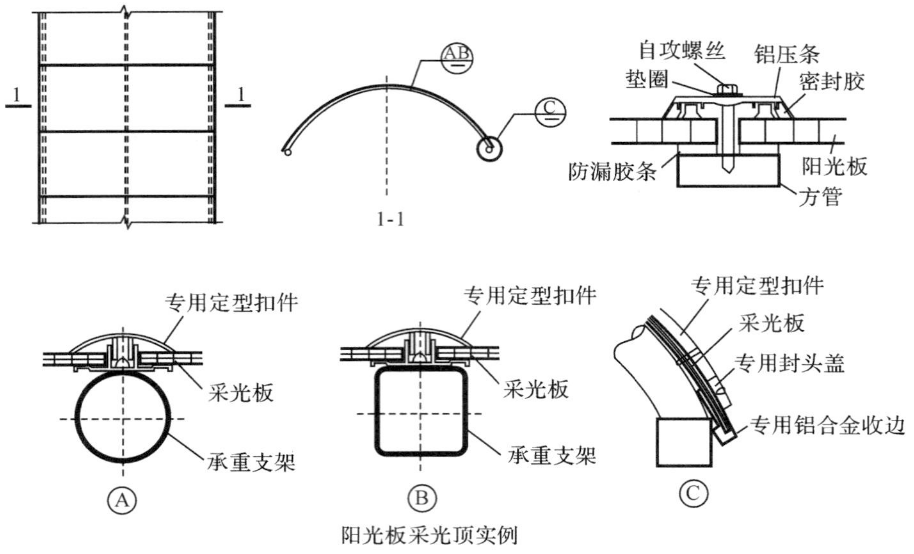

图 7-52 屋顶天窗实例(二)

7.6 遮阳措施

遮阳是为了防止阳光直射入室内,减少太阳辐射热,避免夏季室内过热,或产生眩光以及保护室内物品不受阳光照射而采取的一种建筑措施。

在夏季,太阳辐射热通过实墙面传至室内是少数,而大多数太阳辐射热则是通过门窗直射室内,使室内热环境恶化,并增加空调能耗。有关分析表明,居住建筑的空调负荷的大部分来自于透过窗户的太阳辐射得热。所以为了减少空调负荷,缩短空调设备的运行时间,外墙上做好窗户的遮阳是十分重要的。

一般房屋建筑,当室内气温在 29℃ 以上,太阳辐射强度大于 1005kJ/(m^2 · h),阳光照射室内时间超过 1h,照射深度超过 0.5m 时,应采取遮阳措施。标准较高的建筑只要具备前两条即应考虑设置遮阳设施。在窗前设置遮阳板进行遮阳,对采光、通风都会带来不利影响。因此,设计遮阳设施时应对采光、通风、日照、经济、美观等作通盘考虑,以达到功能、技术和艺术的统一。

7.6.1 遮阳种类

用于遮阳的方法很多,在窗口悬挂窗帘、设置百叶窗,或者利用门窗构件自身的遮光性以及窗扇开启方式的调节变化,利用窗前绿化、雨篷、挑、阳台、外廊及墙面花格等也都可以达到一定的遮阳效果。本节主要介绍根据专门的遮阳设计窗前加设遮阳板进行遮阳的措施。简易遮阳方法见图 7-53。

根据遮阳设施与窗户的相对位置,遮阳可分为内遮阳和外遮阳两大类。一般来说,外遮阳的效果比内遮阳好得多,它可以将绝大部分太阳辐射阻挡在窗外。在具体工程中选择使用内遮阳还是外遮阳,需根据具体情况和条件而定。通常在北方地区,由于夏季较短,对遮

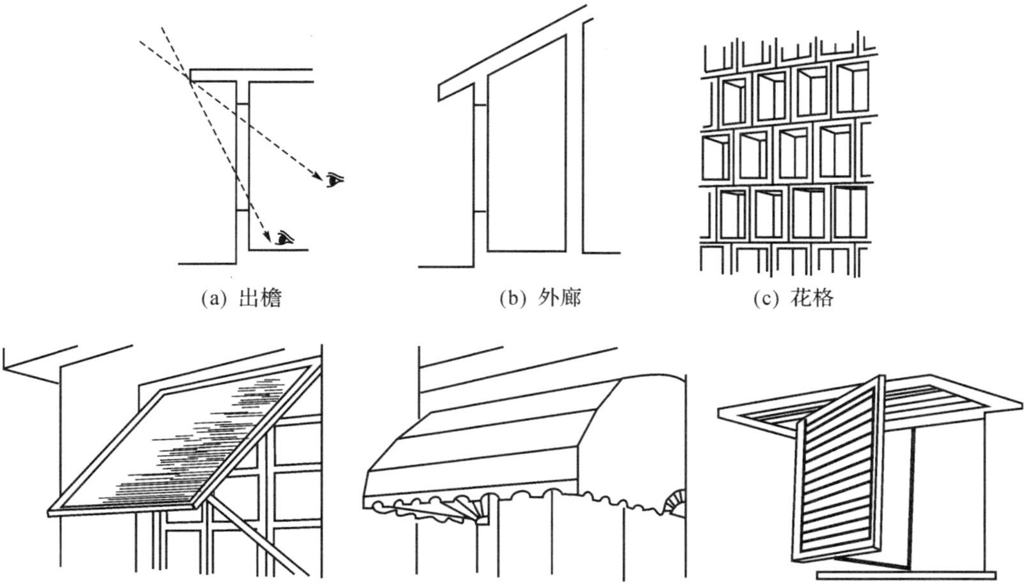

(a) 出檐　(b) 外廊　(c) 花格

(d) 芦席遮阳　(e) 布蓬遮阳　(f) 旋转百叶遮阳

图 7-53　简易遮阳

阳的要求不高，采用安装和使用较简单的布窗帘、百叶卷帘等即可，一般用内遮阳就可改善室内舒适度。而在南方地区，由于夏季很长，太阳辐射又非常强烈，特别是朝西、朝东的墙面安装和使用外遮阳是一种较好的措施。同时由于外墙增加了遮阳板，对建筑的造型和立面艺术处理也起到了一定的作用。

7.6.2　遮阳板形式

遮阳板按其形式和效果，可分为水平遮阳、垂直遮阳、综合遮阳和挡板遮阳四种形式，见图 7-54 所示。

1. 水平遮阳

在窗口上方设置一定宽度的水平遮阳板，能够有效地遮挡太阳高度角较大的、从窗口上方照射下来的阳光。它一般适用于南向和低纬度地区北向窗口。水平遮阳板可以做成实心板，也可做成栅格板或百叶板。材料有木质、塑钢、铝板和混凝土板。在窗户较大的情况下可设置双层或多层遮阳板，如图 7-54(a)所示。

2. 垂直遮阳

在窗口两侧设置垂直方向的遮阳板，能够有效地遮挡太阳高度角较小的、不同方位斜射来的阳光。一般情况下，对窗口上方投射下来的阳光，或对窗口正射的阳光，不起遮挡作用。垂直遮阳板可以垂直于墙面，也可与墙面形成一定的垂直夹角。主要适用于东北、西北向附近的窗口，如图 7-54(b)所示。

3. 综合遮阳

它是以上两种做法的总和，不但能遮挡来自窗口上方的阳光，且能遮挡来自窗口侧向的阳光，遮阳效果比较均匀。它主要适用于南向及东南向、西南向附近的窗口，如图 7-54(c)

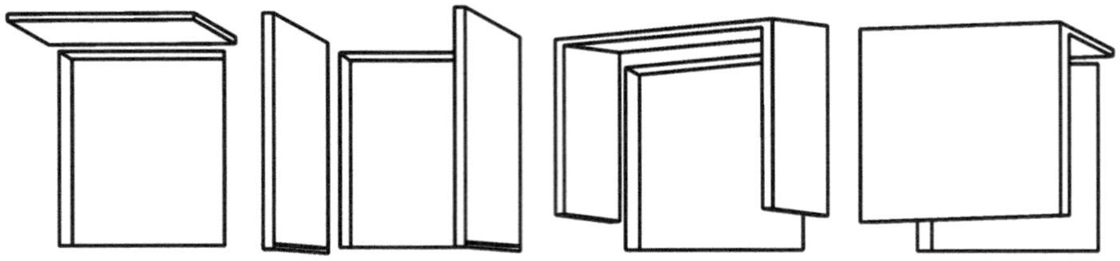

(a) (b) (c) (d)

图 7-54 遮阳板

所示。

4. 挡板遮阳

在窗口前方离开一定距离设置与窗户平行方向的垂直挡板，可以有效地遮挡高度角较小的、正射窗口的阳光。它主要适用于东、西向及其附近的窗口。但遮挡了视线和风，可以做成格栅式或百叶式挡板，效果会好些，如图 7-54(d)所示。

7.6.3 遮阳板构造

根据以上四种基本形式，又可以组合演变成各种形式的遮阳措施(见图 7-55)。它们可

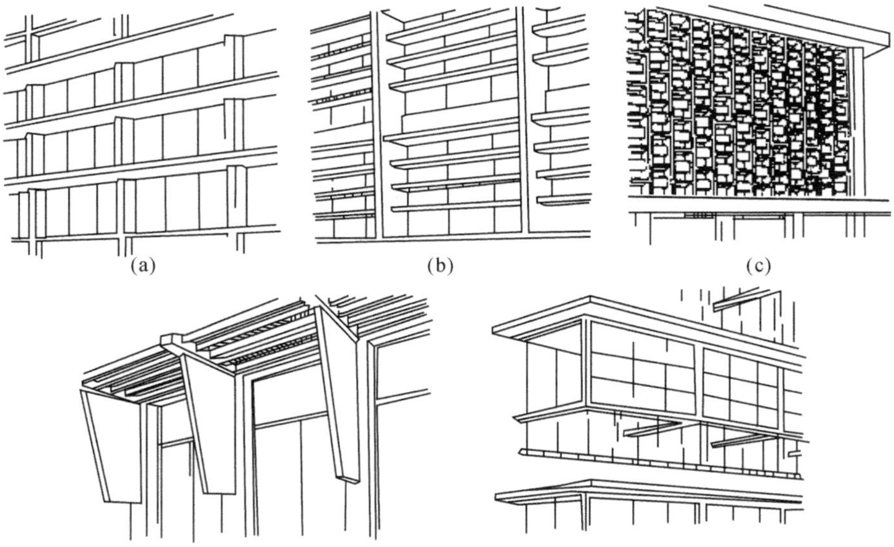

(a) (b) (c)

(d) (e)

图 7-55 连续遮阳形式

以做成固定的，也可做成活动的。固定遮阳板的优点是比较坚固、耐用、经济，用不着反复安装和日常维修。缺点是由于受到建筑立面的限制，遮阳率不会很高。而活动遮阳板可以随意调节遮挡太阳直射光通过窗口进入室内。它的优点是灵活，通风、遮阳、采光效果好。一般是在窗口设置轻便的布帘，各种金属、竹制或塑料百叶以及帆布、尼龙布的活动遮阳罩。

除此之外，遮阳措施也可以采用各种热反射玻璃如镀膜玻璃、低辐射玻璃等进行加工制作成遮阳板。设计时采用何种形式的遮阳板，选择什么样的材料，应根据该地区的气候特

点、房间的使用要求以及窗口所在朝向和建筑的造型需求予以考虑。固定遮阳板和活动遮阳板的构造做法举例如图 7-56 所示。

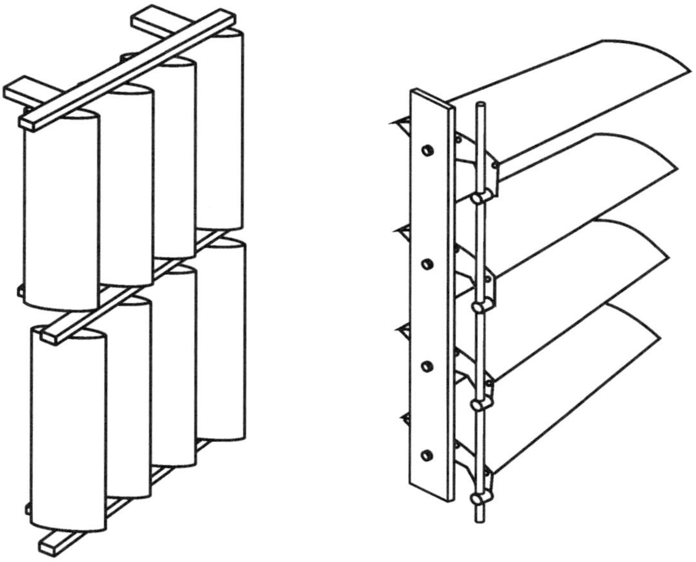

图 7-56　轻型遮阳

本章小结

本章主要讲述了门窗的分类、基本形式、常见构造与安装方法，以及天窗与遮阳的形式与基本构造，学习中要注意着重于新型门窗的特点与构造要点。随着设计要求的提高，注意门窗在保温、防水等方面构造与传统门窗构造的比较，并逐步提高对特种门窗构造的认识。

复习思考题

1. 门窗的形式材料主要有哪些？
2. 铝合金门窗的特点？塑钢门窗的特点？
3. 门窗的安装方式？
4. 如何考虑加强门窗的保温、隔热、隔声性能？
5. 屋顶天窗有哪些形式？
6. 建筑遮阳的形式、特点？了解新型建筑遮阳材料、构造。

第8章　变形缝构造

学习要点

本章主要学习变形缝的分类、基本设计要求及构造做法。重点掌握三种变形缝在设计中的运用，了解它们之间的共性与区别。学习中要注意相关构造措施的设计要点，做到理论知识与实践应用相结合。

8.1　什么是变形缝

在自然环境中建筑物受到各种各样内力外力的影响必然会产生变形(如气温变化的影响，部分荷载不同及地基承载能力不均，或地震对建筑物的影响等原因)。

过大的变形致使建筑物内部发生裂缝或破坏。有些建筑物由于长度过长，或平面曲折变化较多，或者同一建筑物中个别部分高度、荷载或所处地基土承载能力差异悬殊，往往使建筑物在受到温度变化、地基不均匀沉降、地震等作用时产生变形、裂缝，甚至使建筑物遭到破坏，因此在进行建筑设计时就需要人为地设置相应的构造缝，使建筑物能相对位移，以防止或减轻建筑物可能受到的损坏，这种人为设置的使建筑物可以自由变形的竖向缝就是通常所说的变形缝。

8.2　变形缝的分类

根据产生变形的原因不同，可分为伸缩缝、沉降缝、抗震缝。

8.2.1　伸缩缝(温度变形缝)

任何物体都有热胀冷缩的特性，建筑物也不例外。冬季气温低，材料的体积收缩，夏季气温高，材料体积膨胀。伸缩缝的主要作用是避免由于温差和砼收缩而使房屋结构产生严重的变形和裂缝。为了防止房屋在正常使用条件下，由于温差和墙体干缩引起的墙体竖向裂缝，伸缩缝应设在因温度和收缩变形可能引起的应力集中、砌体产生裂缝可能性最大的地方。

1. 影响伸缩缝设置的因素

(1)建筑物的长度。

建筑物越长、体积越大，受温度变化影响产生的变形也越大。如果建筑物太长了，屋盖与砖墙之间由于伸缩不一致，会产生较大的剪力，在房屋两端屋檐下的外山墙及外山墙转角处的纵墙会产生水平裂缝。

对于钢筋混凝土屋面，当建筑物过长时，由于混凝土自身收缩产生收缩应力，当混凝土收缩受到约束时，会在屋面中部产生横向裂缝和在屋面的四角处产生裂缝。

结构设计规范对砌体建筑和钢筋混凝土结构建筑中伸缩缝最大间距所做的规定见表 8-1 和表 8-2。

表 8-1　砌体建筑伸缩缝的最大间距

砌体类型	屋顶或楼层结构类型		间距(m)
各种砌体	整体式或装配整体式钢筋混凝土结构	有保温层或隔热层顶、楼层	50
		无保温层或热层的屋顶	40
	装配式无檩体系钢筋混凝土结构	有保温层或隔热层的屋顶、楼屋	60
		无保温层或隔热层的屋顶	50
	装配式有檩体系钢筋混凝土结构	有保温层或隔热层的屋顶、楼层	75
		无保温层或隔热层的屋顶	60
黏土砖、空心砖砌体	黏土瓦或石棉水泥瓦屋顶、木屋顶或楼板层 砖石屋顶或楼板层		100
石砌体			80
硅酸盐块和混凝土块砌体			75

注：1. 层高大于 5m 的砌体结构单层建筑，其伸缩缝间距可按表中数值乘 13，但当墙体采用硅酸盐砌块和混凝土砌筑时，不得大于 7.5m；

2. 温差较大且变化频繁地区和严寒地区不采暖的建筑物墙体伸缩缝的最大间距，应按表中数值予以适当减小后采用。

表 8-2　钢筋混凝土结构伸缩缝的最大间距

结构类型		室内或土中	露天
排架结构	装配式	100	70
框架结构	装配式	75	50
	现浇式	55	35
剪力墙结构	装配式	65	40
	现浇式	45	30
挡土墙、地下室墙等类结构	装配式	40	30
	现浇式	30	20

注：1. 当屋面板上部无保温或隔热措施时，对框架、剪力墙结构的伸缩缝间距，可按表中露天栏的数值选用，对排架结构的伸缩缝间距，可按表中室内栏的数值适当减小；

2. 排架结构的柱高（从基础顶面算起）低于 8m 时，宜适当减小伸缩缝间距；

3. 伸缩缝间距应考虑施工条件的影响，必要时（如材料收缩较大或室内结构因施工时外露时间较长）宜适当减小伸缩缝间距，伸缩缝宽度一般为 20～40mm。

(2)结构形式不同，是否有保温层，变形对建筑的影响也不同。

总体来说现浇的高于预制的；整体式高于预制式；无保温高于有保温。

(3)材料不同，收缩和膨胀的程度也不一样。例如，在砖混结构房屋中，由于砖与混凝土材料不同，它在同一温差条件下，变形是不一样的。屋盖是钢筋混凝土屋面板，它的温度变形与砖墙砌体是不相等的。

2. 伸缩缝的构造做法

伸缩缝的做法是从基础顶面开始将两个温度区段的上部结构完全分开，基础部分由于埋于地下受温度影响较小可以不断开。缝宽为 20～30mm。

8.2.2 沉降缝

为避免因地基沉降不均导致结构沉降裂缝而设置的永久性的变形缝，称之为沉降缝。实际上它将建筑物划分为多个相对独立的结构承重体系。通过设置沉降缝消除因地基承载力不均而导致结构产生的附加内力，自由释放结构变形，达到消除沉降裂缝的目的。

1. 沉降缝的设置部位

(1)建筑平面的转折部位；

(2)高度差异或荷载差异处；

(3)长高比过大的砌体承重结构或钢筋砼框架的适当部位；

(4)地基土的压缩性有显著差异处；

(5)建筑结构或基础类型不同处；

(6)分期建造房屋的交界处。

沉降缝的做法与伸缩缝不同，它要求在沉降缝处将基础连同上部结构完全断开，自成独立单元。沉降缝是从基础连同房屋一起分开设置的。它使房屋各部分沉降比较均匀，不产生过大的不均匀沉降。房屋沉降缝的宽度要求详见表 8-3。

表 8-3 房屋沉降缝的宽度(mm)

房屋层数	沉降缝宽度
2～3	50～80
4～5	80～100
5 层以上	≥120

2. 沉降缝设置的结构处理

对建筑物变形缝设置的难点就在于如何设置沉降缝。由于沉降缝要求基础完全断开，所采用的方法有以下几种：

(1)双墙做法(见图 8-1)

双墙做法即缝两侧均为承重墙。

(2)悬挑做法(见图 8-2)

要求沉降缝一侧纵墙端部为悬挑基础，纵墙端部没有承重横墙。这种方式灵活性大、结构布置比较简单，适用于各种地基情况，但建筑构造处理比较复杂，它需在悬挑端设置轻质隔墙来减轻自重。实际上我们也可把悬挑基础做成悬挑梁，与墩式基础结合起来用，这样纵墙端部也可以是承重墙，它能更好地满足建筑物的构造要求。

(3)简支做法(见图 8-3)

即将两个独立单元建筑拉开一段距离，利用简支构件连接两边，来满足沉降要求。这种方式适用于在两个建筑物间做连廊。设计、施工均比较简单易行。

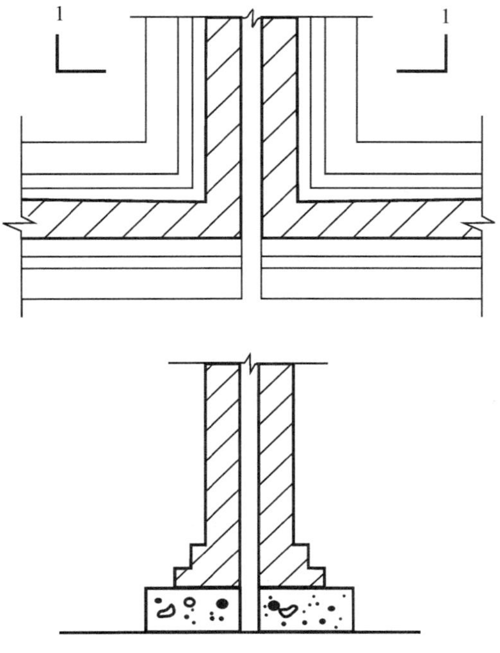

图 8-1　双墙做法

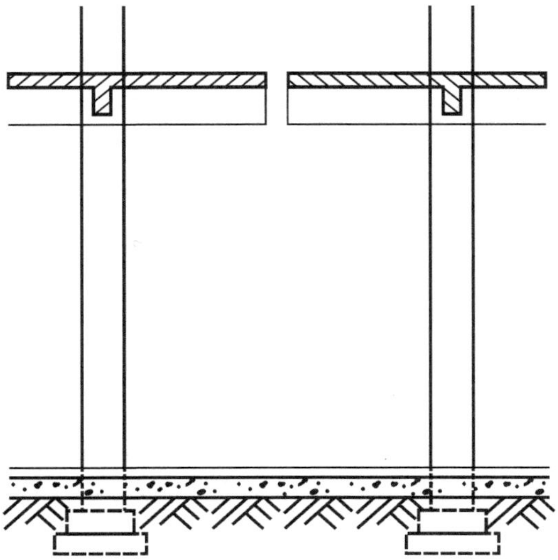

图 8-2　悬挑做法

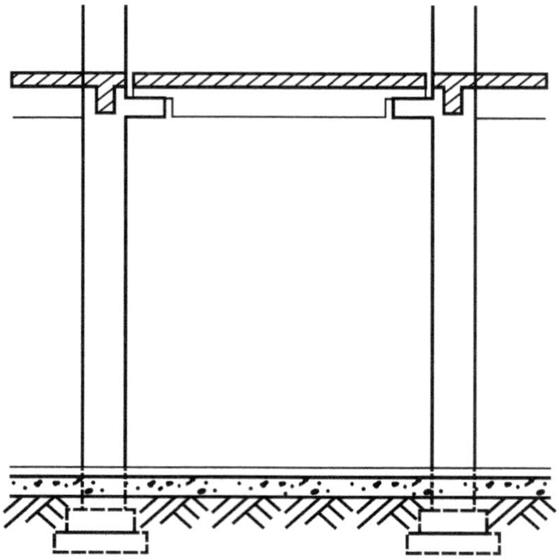

图 8-3 简支做法

8.2.3 防震缝

建筑物由于外形复杂，或者房屋各部分的高度、刚度、重量相差很大，在地震力作用下，由于房屋高度、刚度和重量差异部分的自振频率不一样，在各部分连接处，会引起相互推、拉、挤、压，产生附加拉力、剪力和弯矩，造成震害，所以要设置防震缝。防震缝可把房屋分成几个体形简单、结构刚度均匀的独立单元。沉降缝的设置部位如下：

(1)房屋立面高差在 6m 以上；

(2)房屋有错层，且楼板高差较大；

(3)各部分结构刚度、质量截然不同时，房屋平面复杂，有较长的突出部分，如 L 形、T 形、U 形、山字形等，应用防震缝将突出部分分开，使各部分的房屋平面形成简单规整的独立单元。

8.3 三种不同变形缝设置要求

在地震设防地区，凡是需做伸缩缝、沉降缝的地方均应安防震缝设置。防震缝应沿房屋全高设置，两侧应布置墙。设置防震缝时，应将建筑物分隔成独立、规则的结构单元，防震缝两侧的上部结构应完全分开，防震缝与伸缩缝、沉降缝应综合考虑，协调布置伸缩缝、沉降缝应符合防震缝的要求。沉降缝的宽度尚应考虑基础内倾使缝宽减小后仍能满足防震缝的宽度要求。

一般防震缝的基础可不断开，只是兼做沉降缝时才将基础断开。伸缩缝与防震缝均是从基础顶面以上开始设置，而沉降缝必须从基础开始设置，并贯通建筑物的全高，这样方能使沉降缝两侧的建筑物成为独立单元，使它们在竖直方向可以自由沉降。我们在实际设计工作中，一般没有独立考虑设置防震缝，通常是与伸缩缝、沉降缝协同考虑的，因此沉降缝的设置，在缝的宽度有保证的情况下，它能同时起到伸缩缝与防震缝的作用，即可以使三缝合一，但伸缩缝和防震缝是绝对不能替代沉降缝的。

防震缝宽度按房屋高度和设计烈度的不同，一般可取 50～100mm。

8.4　变形缝构造做法

不同种类的变形缝构造要求也不同，但是主要是满足横向或竖向变形要求，其次考虑的是内墙或外墙的设置的不同要求（见图 8-4，图 8-5），还有缝的宽度。实际工程中更多的是多缝合一，按防震缝要求设计变形缝，同时满足温度缝和沉降缝要求。

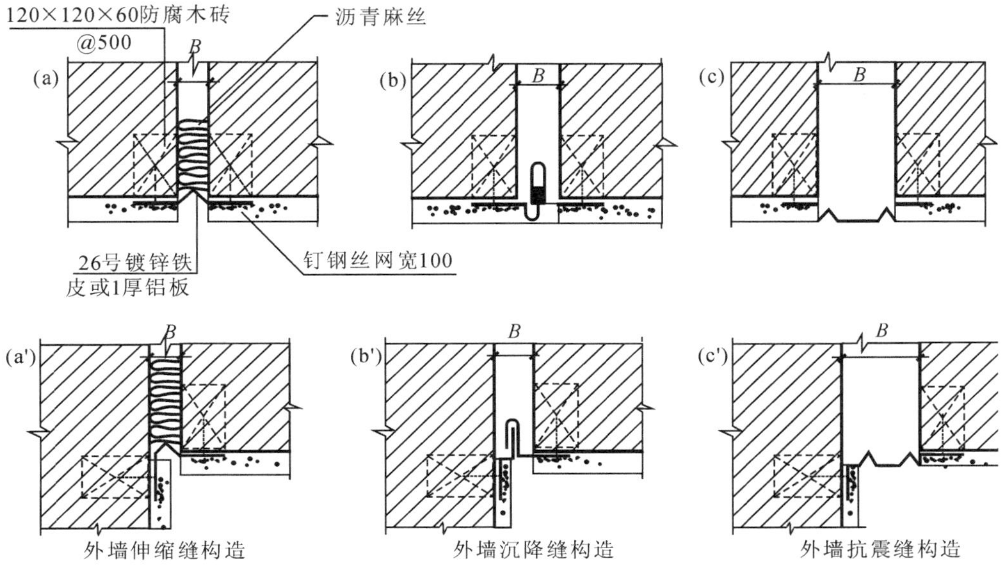

8.5　不设变形缝时常用的技术方案

首先应该知道设置变形缝解决变形对建筑物破坏的同时也带来一系列的问题：施工、防水、防火、保温等很多地方都非常不利。因此在解决变形问题的同时，采用合适的技术手段不设缝或少设缝是我们的必然选择。

1. 设临时变形缝

当地基压缩性不高，沉降值差异不大，且沉降完成较快时，补齐预留的施工后浇带后，连成整体的结构完全可以承受剩余沉降差产生的结构内力，可以设置临时变形缝，即所谓的施工后浇带。

多层或高层框架结构的建筑中，后浇带就是在主楼（高层）与附房（低层）间的生低层部位人为地留出一道 800～1000mm 宽的缝，待主楼的主体结构施工完成后，主楼处沉降已基本完成，用高一级强度等级的混凝土浇筑。

同时现浇整体钢筋砼结构中，在施工期间保留的临时性温度和收缩变形缝，着重解决钢筋砼结构在强度增长过程中因温度变化、砼收缩等产生的裂缝，以达到释放大部分变形，减小约束力，避免出现贯通裂缝。后浇带应设在对结构无严重影响的部位，即结构构件内力相

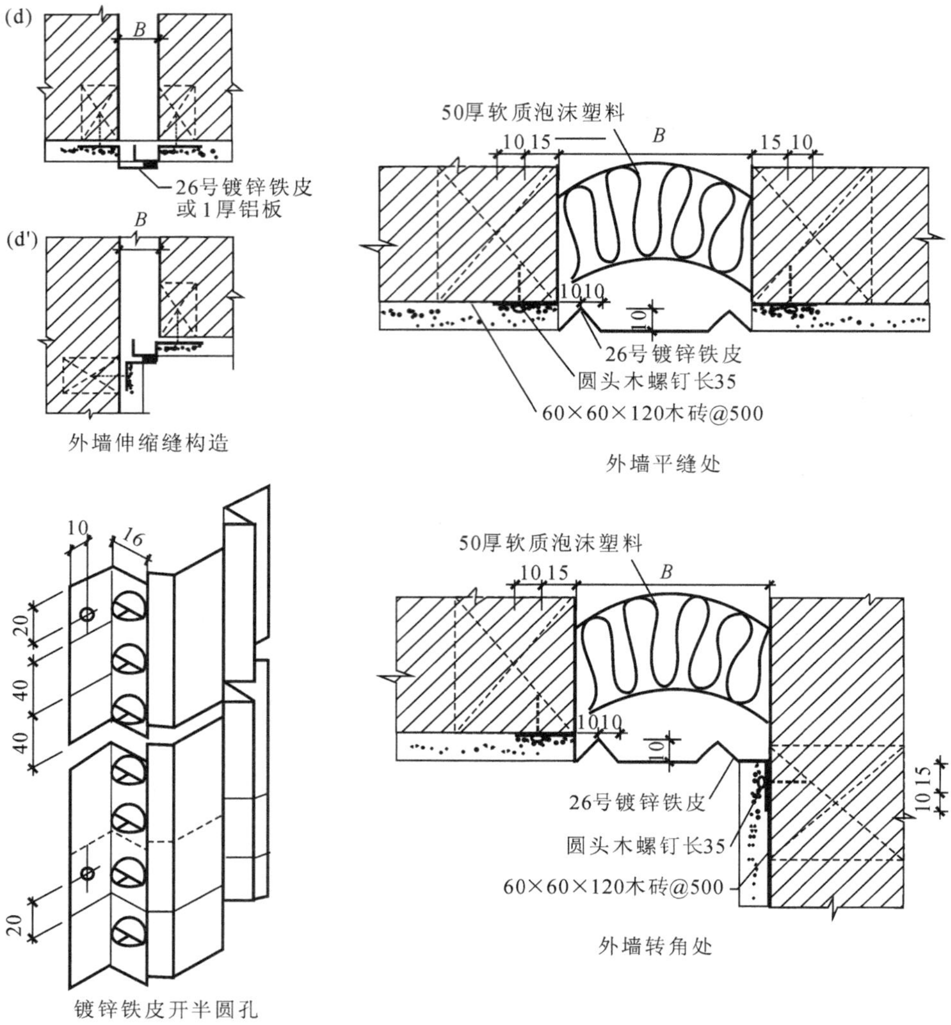

图 8-4　外墙变形缝常见做法

对较小的位置。

2. 不设变形缝

采用桩基、深墩等基础形式降低沉降变形，在这种情况下，高层主体与裙房基础可做成整体，不布置变形缝。

本章小结

人为地设置相应的构造缝，使建筑物能相对位移，以防止或减轻建筑物可能受到的损坏，这种人为设置的使建筑物可以自由变形的竖向缝就是通常所说的变形缝。

影响伸缩缝设置的因素：建筑物的长度；结构形式；材料。

沉降缝要求在沉降缝处将基础连同上部结构完全断开，自成独立单元。

多缝合一，首先考虑防震缝要求设计变形缝。

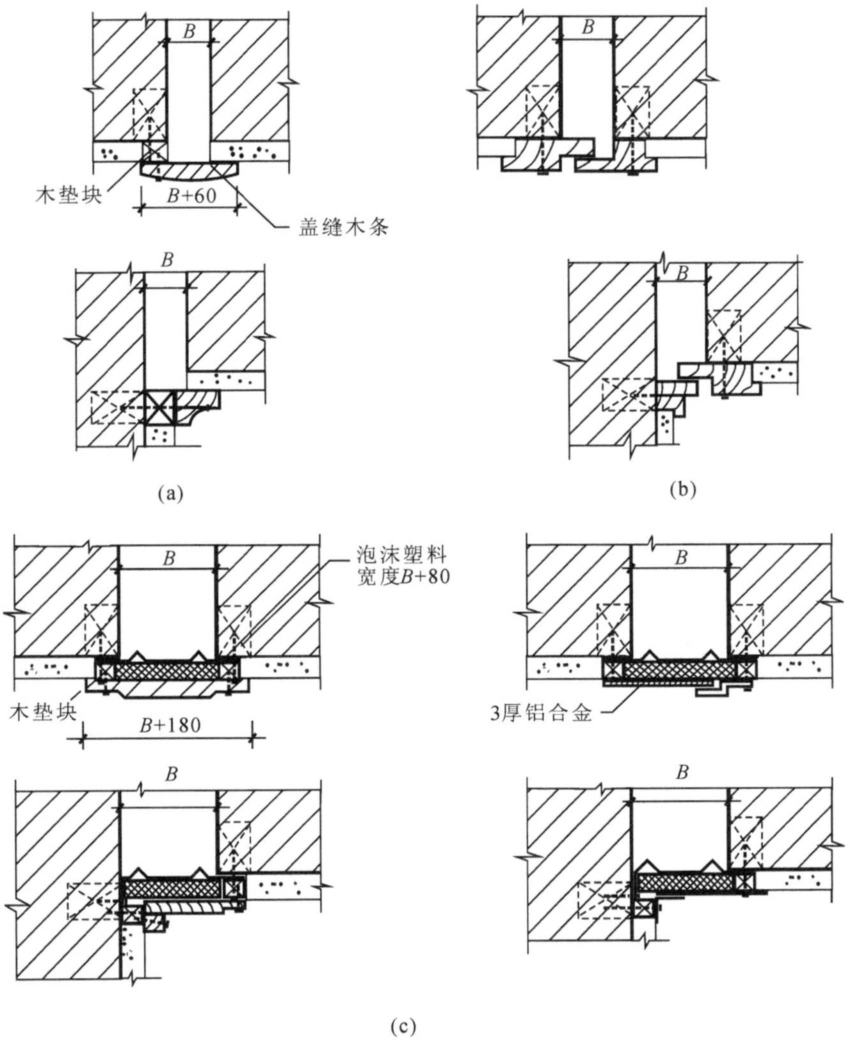

图 8-5　内墙变形缝常见做法

复习思考题

1. 变形缝的作用是什么？它有哪几种类型？
2. 什么情况下设置伸缩缝？其宽度如何？
3. 什么情况下设置沉降缝？其宽度如何？
4. 什么情况下设置抗震缝？其宽度如何？
5. 三种不同变形缝基础是否都要断开？为什么？
6. 外墙变形缝和内墙缝的构造要求？

参考文献

[1]王天.瓦屋面构造.北京:中国建筑防水,2002.
[2]石晓军,张震霞.轻型钢结构建筑构造设计.南京:东南大学出版社,2003.
[3]沈春林主编.屋面工程设计施工实用手册. 北京:机械工业出版社,2006.
[4]李必瑜.建筑构造.北京:中国建筑工业出版社,2005.
[5]邢双军.房屋建筑学.北京:机械工业出版社,2006.
[6]同济大学等.房屋建筑学(第四版).北京:中国建筑工业出版社,1999.
[7]杨维菊主编.建筑构造设计.北京:中国建筑工业出版社,2005.
[8]颜宏亮编.建筑构造设计.上海:同济大学出版社,2002.
[9]刘昭如编.建筑构造设计基础(第三版).北京:北京科学出版社,2001.
[10]罗忆,张芹,刘忠伟.玻璃幕墙设计与施工.北京:中国建筑工业出版社,2006.
[11]中国建筑标准设计研究所编.民用建筑设计通则 GB 50352—2005.北京:中国建筑工业出版社,2005.
[12]《建筑设计资料集》编委会.建筑设计资料集.北京:中国建筑工业出版社,1994.
[13]陈保胜.建筑构造资料集.北京:中国建筑工业出版社,1994.
[14]南京工学院建筑系编写组.建筑构造.北京:中国建筑工业出版社,1996.
[15]李必瑜.房屋建筑学.武汉:武汉工业大学出版社,2000.